HUMANITIES AND SOCIETY

根本恶

Richard J. Bernstein

[美国] 理查德·J.伯恩斯坦 著　王钦　朱康 译

译林出版社

图书在版编目（CIP）数据

根本恶／（美）伯恩斯坦（Bernstein, R.J.）著；王钦，朱康译.
—南京：译林出版社，2015.9 (2023.2 重印)
（人文与社会译丛／刘东主编）
书名原文：Radical Evil: A Philosophical Interrogation
ISBN 978-7-5447-5644-0

Ⅰ.①根… Ⅱ.①伯… ②王… ③朱… Ⅲ.①人性－研究
Ⅳ.①B82-061

中国版本图书馆 CIP 数据核字（2015）第 163625 号

著作权合同登记号 图字：10-2017-707 号

根本恶 [美国] 理查德 · J. 伯恩斯坦 / 著 王 钦 朱 康 / 译

责任编辑 陶泽慧
特约编辑 黄安慧
装帧设计 胡 苨
责任印制 单 莉

原文出版 Polity Press, 2002
出版发行 译林出版社
地 址 南京市湖南路 1 号 A 楼
邮 箱 yilin@yilin.com
网 址 www.yilin.com
市场热线 025-86633278
排 版 南京展望文化发展有限公司
印 刷 江苏凤凰通达印刷有限公司
开 本 880 毫米 × 1230 毫米 1/32
印 张 11.875
插 页 2
版 次 2015 年 9 月第 1 版
印 次 2023 年 2 月第 4 次印刷
书 号 ISBN 978-7-5447-5644-0
定 价 78.00 元

主 编 的 话

刘 东

总算不负几年来的苦心——该为这套书写篇短序了。

此项翻译工程的缘起,先要追溯到自己内心的某些变化。虽说越来越惯于乡间的生活,每天只打一两通电话,但这种离群索居并不意味着我已修炼到了出家遁世的地步。毋宁说,坚守沉默少语的状态,倒是为了咬定问题不放,而且在当下的世道中,若还有哪路学说能引我出神,就不能只是玄妙得叫人着魔,还要有助于思入所属的社群。如此嘈嘈切切鼓荡难平的心气,或不免受了世事的恶刺激,不过也恰是这道底线,帮我部分摆脱了中西“精神分裂症”——至少我可以倚仗着中国文化的本根,去参验外缘的社会学说了,既然儒学作为一种本真的心向,正是要从对现世生活的终极肯定出发,把人间问题当成全部灵感的源头。

不宁惟是,这种从人文思入社会的诉求,还同国际学界的发展不期相合。擅长把捉非确定性问题的哲学,看来有点走出自我囿闭的低潮,而这又跟它把焦点对准了社会不无关系。现行通则的加速崩解和相互证伪,使得就算今后仍有普适的基准可言,也要有待于更加透辟的思力,正是在文明的此一根基处,批判的事业又有了用武之地。由此就决定了,尽管同在关注世俗的事务与规则,但跟既定框架内的策论不同,真正体现出人文关怀的社会学说,决不会是医头医脚式的小修小补,而必须以激进亢奋的姿态,去怀疑、颠覆和重估全部的价值预设。有意思的是,也许再没有哪个时代,会有这么多书生想要焕发制度智慧，这既凸显了文明的深层危机，又表达了超越的不竭潜力。

于是自然就想到翻译——把这些制度智慧引进汉语世界来。需要说明的是，尽管此类翻译向称严肃的学业，无论编者、译者还是读者，都会因其理论色彩和语言风格而备尝艰涩，但该工程却绝非寻常意义上的“纯学术”。此中辩谈的话题和学理，将会贴近我们的伦常日用，渗入我们的表象世界，改铸我们的公民文化，根本不容任何学院人垄断。同样，尽管这些选题大多分量厚重，且多为国外学府指定的必读书，也不必将其标榜为“新经典”。此类方生方成的思想实验，仍要应付尖刻的批判围攻，保持着知识创化时的紧张度，尚没有资格被当成享受保护的“老残遗产”。所以说白了：除非来此对话者早已功力尽失，这里就只有激活思想的马刺。

主持此类工程之烦难，足以让任何聪明人望而却步，大约也惟有愚钝如我者，才会在十年苦熬之余再作冯妇。然则晨钟暮鼓黄卷青灯中，毕竟尚有历代的高僧暗中相伴，他们和我声应气求，不甘心被宿命贬低为人类的亚种，遂把迻译工作当成了日常功课，要以艰难的咀嚼咬穿文化的篱笆。师法着这些先烈，当初酝酿这套丛书时，我曾在哈佛费正清中心放胆讲道：“在作者、编者和读者间初步形成的这种‘良性循环’景象，作为整个社会多元分化进程的缩影，偏巧正跟我们的国运连在一起，如果我们至少眼下尚无理由否认，今后中国历史的主要变因之一，仍然在于大陆知识阶层的一念之中，那么我们就总还有权想象，在孔老夫子的故乡，中华民族其实就靠这么写着读着，而默默修持着自己的心念，而默默挑战着自身的极限！”惟愿认同此道者日众，则华夏一族虽历经劫难，终不致因我辈而沦为文化小国。

一九九九年六月于京郊溪翁庄

献给阿格尼丝

目　录

第二部分　恶的道德心理学

第三部分　奥斯维辛之后

前 言

1950年代初期,我还是芝加哥大学的一名本科生,那时,我形成了自己对于哲学探讨的苏格拉底式的理解。这句话的意思是说,我一直认为,最为深沉的哲学困惑恰植根于我们的日常经验,并应该帮助我们阐明这些经验。回望骇人听闻的20世纪,任何人都会毫不迟疑地说到恶。许多人都相信,20世纪所见证的恶,超过了过去的历史所记载的一切事情。我们中的大多数人,都毫不犹豫地将这些极端事件(种族灭绝、大屠杀、酷刑、恐怖主义袭击、无故施行的痛苦刑罚)作为恶来谈论。我们有一种直觉:根本恶(radical evil)有别于更为常见的不道德举止。但当我们停下来思考与追问我们所说的恶是什么意思,我们称一个人、一个行为或一个事件是恶的时候,我们实际上又是在说什么,我们的回答常常是软弱无力、缠夹不清的。谴责某件事是恶的,我们感受到的是一种强烈的道德激情;说明我们所说的恶是什么意思,要求我们具有提供概念性论述的能力;这两者存在着相当大的差异。如果我们转向20世纪所实践的道德哲学,我们发现它并没有什么太大的帮助。对于道德哲学家来说,讨论对与错、好与坏、公正与不公正要远比谈论恶更为轻松。"恶"似乎已经从大多数道德哲学家的词汇表中删除了,尽管在我们的日常经验和话语中,"恶"仍然是显而易见的。

一方面我们乐于将现象归类于恶,并加以声讨;另一方面,我们显然缺乏一套智性的话语来澄清恶的意义、种类及变迁;困惑于这两者之
ix 间的巨大差别,我便开始做本书中的研究——这一系列的探询活动。最初的推动因素是对汉娜·阿伦特的思考,她是 20 世纪非常少见的一位思想家,一直在设法确定 20 世纪诸恶的特征。对阿伦特所做贡献的反思,引导我去追问:关于恶,我们可以从现代哲学传统中学到什么?在试图回答这一问题时,我踏上了一段智性的旅程,本书就是这一旅程的结果。我以康德对根本恶的理解作为本书的开头,在研究中选择了几位特殊的、我一直关注的思想家,在"导论"中我解释了我这样做的缘由。本书文稿完成于 2001 年 9 月 11 日之前的几周。但是那个臭名昭著的日子所出现的事件,证实了本书的几个主要见解。将那一天所发生的事情命名为恶,几乎没有人会有所犹豫——事实上,这是我们时代恶的缩影。然而,尽管那一天的事件引发了复杂的情感与反应,但是,称之为恶到底意味着什么,却是非常难以确定的。关于"恶",有一种太过常见的通俗措辞,在如此危急的时刻,这种措辞已变成一种时尚,然而,实际上,它混淆并阻断了关于恶之含义的严肃思考。它用"恶"剥夺了思考的声音,它用"恶"将我们不愿理解的东西化成了妖魔。

本书完成于我在柏林高等研究院担任研究员的美妙一年(2000 年至 2001 年)。这家高等研究院是一个学术乌托邦。这里所做的一切都是为了方便人们的思考与研究。不仅每一个人的物质需求得到了悉心的照顾,而且全体员工都极具热情友好、宽宏大量的精神,由此使得这里成了如此不同寻常的工作场所。高等研究院让我受益良多,尤其是那些来自各个学科、致力于各样问题的同仁在学术上的相互激励、相互协作。在这一年中,我与许多人建立了新的友谊,但我要特别感谢我的合作伙伴迪特·亨利希,感谢他在哲学上所提供的那些有益的建议和谈话。柏林是一个令人激动的城市,在再次成为大都会的过程中,它可

能是世界上最具历史自觉的城市。过去,尤其是动乱不安的20世纪,即便是在其沉默与缺席时也总是得到生动的呈现。柏林原就是一个探索20世纪根本恶的适当场所。

关于书中男性代词的使用,我想做一个简要说明。起初,我试图采用一种新的语言策略,以避免性别歧视的语言。但是,本书所考察的所有大思想家,他们在谈论一般意义上的人类的时候,都使用了男性的表达方式。出于文体上的考虑——尽管也有几处例外——我遵从了他们 x
的这一做法。“根本恶:自相矛盾的康德”一章,其早期版本发表于玛丽亚·皮娅·拉腊主编的《重思恶》(*Rethinking Evil*, Berkley: University of California Press, 2001)。“列维纳斯:恶与神义论的诱惑”一章,其早期版本发表于罗伯特·贝尔纳斯科尼和西蒙·克里奇利主编的《剑桥指南:列维纳斯》(*The Cambridge Companion to Emmanuel Levinas*, Cambridge: Cambridge University Press, 2001)。

我要感谢我的研究助手劳琳·帕克,她认真、辛勤地校阅了交付出版的原稿。我也要感谢让·范·阿尔特纳,他以敏锐的感受性与良好的判断力对原稿进行了编辑。

在过去的十二年里,我一直受惠于社会研究新学院(New School of Social Research)研究生院的同事与学生给我的激励。我们有一个活跃、紧张、共同参与的哲学共同体。对我的同事阿格尼斯·赫勒来说,哲学是一种生命的激情,同她之间的讨论、争辩、密切合作,是我在新学院教书时所体验的快乐和智性刺激的主要源泉。这本书就是献给她的。 xi

导论

1945年,当纳粹集中营被解放,战争期间发生的大量恐怖事件开始被披露出来,汉娜·阿伦特宣布:“恶的问题将是战后欧洲知识生活的基本问题。”[1]后来,当有人问她,听到灭绝营的传闻时(她第一次听说这件事是在1942年),她的第一反应是什么,她说,就像打开了一道深渊。“对于过去发生的某些事情,我们不可能与之达成和解。任何人都不能。”[2]同许多人(尤其是集中营的幸存者)一样,阿伦特感到,集中营中所发生的事件是最极端的、最根本的恶的形式。“奥斯维辛”变成了集中体现整场浩劫的名词,并渐渐变成了20世纪爆发的其他恶的象征。我们还可以谈到柬埔寨、乌干达、波斯尼亚——这些名称和地点是如此不同,但所呈现的都是可怕的事件,我们竭尽全力试图去理解这些事件,但我们不可能与之达成和解。然而,关于我们时代恶的可见性,存在着某种极端悖论的东西——这种可见性可能具有压倒一切的力量,以至于我们都麻木了。安德鲁·戴尔班科敏锐地指出:“我们的文化在恶的可见性与可以获得的对付它的知识资源之间已经裂开了一道鸿沟。恐怖的景象从来不曾如此广泛地散播,也从来不曾如此骇人听闻——从组织化的死亡集中营,到儿童在饥荒中饿死,而这些本来都是可以避免的……恶所造的孽从未如此之多。而我们的反应也从没有这样软弱。”[3] 我们已经无力承受那些极端令人痛苦又至为详尽的描写与证词；然而，论述恶的概念性话语仍旧贫乏与不足。当我们将一种行为、
1 一桩事件或者一个人描述为恶的，这到底意味着什么呢？我们中的许多人都会同意阿伦特写给卡尔·雅斯贝尔斯的这段话：“准备谋杀他年迈姑姑的人，和丝毫没有考虑他们行动的经济效用……就建造工厂来生产尸体的民族，这二者是有所差别的。”[4] 但这个差别是什么？怎样去描述这种差别？当我们说**根本恶**的时候，我们真正要说的是什么？

哲学家和政治理论家觉得，谈论非正义、反人权以及不道德、无伦理的事情要比谈论恶更为惬意。当神学家和宗教哲学家谈论“恶的问题”的时候，他们一般指的是很特殊的东西，即如何使恶的出现与对无所不知、无所不能、仁被万物的上帝的信仰协调一致的问题。甚至，这已经变成了特殊化与专门化的话语，远离了普通人的生活经验。此类著作大多都在枯燥而冗长地叙说着关于恶的凡常例子：纳粹的恐怖、任意虐待的行为、无故的谋杀、羞辱性的折磨、无辜者的极端苦难以及基督教传统的罪的范畴。这些例子被频繁探讨，仿佛它们已经是没有疑义的。所谓恶的问题，最主要的一点实际上不是去描写恶及其变种的特征，而是如何调和恶（不论如何描写）与宗教信仰及信念的关系。仿佛恶的语言已经从当代道德与伦理话语中脱离。我们可以试着用多种方式来解释这个问题。传统宗教与神学话语确实已经失去了对人们日常生活的控制。从传统上说，恶曾经与宗教，特别是基督教密切相关。但今天，人们普遍感到神义论与我们并不相干。如果我们认为，在广义上，神义论试图为我们所遭遇的恶与无谓受难“辩护”（justification），那么我们可以用伊曼努尔·列维纳斯的话说，我们正生活在一个“神义论终结”之后的时代。“从贯穿于20世纪诸事件的一种基本的恶意中，无谓的痛苦（pain/mal）呈现了出来，它所提出的哲学问题关乎这一现象的意义：在神义论终结之后，虔诚与人的善良品行仍然会留存。”[5] 列维纳斯曾有几年是在纳粹的战俘营中度过的，他的大部分家人都死于奥

斯维辛，1982 年他写道：“三十年间，这个世纪见证了两次世界大战、右翼的和左翼的集权统治、希特勒主义和斯大林主义、广岛、古拉格，以及奥斯维辛和柬埔寨的大屠杀。这些野蛮的名词所指向的每一件事情都变成了挥之不去的回忆，这个世纪正在这一回忆中渐渐临近尾声。”[6] 而自 1982 年以来，新的“野蛮名词”的列表已经以令人惊恐的速率在增长。

哲学家不愿意谈论恶还有另外一个原因。在我们的流行文化中， 2
有一股“通俗摩尼教”的暗流。我用这一词语指的是世界被分为善与恶两种力量时的那种轻率。恶（就像尼采已教导给我们的）代表着人们怨恨与鄙视的一切，人们觉得邪恶与卑劣的一切，要用暴力将它彻底铲除。这种通俗摩尼教可能采取极端的形式，这些形式具有狂热的意识形态特征。今天，正是最具意识形态性的、最狂热的团体仍在运用恶的语言来确认他们鄙视及想要摧毁的东西。

然而与恶有关的问题回过头来纠缠着我们。我们越来越焦虑不安，因为诸恶不断更新，对它们的爆发，我们既无法阻止，又不能期待。对这些恶，我们需要获得某种理解，某种概念性的把握，即当我们给某事贴上恶的标签时，我们实际上在表达什么样的含义。我们缺少一种足够深刻、足够丰富、足够精细的话语来捕获已被体验到的东西。这就是难题（感受到的困难），它构成了我当前这项研究的背景。

本书写作的直接机缘来自我的研究《阿伦特和犹太人问题》。阿伦特是第二次世界大战后罕有的那种思想家，她致力于探索 20 世纪之恶的与众不同之处——极权体制是它的一个缩影，而她的研究方式并不依赖于宗教与神学上对罪与恶所作的描写。在我对阿伦特的研究中，我有两章是献给她对恶（根本恶与平庸的恶[7]）的研究的。我在那里指出（我稍后会在本书中也会表明这一点）她对自己所提出的问题极富洞察力。但是，尽管她很敏锐，阿伦特（她自己也认识到）在提出诸多与恶有关的问题后，她自己并没有论述。需要特别指出的是，她在《极权主义的起源》中关于康德所作的评论引发了我自己的研究。在引入她的根本恶的概念时，她说，康德（这位创造了“根本恶”的表述的哲学家）一定怀疑过这种现象的存在，它“让我们面对难以抗拒的现实，并打破了我们知道的所有标准”。（我在第一章的开头完整引用了这个段落。）我稍后会探究阿伦特的“根本恶”是什么意思，但正是她对康德的引用激发了我的兴趣与好奇心：许多人都认为康德是现代最重要的道德哲学家，他用“根本恶”表达什么意思呢？从康德那里，从康德之后的探究恶的意义的哲学家那里，我们还可以学到什么呢？

还有一个理由可说明康德对于我的研究的重要性。1791 年，距《单纯理性限度内的宗教》出版还有两年，康德写了一篇不那么著名但极端重要的论说文，题为“论一切哲学神义论尝试的失败”[8]。这篇论说文的标题意味深长。康德宣布：神义论不是科学的任务，而是信仰的内容。
3 如果神义论被构想为**科学**或一门能提供**理论知识**的学科，那它就**不可能**存在。因此，一切哲学神义论的尝试不仅失败了，而且它们**必然**失败。作为科学的神义论假定：我们能够拥有某种关于上帝的理论知识（不管怎样偏颇与有限）。但是康德全部批判哲学的动力却是对这种可能性表示怀疑。对于超越可能经验范围的事情，我们不可能拥有理论知识。康德在《纯粹理性批判》中的著名宣言就体现了这一看法：“因此我发现，为了给**信仰**留下地盘，必须要否定**知识**。”作为现代哲学家，康德所开创的恶之研究，未有明显的对哲学神义论的依赖。而在康德之后，我们对恶的理解发生了诸多变迁。在这一方面，康德对我意欲采用的考察这些变迁的方式有着尤为重要的影响。（实际上，如果我们审查康德以来关于恶的哲学反思，我们将看到神义论的幽灵还是投下了一道阴影。）

我将概要地呈现本书所做的探索，而在此之前，我想说明一下我的解释所采取的立场。本项研究包含着一系列**探究**，一系列批判性的、对话性的交锋。我同意汉娜・阿伦特、汉斯・约纳斯和伊曼努尔・列维纳斯（及其他诸人，包括西奥多·阿多诺）等人的观点：奥斯维辛标志着与传统的断裂及对传统的破坏，“奥斯维辛之后”，我们必须重新思考恶的意义与人的责任。虽然我们不会低估已经发生的断裂，但我们还是会探询与学习更早期的思想家：他们已经做了艰辛的尝试以理解恶的意义。我将以我们当代的视野（以“奥斯维辛之后”为起点，尽管这一语汇包含诸多危险的模棱两可）来探究这一现代传统。但自始至终，我都尽力避免有年代错置之虞。期待生活在奥斯维辛之前的思想家预见奥斯维辛，这未免不合情理。但是问问他们是否能帮助我们思考与恶相关的问题，这绝不是年代错置。本着努力向他们学习的精神，我走近这些思想家。我尝试着感受他们与众不同的力量，也向他们提出批判性的挑战。我考察过的每一位思想家，都有重要的见解供我撷取，但他们的思考有若干方面，需要予以批评甚至拒绝。因此，我对康德的讨论，首先探讨的是我所理解的他的“恶”与“根本恶”的含义，以及这些概念在他的道德哲学中的作用，然后我试图强调，他对根本恶的言说包含着未得到解决的张力与冲突。我认为，康德在同他自己做斗争。但我首要的兴趣并不在于批判康德。我探究的是：**为什么**康德看起来自相矛盾？这揭示了他的道德哲学的什么问题？康德对于道德与人的责任有着最深刻的见解，从上述问题出发进行思考，把我们引向了这些见解的核心。 4

本书包括三个部分。在第一部分，我考察了康德、黑格尔和谢林。在第二部分，我对尼采与弗洛伊德进行了反思。在第三部分和最后一部分，我探讨的是这样一些思想家的思想：纳粹剧烈改变并严重影响了他们的生活，“奥斯维辛之后”，他们苦苦思索着恶的意义及人的责任问题。虽然我对这些思想家的讨论遵循着一个大致的年代顺序，但我的目的不是去写一部以恶为主题的现代思想史，当然更不是对18世纪末以来所有关于恶的文字做一个全面评述。无论谁选择某些人物做详细考辨而疏漏他人，要为其选择与疏漏作出证明永远都是困难的。而在写作本书的过程之中，曾不断有人问我，为什么不考察这个或那个哲学家。寻求从我们当代视角出发来阐明恶，这是我基本的问题意识，有鉴于此，我选择的这些思想家都为不断展开的关于恶的话语做出了至关重要的贡献，甚至在我认为他们错误的时候也是如此。

我已经指出我以康德作为开篇的理由。他创造了“根本恶”这个表述，以此标示他所认为的人类向恶的禀性。随后，我对黑格尔与谢林提出了质疑，因为这两位思想家不仅置身于康德的阴影之中，而且他们全部的哲学研究都可以被看作是对康德那些母题的挪用、回应与批判。这一点在他们论述恶的本性的那种方式中表现得最为清晰。黑格尔关于有限和无限的辩证法有着独特的理解，他对康德构想有限和无限的关系的那种方式提出了批判，我们将看到，黑格尔如何将恶的问题同这两个方面联系了起来。黑格尔的哲学深深包含着体系性的二重性。恶被证明是人的发展与精神的发展的一个**必然**阶段；但同时存在着对这个恶的**必然**的扬弃。黑格尔关于恶所作的判断在他这句陈述中有着鲜明体现：“精神的伤口治愈了，没留下任何疤痕。”

英美哲学家对于哲学家谢林鲜有了解，殊少讨论。甚至，在大陆哲学家中，他常常被看作是康德与黑格尔之间的过渡人物。但我在本书中表明，谢林对恶的反思如何形成了这样一种转变：一端是古典哲学对恶进行的探讨，另一端是道德心理学关于恶所作的更为现代的处理。善与恶的可能性是人类自由的组成部分。任何一种对恶的论述，如果它不重视恶所形成的残酷现实——一种无法被辩证扬弃的残酷现实，谢林都表示强烈反对。虽然在描述人类之恶时，他依赖于神学的词汇，
5 但他开启了一种方式，使得对恶的分析更具穿透力，也更具心理学特征。由此，他架设了一座桥梁，这座桥梁通向两位伟大的现代道德心理学家——弗洛伊德和尼采，他们对恶进行了道德心理分析。

许多关于尼采的论述，几乎都仅仅集中于他在《论道德的谱系》中所提出的恶的含义。在这本书中，尼采做了一个对比：一方面是好 / 坏

模式，这种评价模式为贵族所独有；另一方面是反动的善/恶对立，这一对立体现了僧侣阶层的特征。我认为，当我们辩证地理解了这一对比，我们就获得了更为深刻的洞见。尼采是一个辩证的反讽家，而从他的视角来看，就像他所分析的那样，恶与**憎恨**（ressentiment）密切相关。许多评论家注意到尼采与弗洛伊德的相似性。但他们之间的差别既微妙又深远。弗洛伊德既为哲学家们在心理学上的洞见所吸引，同时又深为怀疑哲学能否作为一门独立自主的学科。但我将表明，任何一种关于恶的充分论述，都必须考虑弗洛伊德就两歧心理（psychological ambivalence）的性质所提出的基本观点。

我在第三部分考察的三位思想家，大体上都是当代人，也都是犹太人。他们中的每一个人（列维纳斯、约纳斯和阿伦特）都强烈认同他们的犹太遗产，虽然相对于更具有世俗取向的阿伦特，犹太教作为宗教对于列维纳斯和约纳斯有更为重大的意义。约纳斯和阿伦特都出生在德国，1920年代初期他们彼此相识，那时他们都是海德格尔的学生。几年以后，列维纳斯去了弗莱堡师从胡塞尔和海德格尔，而在此之前，他先是在立陶宛一家大型犹太研究中心学习，后又进入斯特拉斯堡大学学习。1930年代列维纳斯成了法国公民，他是把现象学引入法国的第一人。这三位思想家都受到过现象学的影响，尤其是受到海德格尔存在主义现象学转向的影响。虽然“犹太”问题对于这几位思想家都很重要，但他们强调对他们哲学观点（对汉娜·阿伦特而言，是她的政治思想）的判断，应当无涉于他们的犹太关怀。他们每一个人的哲学研究都可以看作是在回应海德格尔，尤其是回应海德格尔的失败——海德格尔未能有效回应20世纪之恶及人类对这种恶的责任。他们同20世纪之恶的斗争影响了他们哲学的方向。虽然他们的取径各有不同，但就其全体来看，他们丰富了我们关于恶的概念性话语。

我把我的研究描述为一系列的探询或批判性对话，在这样做时，从一开始我想澄清的就是：我的目标并不是要发展一套关于恶的新“理

论”。坦白说，我深为怀疑“关于恶的理论”这一观念的可能性。进而，
6 我认为，我们的处境是一个开放的阐释学循环的处境——这一处境拒绝接受任何的封闭或者完成。我同意汉斯·约纳斯的这一说法：“与对善（bonum）的感知相比，我们对恶（malum）的感知要容易无穷倍；它更直截了当，更不可抗拒，很少纠结于意见或品位的差别，而最重要的是，它不请自至。恶一出场，就会迫使我们对它加以感知。”[9] 不过理所当然的是，即使我们经历了我们视之为恶的事情，这也只是任何一项研究的开端。而如果可能的话，我们的任务是：就“恶”在我们言语中的意思，发展出一套概念性的理解。这要求我们对关于恶的论述进行分类，看出哪些是洞见，哪些是误解，哪些甚至是错误。如同任何一项批判性的、阐释性的研究，这一思考中有一个循环往复的运动，由此，我们试图对照着那强加给我们的恶现象，加深我们对恶的理解，扩大我们对恶的考查。我相信这一过程没有结束，或者不可能结束；我们必须时刻保持警觉，以免认为我们已抵达了休憩之地。因此我将表明，总有某种与恶有关的东西反对并抗拒任何终极的理解。当列维纳斯将恶描述为一种不能被充分综合，并因此不能被我们理解的过度，他所说的就是这样一个意思。他用独有的现象学方式强调这一“恶的超验性”（transcendence of evil），也就是说，“恶不仅是不可整合之物，而且是这不可整合之物的非整合性”。[10] 但是，即使我们同意这一说法，这也不是说，我们不能丰富我们对于恶的诸面相的理解。在此精神指导下，我将用一组论文来
7 总结我所作的探询，它们表达了我们在这一旅行过程中所学到的内容。

第一部分

恶、意志与自由

第一章
根本恶:自相矛盾的康德

我们全部的哲学传统都内在地包含着这一观点,我们不可能设想一种“根本恶”,无论对于基督教神学还是对于康德来说都是如此。基督教神学认为魔鬼本身就起源于上天,而创造了“根本恶”这一词语的康德,他至少必定怀疑过这种恶的存在,尽管他随即又在“反常的恶意”这一概念中将“根本恶”合理化,认为它可以通过可理解的动机获得解释。因此,当一种现象让我们面对难以抗拒的现实,并打破了我们知道的所有标准,我们事实上没有任何凭借可以用于对于这一现象的理解。……在极权主义政权垮台之后,各种极权主义方案很可能以一种具有强烈诱惑的形式继续存在,一旦不可能用合乎人之价值的方式来纾解政治、社会与经济的困苦,极权主义形式就会到来。

——汉娜·阿伦特:《极权主义的起源》

真的像是一个深渊打开了裂口……**这件事本就不应该发生**。我指的不只是受害者的数量,而是手段、对尸体的加工利用等等——我无需追究太细。这件事不该发生。在这件事情上,我们都无法理解；我们没有一个人能理解。

——汉娜·阿伦特：《留下了什么？留下了语言》

这两段题词来自汉娜·阿伦特，我以此作为开头，因为它们能帮我确定讨论康德的方向。第一段引文摘自《极权主义的起源》的结论部分；
11 第二段则来自 1964 年所作的一个电视访谈，在这次访谈中她回忆起，当她第一次发现纳粹集中营[1]里所发生的事情之后，她是多么震惊。自从康德在《单纯理性限度内的宗教》（以下简称《宗教》）一书中使用了“根本恶”这一表述后，它已成为令人迷恋与困惑的根源：迷恋，因为它使许多读者（包括阿伦特）突然发现，康德已经模糊意识到有一种恶，它超越了我们传统的恶的概念；困惑，因为康德的“根本恶”是什么意思，或者它是如何嵌入他的道德哲学的，这并不那么清晰明确。我想探究的是：“根本恶”在康德那里的意义，他思索根本恶含义的哲学语境，以及根本恶同他的道德哲学之间的关系。康德是否真的（如阿伦特所示）怀疑过，这个世界存在一种能够对我们理解恶的传统方式提出了质疑的恶？是否真的如阿伦特所宣称的那样，康德“随即又在‘反常的恶意’这一概念中将‘根本恶’合理化，认为它可以通过可理解的动机获得解释”？

期待康德预见到 20 世纪的恐怖，这将是一种年代错置。但康德作为思想家，的确改变了我们在现代世界中思考道德的方式。尽管存在着许多对于康德道德概念的批判，但是他不仅启发了继之而起的思想家，而且当前我们正亲历着这一变化：人们复苏了对于康德道德哲学的兴趣，并以新的方式在运用康德的道德哲学。因此这一问题的提出是非常适当的：康德对于道德与根本恶的反思，能否帮我们确定一个方向以思考 20 世纪所见证的恶？正是在这一精神指导下，我走近康德并对他进行了考察。

关于根本恶，康德最重要的分析与讨论见于《宗教》[2]。该书序言的开头重申了康德的根本信念："道德为了自身起见，完全不需要宗教。"

> 既然道德是建立在人这种自由行动者（free agent）的概念之上的，人又正因为自由而通过自己的理性使自己受无条件的法则制约，那么，道德既不必为了使人认识其义务而需要另一种在人之上的存在（Being）的理念，也不必为了使人遵循其义务而需要另一种不同于法则自身的诱因（incentive）。倘若人有了这样一种需要，而且在这种情况下又不能借助别的什么东西来满足这种需要，那么，这就是人自己的过错：因为不是产生自人自身和人的自由的东西，也就不能为人的缺乏道德性提供补偿。因此，道德为了自身起见（无论是在客观上就意愿而言，还是在主观上就能够而言），绝对不需要宗教，相反，借助于纯粹的实践理性，道德是自给自足的。（*Rel.*3；3）

康德不仅维护道德的独立性，而且这一段落清楚地表明，人类对于自己作为自由的道德行动者所做的事情，应予以充分的说明并负起完全的责任——或者履行义务，服从道德法则，或者不遵循道德法则。 12
如果我们要理解康德的"根本恶"的含义，那么我们首要的任务是理解康德的"恶"的含义。康德告诉我们，善或者恶应当"只存在于意力（Willkür）为了运用自己的自由而为自己制定的规则（rule）中，即存在于一个准则（maxim）中"（*Rel.*17；19）。这是极为重要的，因为我们很快将看到，恶的根源既不是我们的自然倾向（inclinations），也不是我们的理性，而仅是我们的意力。康德选取意力作为善的中心点，同理可推，意力也是恶的中心点。因此我们可以说，善与恶都与人的意愿（volition）准则有关。

我们已看到，《宗教》如何廓清了康德道德哲学中令人烦恼的含混。这关系到他对于意志的理解。在《原理》（即《道德形而上学原理》）中，康德似乎将意志等同于实践理性。但如果它们严格等同，那么一个人如何能够做出一种不道德或恶的行为？在康德在世的时候，与他同时代而比他年轻的莱茵霍尔德，已经对康德将意志与实践理性等同这一做法提出了批评，这一反对的意见，在许多后起的康德批评家那里被一再重复。[3] 但是，《宗教》极为清晰地表明，康德对于意愿能力有着更为复杂、更为微妙的理解，他对意志（Wille）与意力（Willkür）的区分（不幸的是，这两个词在英语中经常都被翻译为“will”）就是这种理解的表现。[4] 虽然康德并不是始终都保持一致，但一般而言，当他指的是在可选项之间进行选择的能力，他称之为“意力”。人的意力（不同于野蛮动物的意力）是自由自发选择的能力。或者更准确地说，它是意愿能力的一个方面，包含着无拘无束的自由选择权。这就是康德告诉我们的：“意力的自由具有一种极其独特的性质，**只要个人把诱因纳入自己的准则**（使它成为自己行动的一般规则），诱因就能对意力产生决定性作用，使它采取行动；只有这样，一种诱因（不管它是怎样的诱因）才能与意力的绝对自发性（即自由）共存。”（*Rel.*19；23）[5] 在可选项之间进行选择的能力，我们名之为意力，**从本质上说**，它既非善亦非恶的；更准确地说，它是我们自由选择善恶准则的能力。从《宗教》中可以清楚地看到，意志（Wille）（在其更为技术、更为狭窄的意义上）完全不作为；它不作决断。意志（Wille）指的是意愿能力中纯粹理性的方面。亨利·艾里逊（Henry Allison）对此有一个简洁的陈述，他说：“康德用意志（Wille）和意力这两个术语分别描述整体化的意愿能力所包含的两个方面——
13 立法功能和执行功能，他把意愿也称作意志（Wille）。”[6] 约翰·希尔伯对意志（Wille）同意力的关系作了清晰描写：

> 然而，与意力不同，意志（Wille）不作决断或不设准则；它不作为。进一步说，意志是意力中强烈而无时不在的诱因的根源，而如果意力将足够强烈的诱因纳入其选择的准则，意志就“能够决定

> 意力”,因此“它是实践理性本身”。意志(Wille)表达了自主的可能性,而自主是先验自由的前提。通过对意力的支配,意志(Wille)体现了意志(will)自我实现的要求,意志(will)可以实现或弃绝其自由,意志(Wille)是意志(will)的一个方面,它根据自由的法则(和条件),通过意行(willing)来实现其自由的本性。在这里,意志(Wille)和意力显示了其最为重要的差别。意力可自由实现先验自由自律或他律的潜能,而意志(Wille)则不是完全自由的。更准确地说,意志(Wille)是自由的法则,是意志(will)的规范性方面,作为规范,意志(will)既不是自由的也不是不自由的。意志(Wille)没有行动的自由,但也没有承受限制或压力。相反,它向意力施加了自己规范性的、理性的压力。[7]

在这里,康德在意志(Wille)和意力之间做出了至关重要的区分,弄明白康德这样做的原因,是极为关键的。当康德在《原理》中引入这一绝对律令(the categorical imperative),留给我们的就是一个尴尬的结果。如果意志(will)完全等同于实践理性,那么人们就不清楚道德决定为何会包含选择。但康德的道德哲学假定:我们都是有自由选择能力的行动者,我们能够选择服从或违背道德法则的命令。道德责任需要这一能力。拥有选择能力并不意味着我们是无所偏向的。相反,如果我们响应作为道德规范——作为自由法则——的意志(Wille)的命令,我们就是自主的。而且,道德法则可能是一个**充分的**诱因,以使我们去满足义务的要求。但是,恰如希尔伯所强调的,我们必须也能够做出他律的选择。除非意力选择被决定,否则,没有什么可以决定意力。在这个意义上,成为有限合理性的行动者,就是成为根本自由(radically free)的行动者——也就是说,成为能选择善或恶的准则的行动者。

恶的准则

但究竟什么是恶的准则？在直接回答这个问题之前，我想强调的
14 是，康德非常清楚，恶的根源并不是我们的自然倾向。相反，他甚至都没有说自然倾向的存在是中立的（既非善又非恶的），而是说自然倾向实际上是**善**的！（稍后我们将讨论它们在何种意义上是善的。）康德宣布："自然倾向**就其自身来看**是**善**的，也就是说，是无可指责的，企图根除倾向，不仅是徒劳的，而且也是有害的和应予谴责的。毋宁说，只要抑制它们，不让它们互相之间自相摩擦，它们就能够达至取得整体上的和谐，而这种和谐就被称作幸福。"（*Rel.*51；60）

康德明确驳斥了人们对他的频繁歪曲。人们经常对他提出错误的批评，认为他声称我们的自然倾向是人类之恶的根源。这种歪曲具有误导的作用，因为它模糊了康德理解自由与道德的基础——由于人类具有意愿能力，因此他们对于自己所采用的善恶准则负有完全的责任。在**这一方面**，没有原罪或者原恶，就像没有原初的道德之善一样。从积极的角度看待这个问题，一切罪、恶行（vices）与德性都起源于（自由的）意力。对于康德来说，对于不同的、有时相冲突的诱因，我们如何**选择**以作出响应的问题，始终都是首要的问题。

> 在道德意义上，在善或恶这两种状况之间，无论人是什么或将成为什么，都必须由人本身来造就，或者必须是他本身已经造就的。任何一种状况都必须是他（意力）的结果；因为若不然，他就不能为这一状况负责，从而可能在道德上既不是善的也不是恶的。如果说人被创造为善的，这可能无非是说：他被创造为向善（for good）的，人的原初**禀赋**（predisposition）是善的；因此，他并非在实际上已经是善的了，恰恰相反，他成为善的还是恶的，这取决于他自己，这取决于他是否将原初禀赋所包含的诱因纳入他自己的

> 准则（这一行为必须完全听任于他的自由选择权）。（*Rel.*40；48）

耶米雅赫·约威尔着重说明了康德的这一观点："在《宗教》中，康德坚信恶同样起源于自由。这一信条阻止了以下观点：我们之所以做出不道德行为，是因为我们偶然受到自然倾向的决定性影响；它主张：我们要为可能的恶承担责任。自然不会产生恶，只有自由的人类意志才会产生恶。"[8]

在《原理》中，为了阐明义务的性质和道德法则，康德重点讨论了那些我们的自然倾向和我们的道德义务发生冲突的状况。在那些著名的（有时具有误导性的）例证中，他倾向于认为，只有当我们自然的欲求和我们所认识到的责任、我们所应当做的事情公开相抵触时，才可能出现道德行为的范例。由此滋生了另一种对康德的持久歪曲：只有当 15
我们违抗我们的自然倾向时，我们才真正是道德的。但也是在这里，《宗教》驳斥了这种歪曲，并帮助澄清了这种误解。对于康德来说，在决定一个准则是善还是恶时，根本问题并不在于这个准则是否"包含"遵循道德法则**或**我们的自然倾向的诱因。相反，问题是这些诱因如何排序——哪一个诱因是第一位的，哪一个诱因是第二位的，也就是说，是**从属的**（subordinated）。

> 因此，一个好人与一个恶人之间的区别，不可能取决于他们纳入自己准则的诱因的区别（不可能取决于准则的内容），而必然依赖于**主从关系**（准则的形式），即**他把两个诱因中的哪一个作为另一个的条件**。因此，人（即使是最好的人）之所以是恶的，乃是因为当他把诱因纳入自己的准则时，他颠倒了这些诱因的道德次序。事实上，他采用道德法则的同时采用了自爱（self-love）法则，但当他意识到这两个法则不可能并列存在，而是一个必须把另一个当作最高条件来服从，他把自爱的诱因及其倾向当作服从于道德法

> 则的条件;相反,后者作为满足前者的**最高条件**,应该作为独一无二的动机,纳入意力的普遍准则。(*Rel*.31—32;38)

如艾伦·伍德所说:

> 有限的、理性的意愿的**一切**准则(不管它们是善还是恶),都**同时**包含着两个诱因:道德理性的诱因和感性倾向(sensible inclination)的诱因。任何一个准则,如果它要成为一个有限的、理性的主体的行为原则,就必须包含这两个诱因,因为它们都属于这样一个主体的禀赋。……好人的准则不同于恶人的准则,只是因为好人用义务诱因调节倾向诱因,而恶人则颠倒诱因的道德次序,他一贯的做法是:只有在义务同其对倾向的追求一致的时候,他才尽他的义务。[9]

因此,我能采取和经常采取的道德行为方式同我对道德要求的感受相一致,同我本性上想做的事情相一致。我没有挫伤我的自然倾向。行动者的道德价值仅仅取决于不同的道德诱因在他采用的准则中有一个怎样的次序。当然,就像康德在《原理》中已经指出的,我或许并不清楚实际上什么是我的首要诱因,真正的道德诱因又是否激发了准则的采用。

关于倾向在我们的准则和我们的行动中的作用,一直都存在着误
16 解,虽然上述对于善恶准则差异的理解澄清了这一误解,但也产生了一些强烈的(康德可能说是"严格的")后果。《原理》举过一个例子,一个卖主佯作诚实,因为这种策略对他最有益也最有利,如果我们对此加以思考,就能清楚地理解在他的准则中如何存在着一种次序安排,以致他首要的诱因是利润的最大化而不是道德要求的满足。他可以做出合乎义务(duty)的行为,但不会将义务作为自己的目标。但是,思考一下一

个更为困难的例子：有一个人，他首要的动因（motivation）是他对人类的同情。康德告诉我们，许多人“很富于同情之心，他们全无虚荣和利己的动机，对在周围播撒快乐感到愉快，对别人因他们的工作而满足感到欣慰”。虽然在这一基础上做出的行动“忠于义务（dutiful）、和顺可亲（amiable）”，“应受到称赞、鼓励”，但都没有表现出道德价值，因为它们并非出于义务。克里斯蒂娜·科斯嘉分析过这个例子，她的分析敏锐而富有洞见。[10] 她注意到，康德明确将这个例子和卖主的例子区别开来，在这个例子中，这个人的行为“出自直接的倾向（因享受行动而做出行动）”；在卖主的例子中，卖主的行为“来自间接的行动（以行动为达到目的的手段而做出行动）”。[11] 科斯嘉在阐述康德的意图时写道：

> 因此，当康德说，具有同情心的人和忠于义务的人的差别在于他们的准则，他心里所想的恰恰相反：虽然具有同情心的人和忠于义务的人都有帮助他人的目标，但他们是在不同的基础上选取这个目标的。具有同情心的人把施助看作愉快的事，愉快是他把施助作为目的的原因。有道德价值的人（morally worthy person）把施助看作是被吁求的事，或者必要的事，必要性是激发他把施助作为目的的因素。[12]

我认为这是完全正确的，在为义务而行动的人与因同情的动因而行动的人之间，康德在道德上更看重前者，虽然对于这一点，他在《宗教》中给出的是另一个理由。

把科斯嘉的阐述和康德在《宗教》中对于善恶准则的分析放在一起，来考虑一下前者带来的后果。科斯嘉告诉我们“义务不是一个不同的目标，而是选取目标的一个不同的基础。因此可以通过这一说法来把握康德的观念：与有道德价值的人相比，具有同情心的人的动机**更为浅薄**：两者的意图都是施助，但在思考施助问题时，有道德价值的人的

动机比纯粹具有同情心的人的动机有**进一步**的扩展”。[13] 科斯嘉诠释性
17 的意见具有充分的道理,但她忽略了康德严格主义(rigorism)的影响。因为她描述“纯粹具有同情心的人”的动因所用的方式清楚地表明:此人优先考虑的是他的同情心(一种自然的倾向)而不是道德义务的要求。这一范式,在康德看来是**恶的准则**。事实上,关于这一点,康德在《宗教》中有明确的阐述。

> 因为,既然对于采取**合乎法则**的行动的意力来说,不仅法则本身,各种诱因(诸如进取心、一般的自爱,是的,甚至是如同情之类的善良本能)也是必要的决定性因素,那么,这些起因与法则相一致,就是纯粹的偶然,因为它们也会使得意力违背法则。因此准则同法则是正好相反的,个人的一切道德价值都必须依据准则的善来评价,而不管人做了多少善行,他依然是恶的。(*Rel.*26;31)

在其准则中(自觉地)将同情感置于优先地位的人,不仅比有道德的人“浅薄”,而且他是恶的。他正在采用恶的准则[14]。然而,康德不怕引出这一结论。在《宗教》中,他认可这样一种严格的分析。他告诉我们:我们说一个人是恶的,不是因为他所做出的行动是恶的,“而是因为这些行动具有这样一种性质——我们可以从这些行动中推断,在他心中存在着恶的准则”。(*Rel.*16;18)此外,康德接受了这一不相容的选言命题:“人(根据本性)**要么在道德上是善的,要么在道德上是恶的。**”(*Rel.*17;18)康德承认,尽管“经验的确似乎证实了在这两个极端之间的中间立场”,然而,“一般而言,尽可能地不承认任何道德上的中间物,有重大的伦理学意义。……人们把那些偏爱这种严格的思维模式的人称作**严格主义者**(rigorist,这个名称本意是作责备之用,但实际上变成了赞扬)”(*Rel.*18;21)。无论何人,只要他把道德法则纳入他的准则,并置于优先地位,他在道德上就是善的;而无论何人,只要他不这样做,

并且优先考虑的是其他非道德的诱因（包括同情），他在道德上就是恶的。为使人透彻理解他的观点，他断言："人不能从某些方面上说在道德上是善的，而同时从另一些方面上说在道德上是恶的。他在某一方面是善的，意味着他已经把道德法则纳入他的准则；因此，假如同时他在另一方面又是恶的，那么，由于服务义务的道德法则是独特和普遍的，他的准则以这一法则为基础，所以他的准则将是普遍的，同时又将只是特殊的；而这是自相矛盾的。"（*Rel.*20；23）对于康德高妙的或此/或彼（either/or）——他的严格主义，艾里逊提供了一个清晰的陈述。他告诉我们： 18

> 假定尊重法则是一个诱因，由此出发，康德推断道：既然只要诱因被"置"入准则，意力的自由就使得诱因能够决定意力；那么就必须认为，如不能把尊重法则变成一个人的诱因，亦即，不能把义务的思想或对法则的尊重变成一个人品行（conduct）的充分动因，其原因就在于他采用了替代性的行动原则。但替代性原则的采用必然产生对于法则的背离，因此，这样一个行为必须被描述为"恶"的。[15]

因此，遵循康德严格主义的分析逻辑，似乎不可避免地会得出这一结论：一个和善的、具有同情心的人（在他的准则中，他优先考虑的是同情的诱因，而不是道德的法则），和希特勒，甚至艾希曼在道德上**全都**是恶的。康德肯定会承认在他们之间存在着差异。不管他"公开发布的"学说如何表达，他都认识到了这样的差异。然而，鉴于不相容的严格主义二分法——或是善或是恶——我们必须将他们都判断为恶的。他们的共同点是"不能把义务的思想或对法则的尊重变成一个人品行的充分动因"。

根本恶

至此，我一直处理的都是康德的“恶”的含义问题，尤其是，什么构成了道德上的恶的准则问题；但我还尚未提起“根本恶”的问题。康德对于根本恶的理解如何补充了他对于恶的准则的谈论？在更一般的意义上，我们想知道根本恶如何与他的道德理论共存。[16]

为什么康德（在他生涯的后期）觉得需要引入根本恶的概念？有几个原因。无疑，他希望提取与维护基督教宗教信仰的道德理性的内核。但我认为还有更深邃的哲学缘由。在康德看来，人类应为他们的善与恶的准则及作为负责，为不使他的这一道德姿态受到影响，康德这样理解人性：我们既不是天使也不是魔鬼。有一种观念认为我们生来在道德上是善的，而后受到了腐化；另一种观念认为我们本来在道德上是恶的，我们生来是罪人，因而不可能不在现实中犯罪；康德对这两种观念都拒绝接受。他所理解的人性在道德上既非善也非恶，这一看法深深影响了他对人类历史与进步的理解。康德寻求走一条更艰难的道
19 路。一方面，他怀疑道德进步的观念，这种观念认为借由道德进步人类可以（并将要）取得人的完善。另一方面，尽管人类从未能摆脱向恶的品性（propensity to evil，一种构成他们类本性的品性），然而，只要人类能够凭借他们的自由在实际上变成善的，那历史上就可能存在道德的进步。在“扭曲的人道”（crooked humanity）的黑暗背景下，由于不愿现实地评估“扭曲的人道”，康德耗尽了对于（有限的）道德与政治进步的信仰。在这一方面，康德明显背离了启蒙运动关于人类进步所提出的那些更率真、更乐观的概念（例如孔多塞）。康德试图调和这两种主张：一种主张宣称人类就其本性来说是恶的，另一种主张断言尽管人类有向恶的品性，他们（甚至那些恶劣的人）仍能在道德上变成善的。康德的“根本恶”概念中的诸多张力和问题，可以追溯至他的这一调和的尝试。

不管“根本”这个术语内涵多么突出,康德所谈论的都不是具体的恶的**类型**或恶的准则。当阿伦特宣称,根本恶是一种“让我们面对难以抗拒的现实,并打破了我们知道的所有标准”[17]的现象,康德不会同意阿伦特的这一说法。当阿伦特断言,“根本恶的出现与(极权主义)制度有关,在这一制度下,所有人都变得一样的多余”[18],康德之所指与阿伦特之所指肯定完全不同。然而,康德所说的是什么意思?为什么他要引入这个令人难以捉摸的概念?这个问题的答案是复杂的,要回答这个问题,我们需要引入一些重要的区分。

为确定我们分析的语境,首先我们必须做一个简短的回顾:康德在他的批判哲学中明确区分了现象(phenomena)与本体(noumena)。这已被证明是一个殊为麻烦的区分,但它对康德关于人的自由的理解来说却是如此重要。康德有许多段落似乎都提出了“两个世界”(two-world)理论,在这一理论中,这两个世界之间没有(也不可能)发生交互作用。如果的确如此——如果现象与本体指的是两个“本体论意义上”的不同世界——那么就无法一以贯之地理解他的道德哲学。最近,许多同情性的评论家都已证明,有一种更为适当的诠释康德的方式,这种方式表明,康德并没有致力于在两个完全不同的王国或世界之间作严格的本体论区分。这些评论家包括希尔伯、艾里逊、伍德和科斯嘉,尽管他们处理相关问题时所用的方式各不相同,但他们都为这一论断摆出了有力的论据。因而希尔伯这样说道:“虽然他(康德)断定这两个王国‘彼此独立,互不干扰’,但他发现,如果不预先假定它们之间存在着完全的交互作用,就不可能谈论道德问题。……道德义务经验是全面交互作用的最佳例证。假如同一个人类(由之,同一种意力)既非道 20
德的也非自然的,却充分地、同时地存在于两个王国,那么道德经验将是不可能的。”[19]科斯嘉认为,人们之所以会困惑于两个世界理论,是因为“不能体会康德区别理论理性与实践理性的彻底性,以及区别它们各自的解释与研究领域的彻底性。当这些领域按照康德哲学要求的方式区别开来,关于责任的问题就消失了,我们看到,康德的自由理论并没有使他陷于本体论的二元论"。[20] 尽管这些评论家并没有全部澄清由本体、现象之别所引发的问题,但我认为,他们已经成功地表明,康德并没有陷于极端的本体论二元论,康德有一个一元化的人类行动者概念,这个行动者既是自由的,又受到自然因果律的制约。

在《宗教》中,康德并没有放弃本体 / 现象的区分,只是降低了它的重要性。在第二版序言中,他说:

> 要在其本质内容上理解这部作品,所需要的只是共通的道德感(common morality),不必去翻《实践理性批判》,更不需要去翻理论理性批判。举例来说,同一个德性,当它作为合乎义务的**诸行动**所用的技巧(根据行动的合法性)时,就被称作**德性现象**(virtus phaenomenon),而当它作为一种以出自**义务**(由于行动的道德)的行动为目标的坚忍的**性情**(disposition)时,就被称作**德性本体**(virtus noumenon)。这些表述只不过是由于教学的缘故而采用的,而事情本身,包含在那些最为通俗的儿童教育与布道之中,虽然用的是不同的言辞,因此它是很容易理解的。(*Rel.*12—13;15—16)

康德没有被束缚于两个世界理论,能看到这一点是非常重要的,因为他对根本恶的分析有一个前提——对"人性"的谈论要具有可理解性(intelligibility),"人性"不能简单等同于我们的现象自然(或等同于我们的本体自身)。

"自然"与"人性"在《宗教》中被运用的方式明显不同于这些术语在《纯粹理性批判》和《实践理性批判》中的典型用法。人性包括我们的自然存在和道德存在。举例而言,当康德告诉我们人性拥有三种趋善的禀赋(predispositions/Anlagen)时,这一点就变得尤为明显。更准确地说,这是三种类别或元素,它们包含在"人的确定的性格与使命

(destiny/Bestimmung)之中:(1)作为一种**有生命的**(living)存在,人有**动物性**的禀赋;(2)作为一种有生命的同时是**理性的**(rational)存在,人有**人道**的禀赋;(3)作为一种理性的同时又**能负责的**(accountable)存在,人有**人格性**(personality)的禀赋"(*Rel.*21;25)。从这一段可 21
以一清二楚地看到,康德谈论"人性"(human nature/der menschichen Natur)的方式包含着他此前用现象与本体来予以归类的内容。康德在这里所说的"人",指的不是个体的人。他把人——或更确切地说,人类(human beings)——称作人的族类或种类(human race or species)。他告诉我们:"我们说'他本性为善或为恶'的那个人,不能被理解为单独的个体(因为这样的话,就可以认为这个人本性是善的,另一个人本性是恶的),而应理解为整个族类。"(*Rel.*21;24—25)我们必须小心谨慎,以免误解了康德所确认的东西。我们可能会受到诱惑,认为趋善的原初禀赋的这三个类别是**道德上**成善的禀赋的组成部分。就人格性禀赋而言,这种诱惑可能尤其强烈,因为这是一种"把道德法则本身作为**意力的充分诱因**来尊重的能力"(*Rel.*23;27)。但是尊重的**能力**不能等同于**意力**这种能力的**实际**(道德)**应用**。我们作为人类,可能有在道德上成善的**禀赋**,但只有运用我们的自由意力,我们才能在道德上**实际地**变成善的(或恶的)。

> 在道德意义上,在善或恶这两种状况之间,无论人是什么或将成为什么,都必须由人本身来造就,或者必须是他本身已经造就的。任何一种状况都必须是他的自由选择权(意力)的结果;因为若不然,他就不能为这一状况负责,从而可能在**道德上**既不是善的也不是恶的。如果说人被创造为善的,这可能无非是说:他被创造为**向善**的,原初**禀赋**是善的;因此,他并非在实际上已经是善的了,恰恰相反,他成为善的还是恶的,这取决于他自己,这取决于他是否将原初禀赋所包含的诱因纳入他自己的准则(这一行为必须完

全听任于他的自由选择权)。(*Rel.*40;48)

但是,如果是这样,那么,在什么意义上我们能够说,原初的禀赋是一种趋善和向善的禀赋呢?伍德帮助我们澄清了康德所表达的意思。

> 这些禀赋"与人性的可能性密切相关",在这一意义上,它们全都属于"人性"。人们认为它们本身"不是一个可予责备的事情",并且,通过它们,人被创造为"向善"的,在这一意义上,它们都是**趋善**的禀赋。……
>
> 人**实际上**的善恶并不取决于人对这些禀赋的拥有。因此,如果说人"本性"是善的或恶的,这里的善恶不可能是与人性可能性密切相关的禀赋。确切地说,道德上的善恶概念涉及的是人对于其能力的实际运用,它禁止我们将这些能力本身看作道德上的
> 22 善恶。[21]

如果康德直接说,尽管人类有在道德上成善的禀赋,但他们实际上并非生来就在道德上是善的,那么,事情可能会更为明晰。只要人类自由地选择自己的行为,将道德法则纳入他们的准则,他们就能在道德上变成善的。

在开始直接讨论康德"根本恶"的含义之前,我们首先必须弄清他所说的"性情"(disposition/Gesinnung)与"品性"(propensity/Hang)的意思。因为它们是理解根本恶的基础。不要把这些概念同"禀赋"(predisposition/Anlage)混为一谈。[22]希尔伯宣称:"(性情这一概念)的发展也许是《宗教》对于康德伦理学理论最重要的一个贡献,因为借助这一发展,康德说明了意力的自由运用所包含的连续性与责任感,说明了对立意愿的可能性,及其开展复杂评估的基础。"[23]我们能够体会为什么希尔伯会形成这一有力主张。以《原理》与《实践理性批判》为

根据，无法完全弄清康德怎样处理道德事务的连续性。某种程度上，这是因为他主要关注的是准则在道德决定过程中的作用。但采取准则和做出选择的个人并不仅仅是那些离散选择和准则的集合，也不单是无时间性的本体自我。希尔伯敏锐地指出："因此性情是意力持久性的一面，它是依据其自由表达的连续性和完整性而被思考的意力。性情是持久型的意图，它可以从意力的诸多离散行为中推导出来，解释这些行为的最终动机。"他又说："性情中的连续性对于道德的自我认同有极为重要的作用。"[24] 这帮助我们澄清了性情的概念旨在发挥的作用，及其对于康德的道德事务分析如此重要的原因。

只要我们停留在这个一般的抽象层面，我们不会遇到任何困难。但是，我们对康德谈论性情的细节考察得越仔细，这个概念就越成问题。起初我们或许认为，康德最后将承认亚里士多德在很久以前便认可的重要性，康德用"性情"概念所表示的事物非常接近亚里士多德所称的"素性"（hexis），这是一种以德性行为为目标的习得性情，一种需要培养与教育的性情。但康德明确表示，"这种性情本身必须为自由选择权（意力）所采用"（*Rel.*20；24）。下面的这个段落，甚至更为复杂，因为康德说，虽然这种性情是习得的，但它"不是在时间中习得的"。

> 具有一种善的或恶的性情，具有这样一种天生的自然构造，在这里并不意味着，这种性情不是被怀有它的人习得的，并不意味着，这个怀有它的人不是它的创造者，而是说，它不是在时间中习得的（他**从年轻时起**就**一直**是善的或恶的）。性情，即准则之采用的终极主观根据，只可能有一个，但它普遍适用于自由的整体运行。然而，这种性情本身必须为自由选择权（意力）所采用，若不然，它就不能被考虑在内。（*Rel.*20；24） 23

这是一个极为复杂也极为晦涩的段落，我们必须记住它以便我们继续讨论。但是,尽管它很晦涩,但康德所说的“为自由选择权所采用”的善的或恶的性情,并没有产生歧义。或许这就是禀赋与性情之间至关重要的差异;性情为自由选择权所采用,而禀赋则**没有**被选择;禀赋是人性的成分,它“与人性的可能性”密切相关。性情的这种自由选择的特征,使得一位批评家认为,它是亚里士多德的“素性”和萨特的“根本谋划”(projet fondamental)这二者不稳定的结合[25]。当康德告诉我们,性情“不是在时间中获得的”,性情自身必须被设想为一种准则——一种无上的准则,它为行动者被视为整体的道德生活确定着方向(即使可能改变这种性情)[26],此时,我们可以看出,康德的性情观念如何彻底不同于任何一种普通的或传统的性情概念。可能有人会认为,康德这里的论述不够连贯。他似乎陷入了一个恶性循环:善的或恶的性情是为自由选择权(意力)所采用的,而意力自身又以这一性情为前提。

尽管缺少对这些问题的理解,我认为我们还是能够提供一个关于性情的描述,它至少会**接近**康德想说的内容(并且,符合他实际上说出的大部分内容)。现在,让我们暂时抛开由本体 / 现象之别所引发的问题,暂时抛开由“在时间中习得的”及不是“在时间中习得的”事情所引发的问题。我们经常会用善恶的性情来对人加以区分。有一些人,我们可以在困难的道德状况中信任或期待他们做正当的事情(道德法则所要求的事情)。他们展现了承诺、信仰、意图和行动的总体形态,为我们作出这样(可能错误)的判断提供了一个基础:当他们面对困难的道德状况时,他们将做义务要求的事情。或者用康德的方式来表达这一点的话,即他们将采取善的准则,那些准则包含着道德法则并将道德法则置于优先地位。当然,有一些人非常自私或非常自恋,他们可能会为了实现自己的目的而不择手段,不愿由于义务的缘故而有所行动。将一个人的性情或整体道德品性与他所采用的特定准则、他所做出的行
24 动区别开来,这并无困难。虽然他的行动方式是判断其品性的基础,但我们认识到,品性影响了他的具体选择。道德品性与具体行动既不是

严格的因果律,也不是严格的逻辑关系。一个性情善良的人,也许偶尔会做出与品性不符的行为,采用道德法则服从自然倾向的准则。而一个无赖可能偶尔会做义务所要求的事(窃贼的荣誉)。

用这种方式去看的话,我们就能理解,为什么性情可以被描述为采用具体准则的主观根据。因为性情**影响**而不是(按因果律)决定了在道德冲突的具体状况中所采用的准则。我们也能理解为自己的性情或品性负责的意义。并不是我们在时间中的一个特定时刻"选择"了这种性情。相反,我们的性情是联合作用的结果,它源自我们所作出的自由的道德决定和我们所采用的准则。我们并非生来在道德上就是善的或恶的;我们凭借自己做出的选择,在道德上**变成**了善的或恶的。

如果我们进一步追问,为什么这一个人形成了一种性情或品性,引导他采用善的准则,而另一个人采用了恶的准则,我们能就他们的背景、社会环境及教育说些什么?但我们不能给这个问题提供一个终极答案:它是无法探究的。因为这个答案需要我们能就人类自由提供一个**理论**阐述。而批判哲学恰恰已向我们表明:这种阐述是不可能的。声称自由选择无法探究,并不是说它**神秘**——似乎从原则上说,对于某人为何会形成他所作出的选择,我们应该能够提供必要的和充分的理由;而这仅仅是强调:选择是**自由**的。最终,我们不可能**了解**为什么一个人选择遵循道德法则,而另一个人不做这样的选择。然而,从实践的观点看,我们能够(也必须)将自由设定为公理,我们能够(也必须)宣布:道德行动者有能力自由选择善恶准则。我们对自己的个人选择及其整体道德品性负有责任。

此外,这种性情不是固定的、不可改变的东西。一个善人可能变成恶人,一个恶人可能变成善人。"因此,对于一个虽然心灵败坏,但拥有善的意志的人来说,还存在着返回到他曾经背离的善的希望。"(*Rel.*39;47)甚至,我们可以将这种似乎反直觉的东西(即性情"不是在时间中习得的")去神秘化。在时间中习得有**两种**不同的意义,我们必须对此加以区别。康德肯定没有否认这一明显的事实：在作道德决定的时候，我们通常就把**时间**具体化了。在《原理》中，康德举出的所有例子都预
25 设了一个这样的时间位置。我们是在特定时空里、在具体状况中作出我们的道德决定的。例如，**明天**，我或许会面对一个可怕的道德困境，我将面临一个该怎么办的选择。但是，在时间中发生的事情，有一种更**专门的**意义，在《第一批判》中，康德在分析因果律的时候对此进行了探讨。**在此意义上**，说某事发生在时间之中，就是说它是由因果律决定的，因此它是不自由的。当康德告诉我们，性情不是在时间中习得的，他是在告诉我们，性情不是由（自然）因果律决定的，相反，它来自我们的自由。

我并非是要表明，这种对性情的理解澄清了康德的讨论所涉及的所有问题与困难；但这种理解帮助显示了性情这一理念的可信性，显示了它作为性情而被自由选择的意义，以及这一观念对于稳健理解人类事务如此重要的原因。然而，我的分析有一个无法回避的**重大**困难。具有讽刺意味的是，这一困难凸显了康德的根本恶概念有一个极度令人烦恼的特征。如果我的描述接近康德“性情”的意思，那么，它就可**兼**用于善的性情与恶的性情。而大多数时候，康德的写作方式会让我们以为存在着好的性情与坏的性情。不过，当康德开始直接讨论根本恶的观念，将它描述为一种品性，他忽略了善恶两种性情之间的对称性。大多数时候，他的写作让人觉得在性情与品性之间仿佛不存在明显的差别，但他**从不**谈论趋善的品性，而只说向恶的品性[27]。他明确告诉我们“人性本恶”（虽然我们将看到，这句话的意思并不是我们想象的那个意思）。康德也坚持认为，虽然“将人与其他可能的理性存在区分开来的品性（善或恶）……是人**先天固有的**……但我们将永远采取这一立场：天性既不承担罪责（如果品性为恶的话），也不抢占荣誉（如果品性为善），相反，人本身才是品性的创造者”（*Rel.*17；20）。简而言之，康德所说的品性不能混同于性情，然而他未能厘清这两个概念之间的区别。

他从来没有解释,为什么人类可以有善的或恶的性情,但却**只有**一种向恶的品性。

虽然康德对于性情的描述肯定存在着许多模糊与困难,但我们可开始体会康德陷入这些困难的原因。这些困难产生于他的道德理论的一个最可贵、最核心的特征。尽管人们对康德多有丑化,不过康德的确认为,人的气质、背景、社会环境、道德训练(甚至地理位置)影响了他们的道德品质和道德选择。但对于康德来说,最重要的问题一直都是个 26
人的职责(accountability)与责任(responsibility)。我们的道德自由绝不能被外部事件或我们的自然倾向所损害。我们甚至可以更有力地证明康德的观点,为此,我们可以宣称:对我们的个人道德选择和我们的道德品质,我们最终要独自承担责任。其实康德似乎意识到了他描述性情的方式是生硬的。因为他将性情描述为"准则之采用的终极主观根据",而随后又立即补充说,"但是,这一采用的主观根据或原因,无法被进一步了解(虽然我们本来极有必要对它加以深究)。"(*Rel.*20;24)

我们终于可以来直接讨论根本恶的概念了。关于"人性中趋善的原初禀赋",我们已经有所了解,以此为基础,我们至少知道根本恶不是什么。无论如何,不能将根本恶等同于自然倾向。不能将根本恶等同于现象界的感官自然。怀有需要和欲望的身体不是恶的根源。也不能将根本恶等同于任何**固有的**缺陷或人类理性的败坏,唯一与之有关的是意志的败坏。趋善的原初禀赋内在于我们的人性,通过回到康德对于这一禀赋第三个部分的分析,我们可以找出根本恶含义的基本线索,以及康德引入这一概念的缘由。让我们再看看康德关于**人格性**(personality)的禀赋说了些什么:

> **人格性**的禀赋是把道德法则作为**意力的充分诱因本身**来尊重的能力。这一纯粹尊重我们心中道德法则的能力,进而将成为道德情感。道德情感是意力的动力,除此之外,它本身并不构成自然

> 禀赋的目的,它也没有通过自身来确立自然禀赋的目的。只有当自由意志(意力)将这样的道德情感纳入它的准则时,这个意志才可能拥有善的特性。与自由意志(意力)的一切特性一样,善的特性只能是习得的;然而,要使它可能,就需要有一种禀赋存在于我们的本性中,在这种禀赋之上,绝不能嫁接任何恶的东西。我们绝不能将道德法则的理念,连同与之不可分离的尊重,称作**人格性**的**禀赋**;它是人格性本身。……但是,将这种尊重作为动力纳入我们的准则,其主观根据似乎是我们人格性的附属物,因此应该称之为促进人格的禀赋。(*Rel*.22—23;27)

这里所有让人惊奇的新说法,我们都可以从《原理》或《实践理性
27 批判》中推导出来。然而,如果这种趋善的禀赋由我们人类的本性构成,那么我们如何解释这一事实:我们并不是一直都遵从这种禀赋,我们并不是一直都做道德上应该做的事情?人类禁不住要漠视道德法则,采用恶的准则——将非道德诱因置于优先地位的准则。对于这种趋向(tendency)或品性,康德试图通过引入根本恶的概念来单独讨论。但康德所说的品性是什么意思?他告诉我们:"我将品性理解为倾向(嗜瘾、欲念)之所以可能的主观根据,因为人类一般都会受品性的影响。"(*Rel*.23—24;28)那么,我们如何区别品性与禀赋呢?"品性不同于禀赋,因为尽管品性可能确实是先天固有的,但它不**应该**被单纯表现为先天固有的;因为也可以认为它是**习得**的(如果它是善的),或者是由人**自我招致**的(如果它是恶的)。"(*Rel*.24;28—29)看看他令人吃惊的脚注,我们就会更清晰地了解康德所要表达的意思,他写道:

> **品性**事实上不过是渴望欣快……的**禀赋**,一旦主体体验到欣快,就会在主体身上激起对欣快的**倾向**。因此,所有的野蛮人都有追求麻醉品的品性;因为尽管他们中的大多数人完全不知道麻

> 醉是什么，因此绝对没有对麻醉品的渴望，但只要让他们品尝一下麻醉品，就会使他们对麻醉品产生一种几乎无法戒除的渴望。（*Rel.*24；28）[28]

由此看来，“根本恶”不（像阿伦特所说的）是某种恶的特殊类型的名称。它肯定不是“我们无法设想”的恶的形式。相反，我们可以清晰地设想它，它所命名的是那样一种品性，这种品性不听从义务的要求，也不遵循道德的法则。其实，康德用形容词“根本”来限定“恶”，目的是要表明，这种品性植根于人性，特别是植根于意力的败坏；他在这里所用的是“根本”（radikal）这个词原初的词源学含义。没有证据表明康德所说的还有别的什么意思。

康德把“向恶的能力”区分为三个层次，而所有这三个层次都与不能采用善的准则有关。

> 第一，人心在一般性地遵守已采用的准则方面具有软弱性，或换句话说，人性的**脆弱**；第二，人具有把非道德动因和道德动因混为一谈的品性（即使这样做有善的意图并遵循着善的准则），即**不洁**；第三，人具有采用恶的准则的品性，即人性或人心的**恶劣**。（*Rel.*24；29） 28

我们可以认为“恶劣”所命名的是恶的某种残暴的形式。而康德的措辞也的确会让人用这种方式去想这个问题。

> 第三，人心的恶劣，或者可以说，人心的**败坏**，是意力趋向那些准则的品性——那些准则忽略了源于道德准则的诱因，转而支持非道德的诱因。这种品性也可以称作人心的**乖戾**，因为它颠倒了**自由**意力的诸种诱因之间的伦理次序；虽然随着这种品性，也可以

> 发现合法则的善的(亦即合法的)品行,心性却因此已经从根底上被破坏了(就道德性情而言),人也因此被指认为是恶的。
>
> 人们将注意到:在这里,向恶的品性被认为是人通常都有,甚至最好的人都有的品性;如果能证明人类中向恶的品性是普遍的,或者换句话说,能证明这种品性贯穿于人性之中,那么必然就是这种情形。(*Rel.*25;30)

让我们参考前面讨论过的那个具有同情心的人的例子,仔细思考一下康德对于向恶能力的"第三个层次"所作的描述。假定这样一个人——甚至是在向他指明人有向恶的品性的时候——做了一个有意识的决定,继续把他对他的人类同伴的同情感放在优先地位,以此作为其准则的**首要**诱因(不是"源自道德法则的诱因")。他相信他的心灵多于相信他的理性,虽然他的心灵可能偶尔会把他引入歧途。康德说我们可以承认,那就让我们也承认:源自同情的诱因的品行具有"合法则的善"。他的行为始终都和义务相一致,虽然他并不是为了义务的缘故才做的。以康德关于恶的层次的划分为基础,我们将不得不断定这样一个人是**恶劣**的。他想必有一种从根底上就被败坏了的心性。为什么?因为当他应该采用道德准则时,他将康德所认为的非道德准则置于优先地位。纵然根据假设他的行动符合道德法则,这也是偶然的或随机的。但是,要断定这样一个人是**恶劣**的典范,把他和大屠杀凶手列入同一个类别——至少就所展示出的恶的层次而言——非但是康德的严格主义的一个尴尬后果,它在道德上也是乖戾的。

然而我们还面对着更大的问题。在康德的分析中,根本恶是"贯穿于人性"的品性,这实际上**模糊**(而不是澄清)了其道德哲学的基点。品性的概念,是一个依附于我们的因果律观念的概念。可以推定,品性
29 有因果功效。因此,在康德关于野蛮人渴望麻醉品的不当举例中,我们看到,这样一种品性有不可抗拒的因果的强力。除非用最强烈的方式

来抵制这一渴望,否则,这样一种渴望就必须得到满足。但是向恶的品性不能用这种方法来思考。并不是积极的因果力量"推动着"我们、诱惑着我们在道德上成为恶的。除非我们**自由地**采用恶的准则,否则,不存在道德的恶。采用恶的准则的意力在因果律上仅仅受它自身的决定;它自发地显示了我们的自由。很少有哲学家像康德这样一再地去证明:真正的自由不受任何(自然的)因果作用的制约。[29]

可以反驳说,渴望麻醉品的例子具有误导的作用,因为这是一种生理品性,而康德明确区分了生理(自然)品性与道德品性。

> 所有的品性,都要么是生理品性,要么是道德品性。生理品性属于作为自然存在的人的意力,道德品性属于作为道德存在的人的意力。在前一种意义上,不存在趋于道德恶的品性,因为这样一种品性必定发源于自由;而以任何对自由的运用为导向的生理品性(基于感官冲动),无论怎样——无论向善还是向恶——都是一个矛盾。因此,向恶的品性只可能内在地属于意力的道德能力。但是,除了我们自己的**行为**之外,没有什么东西在道德上是恶的(即有能力承担罪责的)。(*Rel.*26;31)

康德认识到,将道德理性理解为"意力在采取任何行为之前的主观根据",是一个颇成问题的看法。如果这样一种品性产生于对自由的运用,那么这种品性自身应当起因于自由意力的行为。虽然这可能看起来像是临时的安排,有一些巧合的成分,但为解决这一问题,康德引入了"行为"的**两层**含义。在第一层含义上,"行为"指的是对自由的运用,意力由此得以采用最高准则。(这就是约威尔所说的"全球道德策略"。)第二层含义指的是以最高准则为基础而展现出的特定行为。但是这些区分并没有改变我想强调的主要问题,相反,它们还强化了这一问题。所谓对麻醉品的生理品性既不是普遍的也不是必然的;它并不是人类作为一个种类所具有的品性。甚至它都不一定会使人采用恶的准则。人可以运用自己的自由意力来抵制这种诱惑。如果趋于道德恶的品性“源自自由”,那么人们或许会开始有些怀疑这样一种品性是否真的存在。为什么？因为如果这种品性“发源于自由”,那么它的实存就依赖于“对自由的运用,最高准则借助于这种运用……为意力所采
30 纳”(*Rel.*26；31)。但是,意力是自由选择准则的能力。选择最高准则这种主观的决定性根据,本身是意力的一个行为。但是意力**不受**任何品性——无论生理品性还是道德品性——的制约或品性在因果律上的影响。

我们可以从一个略微不同的视角来考察康德的问题。康德提出了两个主张,虽然它们并非必然不能共存,然而它们似乎削弱了向恶的道德品性这一理念。第一个主张是,这种品性本身是一个**行为**的结果,这一行为被理解为对自由的运用,而最高准则借助于这种运用为意力所采纳。第二个主张是,我们作为自由的行动者,总是可以抵制上面所说的这种品性(我们通过运用我们的自由已经采纳了这一品性)。但是如果这两个主张都是真实的,那么要理解余下的这个“趋于道德恶的品性”的理念就困难了。如果认为存在着一种趋于道德恶的品性,它是普遍的,“仿佛是植根于人道本身之中”,然而“终究我们必须要让人自身为这一品性负责”(*Rel.*28；33),这是极为悖谬的(如果不是逻辑不连贯的话)。但这恰恰就是康德所坚持的主张。他毫不含糊地断言,这就是我们所说的“人性中**根本的**、先天固有的**恶**(却是由我们给自己招致的)”(*Rel.*28；33)。他说,“但是,我们不必为一种应该由我们负责的道德品质寻找时间上的起源,尽管如果我们希图**解释**这种品性的偶然性存在,这样做是不可避免的。”(*Rel.*38；46)

如果读者注意到,当康德引入品性的理念时,他强调这是一种**可能性**,那么,他们可能会反对我关于康德的解读。康德说:“我将品性理解为倾向之所以可能的主观根据……”(*Rel.*23；28)因此,下面这两件事

并非是不可相容的：一是将这样一种品性归于人性，一是断言人类拥有自由选择（意力）的能力。但这并不是我在康德那里所发现的困难的根源。强调可能性（possibility/Möglichkeit）并没有把品性同禀赋区别开来。禀赋也"与人性的可能性密切相关"（*Rel.*23；28）。主要的问题是这个向恶品性的起源或根源。康德坚持说我们是这种品性的创造者；这种品性产生于**我们**对自由的运用；它是"由人**自我招致**的"（*Rel.*24；29）。下面的说法让人如此难以接受：亦即，向恶的品性是先天固有或与生俱来的（inborn/angeboren），然而我们却要以某种方式为之负责。

有时，我们可以发现，单独一个句子，却包含着看起来彼此对立、相互矛盾的主张。看看《宗教》中的这个最为著名的句子（也是常常被引用的段落之一）："这种恶是**根本的**，因为它败坏了一切准则的根据；而 31
且，它作为自然品性也是人力所**无法根除的**，因为自然品性的根除本来只有借助于善的准则才可能出现，当假定所有准则的终极主观根据都已经败坏，那么这种根除就不可能发生了……"（*Rel.*32；39）如果这个句子到此结束，那么，直截了当的解读会让我们认为，恶之所以是根本的，是因为意力在其根源或起源处是败坏的。这是一个实际上非常强势的主张，它可以轻而易举地变成基督教原罪学说的世俗版本。（这样解读根本恶，似乎曾使歌德很不愉快。）但看看康德如何结束这个句子："然而，与此同时，必定存在着**克服**这种品性的可能性，因为它是在人身上发现的，而人是行动自由的存在。"（*Rel.*32；39）

假如我们问，怎样才能克服这种无法根除的自然品性？康德的回答**一定**是，通过意力的自由运用，这一状况就会发生。因为正是在这种方式中，"行动自由的存在者"展露了他的自由。但另一方面，与上述句子的第一部分所断定的内容相反，根本恶败坏了**所有**准则的根据这一说法不可能是真的。如果它败坏了，就不会有采用或意愿（willing）善的准则的可能性，因此也没有克服根本恶的可能性。康德在上述句子的第二部分所提出的主张是他在《宗教》中一再申说的东西。实际上，他提出了一个甚至更有力的主张。所有人类都在根本上是恶的——也就是说,拥有强有力的在道德上成恶的品性——但只有部分人**确实**在道德上变成了恶的,在道德上养成了一种恶的品性或性情。但是就连这样恶劣的人也可能重生而变成善的。“心灵的变化……一定是可能的,因为这是义务的要求。”(*Rel.*60;70)

我们可以设想,通过明确区分作为**种类**的人和**个体**的人,我们能来解康德之围。无疑,当康德断言人性本恶,他指的是人的种类。但是,即使他断言这个种类有向恶的品性,他也没有说,这种品性规定了个人的道德品质。个体或许通过他们做出的自由选择养成了善的或者恶的性情。但是种类与个体之间的区分并没有为澄清这一问题提供真正的帮助。相反,它引起了更大的困难。因为,如果向恶的品性“发源于自由”,并且这一品性可归因于人的种类,那么我们将不得不说,**作为**种类的人类自由选择了这种品性。但现在不清楚的就是,这样一种论述是否就更易理解。

32 为什么康德会允许自己陷入这样的困难与悖论呢?看起来他是想鱼与熊掌兼得!并且在某种程度上他确实做到了。或者,我们换一种隐喻,康德在同自己征战。因为一方面,他从来没有想过削弱其道德哲学的基本主张:人类作为有限的、理性的行动者是自由的,这意味着,对于他们的道德选择和他们所采用的准则,他们**独自**承担**全部**责任。如果我们在道德上变成善的或恶的,这是我们自己的事情,是我们自己的自由意力的结果。另一方面,康德也想证明,所有人类都有走向道德恶的先天固有的品性。为了能够鱼与熊掌兼得,他势所必然地宣称,纵然这种品性被织入人性之锦,它还是由我们的自由造成的品性,是我们为之负责的品性。稍后,我想指出,初看起来,康德的观点从好处说是一种极为牵强、不得其所的立场,往坏处想是一种明显的自相矛盾,而实际上这正揭示了康德道德哲学的一个最持久,也最具吸引力的特征。

我们越关注康德分析根本恶的细节,这个概念就越显得无毒无害

(不管康德关于人的恶劣如何措辞)。[30] 在提出这个显然引人注目的主张“人性本恶”后,康德接着说:“人是**恶**的,这无非是说,**他**意识到了道德法则,但他把对道德法则的(偶然的)背离纳入了自己的准则。”(*Rel.*27;33)但是,我们必须通过《宗教》或任何特定的根本恶的概念才能了解这一点吗?《原理》(其实,这是康德道德哲学方面的研究)基于这样的理念:我们并不是一直都做我们应做之事;我们作为有限的、理性的行动者,**不**是神圣的意志,因此并不是一直都遵循道德法则。推测起来,康德引入根本恶的概念,意在说明**为什么**(从实践的观点看)我们会偏离对道德法则的遵循。我们并不是一直都遵循道德法则,**因为**作为人类,我们有先天固有的向恶的品性。我们的意志从根底上被败坏了。但是这个“因为”真的说明了什么吗?它做了任何概念性的工作吗?我认为并没有。去粗存精地去看,它不过在重复一件事:意识到道德法则的人类有时(自由地)背离了道德法则。再者,在我们的强力之中,**总是**包含着对于这种品性的抵制,不管人们认为这种品性有多强。简而言之,根本恶(所谓趋于道德恶的品性,这是人类的普遍特征)丝毫没有**任何的**解释力(无论在实践上还是在理论上)。

康德本打算提出一个有力的主张,而当他宣称人性本恶时,他认为他所指出的是人类真正基础性的东西,对这些我都没有怀疑。我的论点是,他的**意图**和他的**言说**极不相符。一旦我们审察他实际上说了 33
什么,一旦我们查看他如何斟酌他的关键主张,以下这一结论就难以避免:康德本人去除了根本恶这一观念的精华。

我们还没有走到因根本恶概念而产生的困难的尽头。根据康德的说法,根本恶是一个**类**概念;它被织入了人性之锦,普遍适用于所有人类。我们都有一颗“恶的心”。因此,它不是**部分**人类的偶然特征,甚至也不是**所有**人类的偶然特征。但是,提出这样一个大胆的、有争议的主张,怎么去**证成**(justification)呢?如果我们应该从批判哲学中吸取一点教训的话,那就是,真正综合的普遍主张绝不能求助于经验来证成;

对它们的证成需要的是一个“推理”——一个证明。然而，当康德在其阐释中进入这一关键阶段，当我们期待某种对于作为人类**普遍**特征的根本恶的证明或证成时，这样的证明却**没有**来临。这就是康德所说的：“这样一种已败坏的品性肯定植根于人，对此不必作形式证明，而只需看看人的**各种行动的**经历摆在我们眼前的那大量令人痛苦的事例。”（*Rel.*28；33—34）在这一论断之后，康德描述了以（不可信的）人类学证据为基础的经验观察和对“文明民族”的“忧郁”观察，偶尔还评论一下民族—国家穷凶极恶的国际活动（*Rel.*28—29；34）。[31] 对于我们在这里所遇到的问题，亨利·艾里逊做了非常清晰的陈述，他甚至试图去做康德自己都未能做到的事情，即通过先天推理来证成这一主张：存在着一种趋于道德恶的普遍品性。

> 康德坚信，不仅存在着一种向恶的品性，而且这种品性“植根于人道自身”，因此它是普遍的。我们要问的是：康德为这个看似冒险的主张提出了什么根据？
>
> 对于这个显而易见的问题，康德的正式回答非常令人失望。……对于向恶的品性的普遍性，他没有提供一个“形式证明”，而是简单断定，由于“人的**各种行动**的经历摆在我们眼前的那大量令人痛苦的事例”，就不需要作这种证明了。简而言之，他似乎把这一品性看作是毋庸置疑的经验概括。不过很明显，即使人们同意康德为了论证的需要选用某个精心挑选的人类学证据，这一证据最多也只能证明恶是广泛的，不能证明有一种普遍的趋于恶的品性。此外，由于康德坚信这种品性所关涉的仅仅是人的准则的终极主观根据，它与美德的经验特性可完全相容，我们就难以设想有什么东西能够证伪他的主张，因此也难以严肃对待这一意见：向
> 34 恶的品性本就意在经验的概括。[32]

对于自己提出的人性本恶这一争议性的、大胆的主张,康德从没有给予(甚至从没有试图给予)**证明**。

康德似乎就要陷入他自己(在《纯粹理性批判》中)所描述的那种"辩证的幻觉"。这种幻觉产生于这一时刻:我们认为我们有真正的知识,能说明某些事情,但实际上我们没有也不可能有任何正当的知识。人类有时采用善的准则,有时采用恶的准则,我们试图从这一事实出发,来说明为什么他们没有一直都遵循道德法则。我们对这种失败的**说明**很可能要借助根本恶的学说——根本恶作为趋于道德恶的品性,植根于我们的人道之中。但是,如果认为,这一学说使我们能够说明或解释为什么我们采用恶的准则,为什么我们有时会被恶的准则所诱惑,那就是一种幻觉。这里所谓的说明,得到的只是一个空虚的结果。因为关于我们作为个人所进行的自由选择,它没有说明任何东西,甚至它也没有说明为什么我们要为我们的准则选择终极主观根据。在采用善恶准则的问题上,问**为什么**我们要自由选择,就是在问一个**不可能的**问题。这是不可能的问题,因为最终这是"我们无法探究的"。

> 于是,当我们说人性本善,或者人性本恶,这不过意味着,人有一个采用善的准则或恶的准则(即违背法则的准则)的终极根据(我们无法探究的根据),有了这个根据,他才成为人;因此他也就表现了其种类的特性。(*Rel.*17;20)

终极主观根据的采用是无法探究的,为了透彻地说明这一点,康德补充了下面这个重要的脚注:

> 采用道德准则的终极主观根据是无法探究的,这一点从以下状况就已经可以明显看出:由于这种采用是自由的,因而其根据(例如,为什么我选择了一个恶的而不是善的准则)不可在任何自

> 然冲动中寻找，而必须一再从准则中探求。现在，由于这一准则同样必须有其根据，又由于除了准则，自由选择（意力）中就没有**决定性根据**可以或应该供引证，我们在主观决定性根据中无限回溯，却仍然不能取得终极根据。（*Rel.*17—18；20）

这样看来，根本恶的概念就是一个辩证的幻觉，因为它引诱我们认为我们能够**说明**我们不可能说明的事情：为什么我们自由采用我们实际所用的准则（善的准则或恶的准则）？这是为那些准则选择终极主观
35 根据，还是在具体状况中选择特定准则？

歹毒恶

本章的目的是理解康德的“根本恶”的含义。但是，本着探究的精神，我也想探究康德对道德与根本恶的反思，对于理解20世纪爆发的恶的诸种形式（包括“奥斯维辛”这一词语让人忆起的恶与大屠杀）为我们提供了怎样的帮助。约翰·希尔伯（很多人都会同意他的观点）说康德是“亚里士多德之后最重要的伦理学作家”，康德打算“提出这样的学说：这些学说不仅具有理论的性质，而且能被用于指导人的日常品行”。[33] 尽管康德的语言使用了“恶劣”、“败坏”和“乖戾”这样的词语，但他对恶与根本恶的分析是让人失望的。而康德关于义务（特别是公民服从主权的绝对义务和士兵服从上级命令的义务）的一些反思，何止让人失望，它们简直极度让人困惑。

看看阿道夫·艾希曼一案，在耶路撒冷的审判中，为了给自己的品行辩护[34]，他（相对准确地）引用了康德。我们肯定不能因为有人不正当地挪用了绝对律令，就指责康德这位人类尊严的伟大捍卫者。然而，如希尔伯所指出的：“康德的伦理学实际上立足于道德人视为自身目的的尊严，看到它被用于为一个公认的大屠杀的帮凶开脱，或许这会让人

无法容忍。但是对于康德研究者来说，这应该并不意外，因为关于公民对于主权者的义务问题，康德的观点坚定地支持了艾希曼的立场。”[35] 康德的学说公开宣称：**绝对**禁止对任何一种最高立法的反抗。（我们不要忘记：虽然纳粹犯有操纵、不法和暴力的罪行，但“希特勒是通过宪法规定的正当方式成为总理的”[36]。）艾希曼可能从康德那里引用了许多段落，为自己接受“元首原则”（Führerprinzip）辩护，我想引用其中的三个段落。

> 任何对于最高立法权力的反抗，任何使臣民的不满转化为行动的煽动，任何爆发为叛乱的起义——这一切都是共同体中最坏的、最应该加以惩罚的罪行。因为它动摇了共同体的基础。这个禁令是**绝对的**、无条件的，即使最高权力或其代理者国家首脑可能打破了原始契约，即使在臣民眼中，国家首脑由于授权政府以纯粹的暴力来施行残暴的统治，因而可能已丧失了立法权，臣民仍不得反抗，不得以暴易暴。

> 不存在暴动（seditio）的权利，更不存在革命（rebellio）的权利，
> 尤其是不存在以国家首脑滥用威权为由，将作为个人的国家首领 36
> 逮捕或处死的权利。……人民有义务容忍对最高威权的甚至最不可忍受的滥用。[37]

> 因此，如果一个军官接到上级的命令，他在执行任务时想对这份命令的适当性或有用性公开做一些细致的推理，那就坏了；他必须服从。[38]

康德的陈述被盗用、被歪曲了，我当然不能以此来评判他。而批评他未能预见到纳粹所实践的体制性的错误与暴力，也是不公平的。我

并不怀疑，康德这位普遍的人类尊严的伟大捍卫者，本已找到了充足的理由来谴责纳粹。然而，不管“最高立法权力”会变得如何残暴，康德一贯严厉地反对一切主动抵抗这种权力的行为，可是，正是这种一贯性乃至严厉性至少应该让我们质疑他的严格主义，质疑他的这一坚决主张：这个禁令是**绝对的**和**无条件的**。[39]

艾希曼问题与士兵服从上级的义务有关，但是，最高统帅希特勒本人的问题与什么有关呢？康德的道德理论如何用于这个对发号施令负最终责任的人？康德关于恶与根本恶的理解为我们判断希特勒的品行提供帮助了吗？[40] 我不可能就希特勒的意图和动因来探究那些复杂的历史争论。我所以说到希特勒，主要是为了对康德关于恶的理解提出一些进一步的问题，而这些问题，我还没有直接讨论过。提出这些问题，我们需要返回到康德分析根本恶的一些细节。让我们回忆一下，在《宗教》中，康德说得非常清楚：恶的根源既不是我们的感官自然，也不是我们的理性能力。恶的核心问题是意志（will）——或更准确地说，是意力的败坏。在这一方面，康德处在一个从圣奥古斯丁开始的传统之中。我们，只有我们，要对恶的准则负责，这些准则是我们通过意力的行为所自由采用的。在一个著名段落中，康德断然拒绝了将人作为“邪恶的存在”来思考的可能性。

> 所以，在为人身上的道德恶寻找根据时，（我们发现）**感官自然**所包含的东西太少了，因为当摒除了源自自由的诱因，人就被贬为纯粹**动物性的**存在。在另一方面，一种摆脱了道德法则的理性，一种可谓是**恶意的理性**所包含的东西又太多了，因为借此，与法则的对抗自身会被确立为一个诱因（因为倘若缺乏诱因，意力就无法形成），从而主体会变成一个**邪恶的**存在。不过，这两个称号没有
> 37 一个可以运用到人身上。（*Rel.*30；37）

但是,为什么人类不能是恶魔般的存在?为什么要拒绝“恶意的理性”这一理念?为什么康德将这一理念作为不可能的理念直接排除?寻找这些问题的答案把我们带到了康德道德哲学的核心,带到了他对于根本恶的理解。康德拒绝这些可能性有几个理由。在我们能评估他的拒绝之前,我们需要理解他的理由。

康德所讨论的主要是作为种类的人,是人这一族类。如果恶意的理性是由人性**构成的**,如果人作为一个种类本质上是邪恶的,那么就不会存在道德性了。理由很清楚。道德性以自由与选择为前提。如果有人宣称恶意的理性由我们的人性**构成**,那么我们就不可能以别的方式去行动了。这意味着,一个道德行动者,通过意志的运用,有能力自由选择他所采用的准则。

如果**一部分**人类有可能是邪恶的存在,情况会如何呢?再说一次,如果这意味着,一部分而不是所有人类本质上是邪恶的,那么,同样应该作如上的考虑。因为这将意味着,一部分人类不是真正的人——他们没有在善恶准则之间进行选择的能力。假设有一个人,他并非先天(在先天一词的确凿意义上)就是歹毒的,而是**变得**歹毒了——他自由地、一贯地选择违抗道德法则。康德讨论了这种可能性,他写道:

> 无论在什么准则之下,人(即使最恶劣的人)都不会以反叛的方式弃绝道德法则(宣布不再服从它)。毋宁说,道德法则是借助于人的道德禀赋,不可抗拒地强加给人的;而且如果没有其他相反的诱因在起作用,人也就会把道德法则纳入他的最高准则,作为意力充分的决定性根据;也就是说,他会在道德上是善的。(*Rel.*31;37)

但是这个段落是极为含混的;它至少可以有两种非常不同的解释,对此必须仔细加以区分。为了阐明这里的含混,需要回顾一下意志

(Wille)/意力的分别。在《宗教》中,康德强调意力是意愿能力的一个方面,我们通过它来做出自由选择。即使我们把道德法则看作我们的准则应该遵守的规范,我们还是要有做(或者不做)道德法则要求之事的能力。我们有能力选择善恶准则。意志(Wille)本身(在狭隘的专门意义上)是实践理性;它是道德法则,最高的道德规范。意志(Wille)/意力之别被引入到**统一的**意愿[有时也被称为意志(Wille)]能力。
38 简言之,没有意力就没有意志(Wille),没有意志(Wille)就没有意力。意志(Wille)和意力相互依存,虽然我们能区分出它们的不同功能。艾里逊扼要地陈述了这一差别,他说:"因此,狭义的意志(Wille)提供规范,意力根据这一规范进行选择。"[41] 当康德说"法则……不可抗拒地强加(给人)",他所提出的不是一个**因果律的**主张,而是一个**规范性的**道德主张;他断言我们(有限的道德行动者)不得不把客观的道德法则视为我们的准则应该遵守的规范。我们不得不**承认**这一绝对律令,不管我们对它是选择服从还是选择不服从。正是在这一意义上,这一宣言是完全正确的:"无论在什么准则之下,人(即使最恶劣的人)都不会以反叛的方式弃绝道德法则(宣布不再服从它)。"成为人,就是成为**承认**法则权威的个人,不管他是否选择做道德法则要求之事。[42]

我们可以在前文所引的那段文字中,找出那个至关重要而又含混不清的地方,在那里,康德断定,人不可能成为邪恶的存在。纵然我们接受了康德的主张,认为人作为一个**种类**不是邪恶的,认为不管一个人怎样恶劣,他都不可避免地要承认道德法则的权威,但这一问题仍旧没有解决:人能自由地做出违抗道德法则的选择,在这一意义上,**个体**是否可以弃绝道德法则?我想分辩的是:这不仅是可能的,而且根据康德自己对于意力的分析,这**必定**是可能的。个体必定可能**成为**一个邪恶的存在。个体必定可能违抗和弃绝道德法则,以这样一种方式,他自由地采用了一种性情,在这种性情中,他一贯拒绝做道德法则要求之事。他一贯采用恶的准则。可以认为这在道德上是恶劣与乖戾的,然而,这是一种乖戾的**可能性**。

康德拒绝承认人有变成“邪恶存在”的可能性,对此,希尔伯从根本上进行了批评,而为了阐明我的主张的全部含义,我想对这一批评作一番考察。希尔伯认为,个体或许有可能一贯地违抗道德法则,康德拒绝考虑这一可能,这表明,他的道德哲学有一个根本性的弱点。希尔伯宣称康德的伦理学不足以解释奥斯维辛,其首要的理由就在于此。

> 康德的伦理学不足以理解奥斯维辛,因为康德否认人有故意拒绝道德法则的可能性。康德坚持,甚至恶劣的人也不愿意为了恶本身而恶。根据康德的说法,这个人的恶仅仅在于他的意愿:当道德法则妨碍了这个人的非道德却自然的倾向,他有忽视或轻视道德法则的意愿。他的恶表现在,他舍弃了将自己作为自由人来 39
> 实现的境况,而宁愿作为自然欲望的造物来获得满足。……(康德否认)个人有为了恶本身而故意作恶的可能。康德坚持认为自由是一种权力,它的实现依赖于合理性,它的非理性的误用只不过是一种无能,由此,康德提出了一种理论,这一理论拒不考虑人类经验中与它相违的证据。[43]

有几位评论家不满希尔伯反对康德,曾试图为康德辩护。例如,针对希尔伯早期对康德的批评,艾伦·伍德说:“不过,这是一种为哲学批评所特有的谬见:通过指陈(无人反驳的)‘事实’,人们就可以为自己表述这些事实的方式提供哲学证明。”[44] 当然,真实的情况是,很少有哲学主张是通过“指陈‘事实’”来解答的,至关重要的议题经常都变成对所说事实的**解释**。然而,有两个原因让我觉得伍德对于希尔伯意见的驳斥有点过于轻率。首先,康德自己(如我们所看到的)关于根本恶的普遍性这一论题,就是通过“指陈‘事实’”来证实的。其次,希尔伯说,“与康德所坚持的主张相反,人有自由地拒绝与违抗法则的权力,这是人类经验中一个切实存在的事实”[45],但这并不是希尔伯真正要表达的意思。希尔伯所指的并不是实证性的“事实”与“经验”,不是这些术语受限的、专门的含义,不是它们在《纯粹理性批判》中的含义,在《纯粹理性批判》中它们只涉及现象王国。希尔伯是在更为宽泛的意义上使用这些术语的,这一使用方式和康德在《宗教》中的用法相一致:在那里,康德谈论的是“人们的**行动经验**(experience/Erfahrung)”。希尔伯宣称,有一些人,即便他们认识到了道德法则的要求,他们也一贯故意地拒绝道德法则,对于这种可能性,康德没有给予充分解释。[46]

希尔伯本来可以更为确切地表述他的观点,而这就要用一种稍微不同的方式。如果一个个体选择了一种采用恶的准则的性情(一种最高的支配性的准则),就可以判断他是恶的。我们并没有直接“观察”到准则;我们是以人类展现出的行动为基础推断出准则的实存。这样一种推断总是不可靠的。当我们认为某人具有某一准则(即使是最高准则)的时候,我们从来都不是绝对确定的。但是,尽管这种推断不可靠,我们将人判断为恶的(或者善的),其依据还是他们的行动。在这一意义上,我们对于人类行动的**经验**是我们对于他们的恶的品性作出判断的基础。因此希尔伯本可以说:以我们的道德经验为基础,我们判断有一些人是邪恶的。这是一种康德未能加以考虑的可能性。

40 我们还没有来到问题的核心——没有来到希尔伯在对康德的批评中正在触及的内容。因为希尔伯并没有争辩说人作为一个种类是邪恶的,或者说,人的邪恶在某种程度上是由人性构成的。他甚至并不否认人类必须承认道德法则的权威。相反,他的批评依赖于对这种主张的肯定。而且,他所强调的东西,康德似乎并没有加以考虑:亦即,有一些人(以及一些虚构的人物),用康德的术语来说,他们将首要的、违抗道德法则的诱因纳入了他们的准则。[47]

虽然我同意希尔伯的这一说法,即康德并没有明确论及这种可能性,不过具有讽刺意味的是,康德的道德理论(在《宗教》有详细阐述)

是能够有效处理它的。在一个非常具有启发性的脚注中,康德写道:

> 因为,绝不能从一个存在具有理性这一事实作这样的推论:由于这一理性单纯地展现了它的准则被制定为普遍法则的适当性,它因此就有了无条件地决定意力的能力,以至于它本身变成了"实践的";至少在我们看来不是如此。世界上最理性的终有一死的存在,仍可能需要某些由欲望的对象所引起的诱因,以确定他的选择(意力)。事实上,他可能对他所关心的一切都给予最理性的思考,无论是他这些诱因的总和,还是达到由此而被确定的目的的手段;他从来不会怀疑这样一种事情——绝对律令性的道德法则的可能性,这一法则宣布它本身就是一种诱因,而的确,它是最高的诱因。假如道德法则不是从内部给予我们的,我们绝不应该通过任何推理过程将它详细刻画出来,使我们的意力服从它;然而,这一法则使我们意识到,我们的意力独立于(我们的自由的)其他所有诱因的规定,同时意识到我们对我们的一切行为都负有职责,就此而言这一法则是唯一的法则。(*Rel.*21;25)

尽管康德的用语有些浮夸,他的基本观点还是清楚的。单凭理性可能不足以激发我们遵循道德法则。我们可能认识到了我们由普遍法则制定的准则的适当性,但我们可能并未受到激发来采用这些准则,按这些准则行动。"世界上最理性的终有一死的存在,仍可能需要某些……诱因,以确定他的选择。"当然,我们对于道德法则的尊重,或许是道德行为的一个充分诱因。但是,我们的意力可以选择违抗道德法则。如果对于道德法则的认知能充当道德行为的诱因,就可能总是存在着一种反诱因(counter-incentive)。我们可能选择乖戾,我们可能选择邪恶,我们可能选择违抗道德法则。我们也许会被告知:这样一种选择是非理性的;我们要拒绝承认"绝对律令性的道德法则";存在着一种

41 述行矛盾（performative contradiction），从而我们既在运用我们的自由，又在否定我们的自由。但并不能据此说我们**不能**这样做！相反，这样一种可能性内在于人类意力。在意力能选择去做的事情上，不存在**内在的**约束；我们是“根本自由的”[48]。

我们可以从一个略微不同的角度探讨根本自由的选择（意力）问题。康德通常将准则的采用所涉及的诱因限定为**两种**：一种是道德诱因，它符合道德法则；另一种是非道德诱因，它们产生于我们的自然倾向和欲望。有时，康德甚至把所有非道德诱因都归于自爱这一名目，“自爱一旦被认定为我们所有准则的原则，就切实成为恶的根源”。[49] 但是为什么我们要把诱因限定为这两种呢？为什么不承认有不易化约为“自爱”的其他诱因呢？这些诱因激发着狂热分子与恐怖分子，他们愿意为某种事业或运动牺牲自己，而要想看到这些诱因如何能由自爱加以解释，是颇为困难的。20 世纪（不仅是这个世纪）的恐怖使我们见识了各种各样的诱因，它们激发了恶的行动。[50] 有时就仿佛是康德在操纵着一个高度抽象的形式原则。如果一个诱因不是真正的道德诱因——亦即，对道德法则的尊重——那么，它**一定**被（约定的命令）归类于自爱诱因。[51] 这里的困难在于，康德的道德心理学被施加了限制，他承认的诱因类型只有一个狭小的范围。[52] 如果有人要真正区分不同类型的恶，他必须考虑所有那些与采用恶的准则、施行恶的事端相关的诱因。这些诱因的主要差异存在于以下这些人之间：有些人可能是被误导了，因为他们将对其他人的同情感置于优先地位；有些人（像艾希曼）在履行他们的“义务”，但首要的诱因似乎是加官晋爵；有些人是蔑视与违抗道德法则；而有些人则为了恶本身而作恶。我**并非**是在暗示康德没有意识到这些差异。有大量证据表明他知晓这些差异。而我想追问的是，他是否提供了一些**概念性的**资源以用于描述和说明这些差异。宣称**一切**恶的准则都决定于自爱原则（不管我们对自爱的思考有多么宽泛），这一说法所引起的混淆多于它所作出的说明。**除非能自由选择成为道**

德恶的，甚至邪恶的存在，否则就没有自由选择（意力）。

无条件的道德责任

在要结束本章时，我想返回到最初激发我做这一分析的问题：康德对于恶，尤其是对于根本恶的反思，能否帮助和引导我们思考我们在 42
20 世纪所见证的恶？答案有些缠夹不清，因为我们需要分辨其反思的优势与弱点。阿伦特说“根本恶”是对一种特殊类型的、无法被设想的恶的命名，而康德不会同意阿伦特的这一说法。我已证明，人类有不服从道德法则的趋向（品性），根本恶原来不过就是标识这一趋向的方法。康德的措辞——他提到“恶劣”、“乖戾”和“败坏”——和他实际所说的内容彼此相去甚远。康德明确反对这一可能性：人是（或会变成）邪恶的或歹毒的；而与康德的意见相反，我已证明他对于意力的理解必然导向这一结论：**一些**个体会**变成**邪恶的；这个结论是康德关于自由选择（意力）的理解所**必然**产生的结果。

此外，我曾说过康德自相矛盾，现在我想做一些更详细的说明。一旦我们理解**为什么**康德会陷入这些困境，进退两难，我们就开始领会到他在尝试把握恶的问题方面的重要性和相关性。康德有一条基本原则，他为此拒绝作丝毫的妥协。这条原则既是他困境的根源，同时也使他提出了关于道德性的深刻洞见。这一原则即：无论对于他们要变成什么样的人，还是对于他们所采用的准则，甚至对于他们的道德性情，人类都负有道德上的职责与责任。康德从来没有在这一原则上作过妥协，它**一直**内在于我们选择善恶准则的权力之中，而我们（也唯有我们）必须为这些选择承担责任。没有任何道德借口使得我们能够说：我们是**为自然原因所迫**而选择或意欲道德之恶的。这就是为什么，不管康德如何坚持认为根本恶是一种强有力的品性或趋向，是先天固有的，是不可根除的，他对此的解释从来都不意味着：我们**出于因果律**而被迫选择恶的准则，做出恶的事端。他绝对坚信：不管这种品性怎样深深植根于我们的人性，对我们所作的恶负有责任的，不是这种品性，而是我们的自由意力。这就是为什么，每一次我们都认为康德将告诉我们，我们的意志从根本上败坏了，我们在本性上是恶的，这种恶已被织入人道之锦，但他即刻就限定他所说的话，提醒我们：我们，唯有我们，要对我们所做的事情负责。什么也逃不出我们意力的完全自由。完全自由意味着：我们必须为我们的选择、决定和行动承担全部的道德责任。

我们现在能够看出，为什么康德对于把握恶在20世纪的诸张面孔
43 来说是如此相关。他毫不妥协地坚称，个人责任是不可逃避的，这与当前那些盛行的趋向格格不入，那些趋向要为我们的道德失败寻找各种形式的借口。康德或许会尖锐地抨击那种“功能性的解释”，这些解释试图减弱个人责任的意义，就像他或许会反对那些把道德行动者去中心化或消解的时髦尝试，这些尝试使得谈论个体责任甚至不再有意义。康德对于自由的理解——不论是在自我立法和对道德法则的服从中显示的自由，还是这种道德法则以之为前提的、更彻底的选择（意力）的自由——使我们能够在极端状况中对个体行动作出评价。

让我们回到本章开头的题词，在那里，汉娜·阿伦特谈到了根本恶。为理解极权主义和以奥斯维辛为代表的现象而做的尝试，遇到了一些极端麻烦的问题，其中之一便是责任分配问题，分配的对象不仅包括那些作恶者——那些下达命令的人和执行命令的人，而且包括所谓的旁观者。我们不必说一切相关的人都负有同样的责任。对于像希特勒、海德里希、艾希曼这样的人和那些主动或被动支持纳粹的人，要在道德上与法律上做一些至关重要的区分。甚至受害者也必须做出果断的选择。康德永远也不会赞成集体责任的观念，这种观念必然产生这样一种说法：全民负有**同等的**责任。但康德会坚持认为，只要个体有自发的自由选择（意力）的能力，他们就都是负有职责与责任的道德行动者。[53]

最后，我想再探讨一下康德的这一论断："采用道德准则的终极主
观根据是**无法探究的**。"我曾从《宗教》第一篇论文的开头引用过这一
段落，在那里，康德断言："采用道德准则的终极主观根据是无法探究
的。"康德论根本恶的这篇论文，不仅以这一论断作为开头，而且在论
文结尾重申："心灵的深处（他的准则的主观第一根据）对他来说是无
法探究的。"（*Rel.*46；56）一些评论家认为这一关于无法探究性的论断
有问题，或者说得更刻薄一点，它就是一个"托辞"。但在我看来，这一
论断显示了康德在智性上的极度诚实，也显示他对于我们的完全自由
有深刻的理解。当面对人类作出的道德选择，关于人们为什么会形成
他们所作出的选择，我们有大量的事情可以去了解。康德深切意识到
背景、文化条件和教育如何可能影响道德选择。但我们仍然想知道，最
终，为什么一个人选择善的原则，而另一个人选择恶的原则。或者坚持
用康德的术语来说，我们想知道如何证明"采用道德准则的终极主观根
据"。因为终极主观根据本身肯定是对自由的运用所产生的结果。归 44
根结底，我们无法解释为什么一个人选择成为善的，而另一个人选择成
为恶的。想象我们可以对此作出解释，这实际上就否认了我们的意志
（意力）是完全自由的。因此，这并不是它的某种缺陷，相反，我们完全
自由的选择（意力）包含着深刻的道德真理，而这就是康德确认这一真
理的方式。人类对他们所做的选择负有责任，但**最终**，我们无法解释为
什么他们会形成他们所做出的道德选择；我们无法解释"采用道德准则
的终极主观根据"——无论善的准则还是恶的准则。不仅这是无法探
究的，而且这也**必须**是无法探究的，因为这就是做自由的、负责的人的
含义。 45

第二章

黑格尔:精神的医治?

医治精神的创伤,不留丝毫疤痕。

——《精神现象学》*

凡所发生的,都发生了。但是不能如此轻易地接受它的发生。我反对:反对我的过去,反对历史,反对当下——当下将不可了解之物放在历史的冷藏室里,由此以一种令人作呕的方式篡改了它。没有什么东西被医治……

——让·阿梅利:《在心灵的局限中》

黑格尔是哲学史上一位极具含混性的哲学家。这具有特别的反讽意味,因为黑格尔明确断言,有一个独一无二的、统一的、将被认识的真理,而哲学是使这个真理能被彻底理解的概念性学科。然而,甚至在他还没有去世的时候,在他的学生和批评家中,关于如何理解他,就已经有了激烈的争论。有许多哲学家引起过歧异的反应,与他们不同,对黑格尔的解释形成的则是强烈的矛盾。这一点,在黑格尔的上帝与宗教

* 引文根据贺麟、王玖兴译文,参见黑格尔:《精神现象学》,商务印书馆 1997 年版,略有改动,星号标志为译注,下同。

概念里表现得尤其明显。黑格尔是一神论者、泛神论者,还是彻底的无神论者?他是基督教信仰的辩护士,还是最严厉的、最具颠覆性的批判家中的一员?所有这些都是针对黑格尔所提出的论断。极端的分歧是黑格尔左派、中间派、右派之间争论的特征,而彼此之间的这些不一致,开始于黑格尔的生前,盛行于黑格尔身后的数十年间,并一直延续至当下。[1]因此,詹姆斯·斯特林——他所写的《黑格尔的秘密》(1865)是 46
英语世界里第一部渊博的研究黑格尔的著作——宣称黑格尔的秘密就是要恢复我们的信仰,对上帝的信仰,对作为启示宗教的基督教的信仰。另一方面,从布鲁诺·鲍威尔开始,包括亚历山大·科耶夫以及最近的罗伯特·所罗门,许多评论家都认为黑格尔实际上是一个无神论者。罗伯特·所罗门心中铭记着斯特林,他声称,黑格尔真正的"秘密"在于,他"本质上是一位无神论者"。[2]

然而,对黑格尔相互冲突与矛盾的解释并不限于他的上帝、基督教和宗教的概念,而是扩展到了他的哲学的每一个方面。于是便出现了这一问题:关于黑格尔的思想,是什么引起、激发了如此极端冲突的解释?如果我们要把握黑格尔的"恶"之所指,想把握恶对于他的哲学的意义,那么我们最终必须面对这一问题。在开始阶段,我想说的是,这些相互矛盾的解释的根源并不是表面上看到的某种表达的含混或隐晦:相反,相互矛盾的趋向是黑格尔辩证思想最深层的特征之一,并指向黑格尔哲学的核心。

在黑格尔的《宗教哲学演讲录》(以下简称《演讲录》)中,我们找到了关于恶的最为持久的讨论。虽然宗教、基督教和上帝是黑格尔自写作伊始就有的中心主题,但只是到柏林时期,他才明确宣讲宗教哲学——在那个时代的德国,这是相对新颖的主题。他在柏林大学发表了四次系列演讲(1821年、1824年、1827年和1831年)。他从来没有出版过这些演讲,他也没有根据这些演讲写过书。只是在近几十年,由于德国和英国编辑的精细的研究,我们现在才对这些演讲进行了可靠的重构。[3] 黑格尔是在其成熟时期发表这些演讲的，即在他出版《精神现象学》（以下简称《现象学》）和《逻辑学》的多年之后。在这些演讲中，他首要的关怀是作为一种**知识**形式的宗教，这种知识事关“永恒真理”。在1827年的演讲中，他一开始就宣称“（宗教）是能够笼罩人类的最高客体；它是绝对客体”：

> 它是永恒真理和永恒德性的领域，是一切思想的谜团、一切矛盾、一切内心的悲痛使自身得到解决的领域，是人借以成为真正的人的永恒和平的领域……人们所珍重和推崇的一切，人们视为其尊严和荣耀之基础的一切，所有这一切都在宗教中，在关于上帝的思想与意识中，在对上帝的感受中，找到了最终的汇合之处。上帝是一切事物的开端，一切事物的终点。上帝是神圣的中心，它赋予一切事物以生机与神韵。宗教在自身之中拥有其对象——这个对
> 47 象就是上帝，因为宗教就是人的意识同上帝的关系。（*L* 75—76）

这马上就引出了这一问题：这一以上帝为中心的宗教概念与哲学有什么关系？黑格尔的回答非常明确。

> 必须指出，哲学的内容，即哲学的需要和旨趣，与宗教的内容完全相同。宗教的对象与哲学的对象一样是永恒真理，是且仅仅是上帝以及对上帝的阐明。当哲学在阐明宗教的时候，它只是在阐明**自身**；当它在阐明自身的时候，它正在阐明宗教。因为**思考着的**精神是贯穿这一对象的东西，是洞察这一真理的东西；正是思考享有着真理，纯化了主观意识。因此宗教和哲学同归于一。（*L* 78—79）

这些都是大胆的、易引起争议的主张，尤其当我们在传统的宗教与

哲学关系的概念背景下来看待它们的时候，尤其在我们以启蒙思想家对宗教与哲学关系的激烈讨论为背景来看待它们的时候。如果宗教与哲学“同归于一”，那么在宗教与哲学之间、在信仰与知识之间，就没有根本的冲突。宗教与哲学都知道，只有一个“永恒真理”。那么，话说回来，宗教与哲学之间的差别是什么呢？唯一的差别是它们关注神的**方式**的差别。宗教的手段，黑格尔称之为表征（Vorstellung）（常被翻译为“representation”），哲学的手段是思辨性思考（Denken）所理解的概念（Begriff）（常被翻译为“concept”或“notion”）。宗教是神与永恒真理的知识来源，虽然它不能与哲学混为一谈。[4]

黑格尔对宗教与哲学关系的理解，存在着严重的模棱两可之处，在这里，在黑格尔演讲录的开头，我们发现了这一现象的一个来源。宗教与哲学（还有艺术）是绝对精神的表达。因此，宗教与哲学的**对象**（“永恒真理”）就是同一个。宗教与哲学的区别，不在于它们所揭示的真理，而在于“它们关注神时各自的特殊品格”。然而，如果真是如此，如果如黑格尔经常断言的那样，思辨性思考是一种比表征更高级的知识形式，我们就会容易理解这一宣言的诱惑：哲学完全取代了宗教。对于哲学不能了解的东西，宗教更是一无所知。“当宗教性的东西变得不可理解的时候，它就不具有宗教性了”（i.254），在黑格尔看来这是与雅各比（Jacobi）密切相关的“偏见”，对此，他提出了尖锐的批判。虽然黑格尔断言哲学取代了宗教，但这并不意味着宗教是可有可无的。思辨哲学提出了“对真理的哲学认识”，但是“它的意图绝不是要颠覆宗教”
（i.251）。“相反，宗教正是包含在表征形式中的真理内容，哲学并不是 48
实体性真理的第一个提供者。人类不必等到哲学出现才能第一次体验到对真理的意识或认识。”（i.251）

我们已能够理解，为什么一个基督教信徒（或者任何一个超验神明的信徒）会对这种坚定的主张感到不安：不能由哲学以概念的方式掌握的东西，宗教——即使是启示宗教——最终也一无所知。我们也能够理解，为什么黑格尔的一些解释者和批判者不仅认为哲学取代了宗教，还以为哲学完全摈弃了宗教（尽管黑格尔有与此相反的说法）。如果我们能合乎理性地、哲学地理解作为宗教对象的永恒真理，为什么我们需要宗教？在宗教与哲学这两种认知主张之间，任何一种显而易见的冲突，总是由哲学来决定什么是真实的。

在这样一种背景之下，关于宗教、信仰与哲学，存在着一个争论不休的问题的集合，自康德时代以来，它们一直主宰着德国的思想。不夸张地说，黑格尔心里一直铭记着康德（及其遗产）——不仅在他的宗教演讲录中，而且几乎在他所说的、所写的一切中。黑格尔同康德的关系是极端复杂的。从黑格尔的角度来说，他自己的哲学思考是从康德所提出的洞见与区分开始的。黑格尔在许多场合都宣称过这一点。但是在这个被重复谈及、坚持不移的说法中，存在着一个辩证的反讽，因为黑格尔的康德研究的“完成”所导致的结论，同康德的明确主张及其所交代的意图是断然相矛盾的。哈罗德·布鲁姆在对诗歌的反思中发展出了一套挑衅性的理论，论述影响的焦虑和修正主义的问题。根据布鲁姆的看法，强大的诗人和思想家总是在同前辈巨人进行战斗。这是他们维护自己的创造性和原创性的方式。“修正主义……**只能在斗争中**展开自身。这一精神面对其他精神，面对前人，最后面对自身的每一个早期变体，都将自身表现为一个斗士，同它们争取无上的权威。”[5]这种竞争性的交涉反映了黑格尔同康德关系的特性，塑造了黑格尔对恶的理解。黑格尔赞扬康德，同时也在无情地抨击康德。在其对恶的理解的核心地带，黑格尔对康德关于有限性（和无限性）的理解——康德批判哲学的精髓——发动了正面进攻。

黑格尔与康德之间的竞争，清晰地表现在以下方面：他们对知识和信仰的关系有着不同的理解，因此，关于宗教与哲学的关系也有不同的
49 概念。康德认为，他已经一劳永逸地表明，任何关于上帝的理论知识或思辨知识都是不可能的。“因此我发现，为了给**信仰**留出地盘，必须否

定**知识**。”[6] 信仰“超越”了人类知识的有限范围。认为通过理论推理,我们能够对上帝的实存加以证实或证伪,或者能够获得某种关于上帝的属性的理论知识,这是一种辩证法的幻觉。独断论与其对手激进无神论,分享了同一个错误的假设。他们都假设,关于我们不可能知道的东西,我们能够获得真正的知识。通向上帝的唯一的“进路”是一条实践的“进路”——上帝是实践理性的诸多假定之一。几乎康德一提出对于信仰和知识的理解,他就受到了从各种角度出发的抨击与批评。但是,对于康德就上帝的思辨知识的可能性所提出的怀疑论论证,他的同时代人或紧随其后的继承者很少有人表示怀疑——至少是直到黑格尔才不复如此。黑格尔以其特有的方式论证说,这不是一个返回到前批判立场的问题,而是向前发展“超越”康德的问题。从康德自己的前提出发,人们必须透彻地思考这些问题才能得出最后的结论。如果我们比康德本人还要严格地致力于其批判转向的后果,我们就会被引导着重新肯定现实,重新肯定思辨的宗教哲学——亦即一种对我们称为“上帝”的永恒真理的哲学理解。黑格尔以这一挑衅性的论断反对康德,反对所有那些认为关于上帝的思辨知识不可能的人。

有限与无限

为了理解黑格尔如何证明其颇具野心的主张,如何设置上下文以对恶进行分析,我们需要探究其哲学中的一个最核心的区分——有限和无限之间的区分。在《逻辑学》一书中,他系统考察了有限与无限的意义以及它们彼此之间的辩证关系。正是在那里,黑格尔极为重要地区分了“坏的”或“假的”无限(schelechte Unendliche)与“真的”无限(wahrhafte Unendliche)。[7] 在宗教演讲中,他以《逻辑学》的结论为前提,就有限和无限问题进行了一个不那么形式化的、更易理解的讨论。

黑格尔的讨论从关于有限性的通俗理解开始。“当我们将人类作为有限者来讨论的时候，需要考虑的是，有限性的显现有三种形式：第一，一般而言的**感官**（senses）的有限性；第二，得到**反思**（reflection）的
50 有限性；第三，在**精神**中（发现）并为**精神**（发现）的有限性形式。”（i.289）

> 当我们说“人类是有限的”，这意味着，我作为一个人，处于同他者的关系之中；有一个他者在场，我同他紧密相连，而他是对我自身的否定，我与他者之间的这条纽带确立了我的有限性，确立了我同我自己的依存关系；我们都是互相排斥的，我们表现为彼此的相对独立。这构成了排他性。作为一种具有感官—意识的存在，我是排他的，并以这种方式被排斥了；所有的生命都是排他性的，从而被排斥——他们都是独特的。（i.289）

在最初这段对有限性的描绘中，黑格尔既强调依存性，也强调排他性。有限性的前提在于独特存在（singular being）与他者之间的区分——从字面上说，他者就是在我之上的、在我之外的某种东西。于是，作为一种自然性的动物，“我有各种各样的需要，同外在于我的东西有多种多样截然不同的关系，多种多样的实践和理论的关系。所有这些需要都被限定在对其内容的重视之中；它们是依存性的或者说有限的”（i.289—290）。例如，作为一个有限的动物，我有需要和欲望（如饥饿和口渴），为了满足它们，我依存于某种不同于我的东西。当需要和欲望被满足，我经历了“有限的满足”；但是只要我活着，总有其他新的需要满足的需要和欲望。关于这种有限感，我认为没有什么隐微的或神秘的东西；它反映了对于有限动物的含义的一种常见的、普通的理解。再者说来，从常识的角度来看，这是一种非常恰当的谈论人的有限性的方式，对此，无疑黑格尔并没有否认。

第二种有限性形式，是随同反思出现的。我们不仅是具有嗜好、需要和欲望的自然性动物，我们也是反思性的存在。对于黑格尔来说，

“反思”是一个专门术语,大致相当于康德认为归于知性(understanding/Verstand)的那种认识能力与判断能力。[8]“然而,反思的立场是有限维持自身的平台,是有限性和无限性的对子在其上反复出现的平台;这二者的结合就是反思的立场,这二者组成了对子。”(i.291)因此,从反思的立场来说,有限性的前提就在于有限性和无限性之间明确的对立性区分。无限者就是在有限者之上、必然超越有限者的那种东西。神的表征是宗教的特点,黑格尔说明了诉诸这一表征对他来说意味着什么。基督教的上帝被表征为一个无限的存在,一个至高的存在,他无限地超越了他所创造的有限的存在。

> 在这里上帝就意味着无限,在这里他只能被界定为那一个,界定为有限者的他者,界定为对有限者的超越。在上帝存在的范围内,我不存在;在上帝触及我的范围内,有限消失了。上帝以这样 51
> 一种方式,一个似乎具有绝对性的对子被界定了。由于有限者被简单地界定为无限者的他者,据说,有限者不可能认识或达至无限者,不可能掌握或设想无限者。上帝是超越者,我们不可能把握他。(i.283)

无论我们是否是信徒,我们都能认识到,这是区别上帝与其造物的一种常见方式。像这种基本的对立性区分,对于黑格尔之前的大部分(但不是全部)哲学家和神学家来说,是基础性的东西。而且,这一将有限和无限加以对比的方式,在康德的哲学中处于绝对中心的地位。黑格尔对这种构想有限和无限之间关系的方式提出了挑战,并形成了更加惊人的主张。当我们对之透彻思考时,我们将认识到,这一主张是**自相矛盾**的。

我们能看出,传统的基督徒为什么会对黑格尔的胆大妄为感到不安。怀疑这个对子就是怀疑上帝能否无限地超越他所创造的东西。但在黑格尔看来，对于有限之物和无限之物之间的关系而言，这种传统的理解方式是完全不够的。归根结底——用黑格尔的习语来说——这种方式是**虚假**的。对于有限和无限的关系，这种理解产生了误导，然而，它却具有更为重大的意义。从结构上说，正是以这种方式，康德构想了人的一切知识与道德。我们是有限的人类，被局限于我们的感性与知性之中。根据康德的观点，我们不仅能够**知**，我们还能够**思**，但是，我们不可能**知道**无限的东西、先天的东西、超验的东西——这超出了人的全部有限性。如果我们不能把自己限制在知识和经验的界限内部，我们就坠入了二律悖反和自相矛盾的深渊。这些二律悖反和自相矛盾陷理性于黑暗之中，需要对它们进行一场彻底全面的批判。

在康德及其追随者构想"应当"（ought）范畴所用的方法中，黑格尔看到了同一种"逻辑"——同一种推理。在《逻辑学》中，在他讨论有限和无限辩证关系的那一部分中，他插入了关于"应当"的评论。当黑格尔写道，"'应当'近来在哲学中，尤其关于道德，起过很大作用，并且在一般形而上学中，作为自在之有或自身关系与**规定性**或界限的同一性这种最后的、绝对的概念，也起过很大作用"（*SL* 133），显然他想起了康德及其追随者。当黑格尔进而说，"在应当中，开始超出有限，即无限。应当是那样的东西，即在向前发展中，按照那种不可能性，它表现自身是到无限中的进展"（*SL* 134），他在这一概念同超验性和无限性之间建
52 立了明确的联系。黑格尔将康德的观点看作是一种**偏见**，这使得他同康德（及费希特）的竞争变得公开化了。宣称存在着有限性的限制，它们不可能被超过，这种见解"不知道某物在被规定为限制时，就已经被超越了"（*SL* 134）。这种构想应当的（康德主义）方式，只是对应当的一种**有限的**超越。这是坏的或假的无限。"康德和费希特的哲学标榜'应当'是解决理性矛盾的顶点；然而应当的那种立场却只能依附于有限性和矛盾。"（*SL* 136）

"我们现在必须问，这个（有限和无限之间的）对子是否真实，亦即，

其两个方面是否分崩离析,彼此的存在相距遥远?就此而论,已经可以说,如果我们把有限作为有限,我们就已经超越了有限。”(i.293)当黑格尔写出这样的话,我们能看出他在何处引导着我们(或者,像他更喜欢说的那样,在何处真正的思考必然引导着我们)。有限和无限之间存在着分别,但这并不是固定不变的本体论或认识论的二分法。用黑格尔的措辞方式来表达,即我们面对着一种最终没有任何分别的分别。当我们将无限表征为不同于有限的东西,否定了有限的东西,从有限中排除的东西,我们事实上正在将无限表征为有限的东西!

> 如果意识以这种方式将自身定义为有限的,并极度谦卑地说,“我是有限者,无限者居于彼岸”,那么,谦卑的意识中的这个我所做的反思就是我们已经做过的反思:无限者只是转瞬即逝之物,它不是拥有自在自为存在的东西,而仅仅是我所认定的一种思想。正是我生产了彼岸之物;有限者和无限者都同等地是我的产品,我高居于它们二者之上,而它们二者消失在我之中。我是这个定义的主人:我提出了这一定义。有限者和无限者泯灭在我之中并通过我泯灭。……我就是我首先设置在彼岸的确证;无限最初就是通过我才得以形成的。我是否定的否定,正是在我之中,有限和无限的对立消失;我是将它们带向空无的反思。(i.295)

起初,我们可以感觉到,这里的推理有点太过于轻巧,颇有些花招的意味,但是,其陈述所使用的是至为严格的术语。黑格尔宣布,将有限和无限的分别设想为严格的本体论分别,包含着根本的错误。将无限当作是超出并外在于有限的东西,就是将无限设想为“坏的”或“假的”无限——也就是说,其思考无限的方式依存(依附)于有限的概念。(记得黑格尔第一次描述有限的时候,他强调的是它的依存性和排他 53
性。)这个段落有某种非常强烈的黑格尔辩证思考风格的特征。起初呈现为谦卑的东西结果（到这个段落的结尾）变成极端的傲慢。这不单是一个修辞的转义，而且是颠倒的辩证逻辑的显现。[9] 当我们真正理解（comprehend/begreifen）了有限，我们就认识到有限只是真正的自我运动的无限总体性的一个环节，正如当我们理解了真的无限，我们就认识到无限仅仅是它的那些总是被扬弃（aufgehoben）的有限环节的总体。这就意味着，真的无限就是内在（自在，an sich）于有限之物。无限并不是对有限的“超越”——也就是说，它不是那种完全不同于有限的东西。只要我们把自己限定在自然的或感性的实存的立场，或甚至限定在知性（understanding/Verstand）的层面，我们就没有理解这一真理。我们必须跨越这些立场到达精神（spirit/Geist）或理性（reason/Vernunft）的“更高立场”。“就更高立场而言，它是第三种立场或第三种关系——**理性**中从有限到无限的关系。第一种关系是**自然**关系，第二种关系是包含在**反思**中的关系，现在的第三种关系是包含在**理性**中的关系。”（i.301）这是“真正辩证的”转变。

从一个人（human）的观点来看，这意味着作为一个特殊的有限的存在，我放弃了我的独特性和我的主观性。我逐渐认识到，我不完全是一个自然的或反思的存在，我还是一个能够进行普遍思考的**精神的**存在。黑格尔非常清楚，从一个自然的或甚至反思的人的观点看，这是一种荒谬的或颠倒的主张。而他一定也知道，做出这样一种判定而不试图加以证明，不能产生合理的让人信服的效果。在《现象学》导论中，他说“**一个**赤裸的枯燥的断言，只能跟另一个断言具有完全一样多的价值而已”。[10] 黑格尔采取了一个“自然意识”的立场开始他的《现象学》。极端严肃地对待自然意识的主张及其自我理解，必然会导致颠倒，由此我们认识到，我们**不仅**是感性的和反思的存在，而且是典型的能够进行普遍思考的**精神**存在。我们在《演讲录》中发现了一个相似的辩证环节，在那里，黑格尔说道：

> 我定是特殊的主观性,它实际上已经得到扬弃,因此我肯定认识到了某种**客观的**事物,它是自在自为的实在,它是我信以为真的东西,它被认作是为我所设置的肯定之物;我作为此我(this I)在此事物中被否定,但同时我作为自由被容纳在此事物之中并通过它维护了我的自由。这表明,我被规定成了普遍者,并维持着普遍者的地位,而且通常只有对我自己来说我才被视为普遍的。但此刻,这不过是一般的**"思想着的理性"**(thinking reason/denkende Vernunft)的观点,**宗教本身**就是这一活动,它是这一活动中的思想着的理性。**哲学**也是思想着的理性,唯一的差别在于:构成宗教 54
> 的那一活动同时在哲学中呈现为**思想**的形式,反之则可以这么说,宗教是素朴形式中的思想着的理性,它安住在**表征**的模式之中。(i.302)

在这里我们必须小心,以免误解了黑格尔所说的话。经常有人批评与抱怨黑格尔,说他为了抽象的普遍性而**牺牲**了个别性和独特性(尤其是当话题与人类有关的时候)。毫无疑问,黑格尔反复在运用"牺牲"、"屈服"和"舍弃"这样的语言。然而我们必须重视这种语言的辩证力量。黑格尔严厉批判了各种形式的抽象否定和抽象普遍性。在抽象的否定与确定的否定之间,他做了至关重要的区分[11]:前者带来对被否定之物的完全拒绝,而后者则保存被否定之物并提出其真理。正是确定的否定的**活动**或运动引起了从有限到无限的转变。并且,这一辩证运动从抽象的(虚假的)普遍性出发,发展为充分具体的、确定的(真实的)普遍性——这种普遍性完全不同于抽象的普遍性。

我们能够用一种非黑格尔式的用语陈述黑格尔的主要观点。从第一人称的观点看,开始的时候我确信我只是一个自然的有限的感性存在。我坚持这一点并宣布,其他的一切都是"外在于"我的,是不同于我之所是的。有什么能比这更明显、更确定呢?我试图明确表达并严密守护我的意思，但是我越是这样做，我越是认识到，最初的这种确定性是虚假的确定性，我不仅是这种被限定的独特的有限存在。我渐渐认识到，我也是一个具有知性能力的反思的存在。否则，当我断言我不过是一个有限的感性存在，我甚至都说不出这是什么意思。但是这种反思的立场仍然是被限定的。我认识到，我是一个精神的存在，能够思考“永恒真理”并以概念的方式把握“永恒真理”——这有一种我与精神同一的感觉。（当然，这个辩证的运动是一个漫长的、困难的过程，它涉及许多个中介步骤。）我一直在抵制这种运动。当我被告知，我不仅是一个自然的创造物，而且是一个能够进行纯粹思考的精神存在，这让我觉得有些荒唐。但是我越是顽固地抵制，有一种经验就越是强烈：我必须走出我自身的独特性和特殊性。我越是坚持最初看起来如此明显、如此确定的东西，我越是认识到它是不真实的。这就是从**确定性**（certainty/Gewissheit）到**真理**（truth/Wahrheit）的运动的特征。确实，我牺牲了作为我自身的独特存在，我放弃了我的有限的个体性。但是
55 这种牺牲并没有把我带向完全的否认与空虚。相反，正是通过这个辩证的过程，我才认识到我真正之所是。有限性（包括我自己的主观有限性）的现实真理就是真的无限。

然而，认为在我的有限性和真的无限之间有一个最终的同一性和统一体，这种主张似乎仍然有些虚妄。当我们掌握了他的“真的无限性”的含义，黑格尔的这一看似大胆的主张是什么意思就变得更为清晰了。在《现象学》中他讨论了无限性的概念，这可以帮助我们对这一点予以澄清。他说道：“这个单纯的无限性或绝对概念可以叫作生命的单纯本质、世界的灵魂、普遍的血脉，它弥漫于一切事物中，它的行程不是任何差别或分裂所能阻碍或打断的，它本身毋宁就是一切差别并且是一切差别之扬弃，因此它在自身中像血脉似的跳动着，但又没有运动，它内在地颤动着，但又沉静不波。……因此，**自我分裂**（self-sundering）和**自我同一**（becoming self-identical）这些不同的环节同样仅是这种**自我扬**

弃(self-supersession)的运动。”(*PS* 100—101)在黑格尔这里,最能体现“无限性”含义的是自我意识(self-consciousness/Selbstbewusstein),对于自我意识的特征他做了如下描绘:“我把我自己同我本身区别开,在这里我直接意识到,这种差别是没有差别的。我,自身同一者,自己排斥自己;然而这个与我相区别的东西,这个被建立起来的不等同于我的东西当它被区别开时,即直接地与我没有差别。”(*PS* 102)

但是,这些关于有限和真的无限二者辩证关系的主张对于宗教和我们的上帝的概念产生了怎样的影响呢?黑格尔的回答是非常明确的。

> 因此,有限就是神性中无限的本质环节,从而可以说,上帝正是那一将自身有限化的存在,他在自己的内部设立了诸多规定性。上帝创造世界,也就是说,他意愿世界,他思考世界,规定自身——在他(自身)之外无物可作规定者;也就是说,他规定自身,他为自己设立了一个他者来反对自身,以至于既有上帝也有世界——它们是两个。在这一关系中,上帝自身作为有限者被紧紧抓住反对另一个有限者,但事实上,这个世界仅仅是表象(appearance),他在这个表象中拥有自身。没有有限性的环节就没有生命,没有主观性,没有永生的上帝。上帝创造,他是主动的:正是在这里形成了区别,有限性的环节被明确地建立起来。然而有限者的持存必须再一次被扬弃。由此看来,有两种无限性——真的无限和知性的纯粹的坏的无限。因此有限是神圣生命的一个环节。(i.307—308)

这一段清晰揭示了有限和无限的同等源始(equiprimordial)的性质(用海德格尔式的表达来说)和相互依存的关系。面对无限者(上帝),
黑格尔并没有贬低有限者,而是宣称有限性的环节是多么的必要。(“没 56

有有限性的环节就没有生命,没有主观性,没有永生的上帝。”)黑格尔也承认,有一个适当的场合来进行对上帝与世界的区分。无限概念内在地包含着真理,它将真理放在与有限的(被创造的)东西对立的位置。但最重要的一点是,我们不可将上帝与世界的区别具体化为本体论的分歧。我们必须认识到,有限是神圣生命或永恒真理的一个**环节**,就像我们必须认识到,在我们的知解活动中,无限必然将自身有限化为它的诸种规定性,否则,无限自身就只是一个空洞的、赤裸的抽象。简而言之,我们可以在前后两个方向——也即从有限和真的无限两个视角来“阅读”黑格尔。从有限(尤其是我自身的有限性)的视角来看,我必然会渐渐认识到,真的无限内含于我之所是,当我完全实现了自身,我就等同于真的无限了。我们也可以从恰好相反的方向来阅读黑格尔。无限自身不过就是对其有限环节的总体呈现,这些环节一直在扬弃自身。用古典的术语来说,在超验性和内在性之间没有本体论的分歧。

关于黑格尔的极端含混性,这是一个很好的例证。如果我们强调,上帝不过就是他的有限呈示的总体,那么,我们就找到了一个基础以将黑格尔解释为某种泛神论者。如果我们强调,上帝与世界之间没有分别,那么,我们就能找到一个基础来宣布他事实上是一个无神论者,因为上帝既不会站在世界的外面,也不会站在世界的对面。我们也会明白,为什么一些黑格尔左派宣称精神“实际上”不过是黑格尔讨论充分实现的人道的方法。他们争辩道,如果没有本体论上的超验性,如果“上帝”变成彻底内在于人类的思想与行为之物,那么,在最后的分析中,我们就能完全摈弃“上帝”这一能指,把我们自己限定在对人道的谈论上。因此,如果信仰向我们揭示的真理和我们通过思考(Denken)和理性(Vernunft)获知的东西最后没有分别,那么,所有据称属于宗教真理的主张都能由理性加以证实。但是如果真的如此,那么,尽管黑格尔偶尔会有与此相反的主张,理性且唯有理性就真正成了我们的最终法庭。解决这些解读之间的矛盾,不能只靠诉诸适当的文本,因为争论总是会转到我们怎样阅读与解释这些文本的问题。毫无疑问,黑格尔会宣称——他的若干评论者**已经**宣称——这些相互矛盾的解释都是片面的。但是在我看来问题并没有解决。极端的含混性是黑格尔辩证思考模式所固有的,这一模式有意识地寻求将矛盾的环节包含在一个单一总体性的内部。 57

当我们意识到"对于有限者来说,掌握无限是一种虚妄的想法",有限和无限对立的恶魔就被释放了出来;而当我们逐渐认识到,真的无限早已内含于有限之中,"我们就摆脱了有限和无限对立的恶魔"(i.309)。当黑格尔在思考中达到这一认识阶段,他没有抑制自己对那些人的尖刻抨击:他们宣称,放弃对上帝的真正**知识**是基督徒谦卑的标志。

> 怎样的一个恶魔!似乎想要了解上帝的实证性质就是一种虚妄!关于这一种类的定义,关于这一有限性和无限性的对立,我们必须洞察其真实的状况,从而断然弃绝这个恶魔。
>
> 还有一种与关于上帝的实证知识背道而驰的形式,这就是主观的非真实性,它维持自身的有限性,招认自己的空虚,却仍然保留这种被承认的空虚,并把它变成了绝对。
>
> 自我保存的主观性的空虚,亦即此我,当我们完全理解了其内容,理解了其当前的问题,在它里面认识了我们自身,我们就能摒弃它的那种空虚,因为此时我们郑重对待这种空虚,我们在对自在自为的存在的认识与再认中放弃了这种空虚。(i.310)

有限和真的无限之间的关系是一种辩证的关系。因此,有限在真的无限中同时就被否定、证实和扬弃了。在1827年的演讲中,黑格尔为他的辩证叙述提供了一个简洁的说明。

> 真正的过渡并不在于变化(change),不在于反复的更改

> (alteration)。相反,**有限者的真正他者是无限者**,这不是对有限者的单纯否定,而是对有限者的肯定,是存在。这里所涉及的就是这种简单的考虑。这一肯定的过程是我们精神的过程,只是在我们的精神内部它自身是无意识地形成的,而哲学却拥有它的意识。当我们把自身提升到上帝的高度,我们所带来的是同样的事情。因此,首先,无限者自身是有限的东西或否定的东西。其次(的环节),它是肯定的东西。这形成了一个不同的规定性之间的进程,但它绝不是外在的进程,而恰恰是必然性自身。这种必然性是我们精神的行为。(L 171)

恶与有限性

概述有限和无限的辩证关系是必要的,因为正是从这一角度,黑格尔描述了恶的特征。但在转向他对恶的讨论之前,我想停下来反思一下黑格尔的结论如何对立于康德的精神和著述。康德的批判哲学预
58 设了并依赖于有限和无限之间尖锐、严格的区分。康德的大多数哲学区分——包括知性和理性、现象和本体、有条件的和无条件的、知识和信仰——可能都与有限和无限的区分有关。一个被限定的、有限的合理性存在一定不同于真正无限的、无条件的东西,康德的整个批判研究都可以被视作对这个存在的含义的沉思。但是,如果黑格尔是正确的,那么,康德从来就没有超出过坏的或假的无限。他的哲学就像这一哲学所采取的立场,不仅在根本上是未完成的,而且是虚假的,它留给我们的是未解决的矛盾。康德未能看出他自己的批判性洞见所带来的不可避免的后果。他陷入二律悖反之中(尽管他宣称解决了这些二律悖反),但未能认识到"**一切事物都潜在地是矛盾的**"——而这条法则表达了真理(*SL* 439)。这是整个自我运动的原则。"某物之所以有生命,只是因为它的内部包含着矛盾,并且它就是在自身中把握和保持矛盾

的强力。”（*SL* 440）康德未能认识到——或者黑格尔是这样说的——“思辨的思维”这一真正的哲学的手段，“仅只存在于这一事实，即思想紧紧把握住矛盾，并在矛盾中紧紧把握住自身”。（*SL* 440）如果像哈罗德·布鲁姆所界定的那样，“修正”就在于“斗争”，就在于和一个人精神上的前辈竞争，那么黑格尔同康德的对垒就是这种竞争的例证。

但是，准确地说，恶与黑格尔对假的无限和真的无限的区分有什么关系呢？当我们转到黑格尔对“既定的宗教”的讨论，我们就获得了一条必不可少的线索——“既定的宗教”是他那本《演讲录》的一部分，他在那里讨论了特殊的历史性宗教。他还在其中谈论到“东方的二元论”。这种二元论坚持两个相互对立的基本原则：“善的王国和恶的王国”。“善实际上就是真和强力，但它处在与恶的冲突之中，因此恶位居于与善正相对立的位置上，并坚持自己是绝对的原则。无疑，恶应当被克服，应当被抵消，但是应当存在的东西实际上不会被克服与抵消。‘应当’作为一种力量不能使自身发挥效用，它具有这种虚弱与无能。”（*L* 300—301）但是根据黑格尔的学说，这样一种二元论——在众多更为苍白的二元论形式中，它居于中心的位置——总体上是不可接受的。用黑格尔的术语来说，这种基本的二元论是虚假的，必须被扬弃。

> 宗教与哲学整体上都以这种二元论为议题。这是宗教与哲学共同的关注点——这种区分以其完全的普遍性而被掌握。在此思想方式中，这种对立获得了它所特有的普遍性。即使今天二元论仍是一种（思想）形式；但是今天在谈论它的时候，它被放入到贫乏和脆弱的多重形式之中。无论何时，当我们认为有限者是独立自存的，并因此认为无限者和有限者处于彼此对立的位置，因此认 59
> 为无限者没有涉入有限者之中，有限者也不能跨越到无限者一侧，我们就有了一种二元论，这和阿赫里曼与奥尔穆兹德的对立或者摩尼教的对立相同——除非我们缺少把这些对立（真诚地）表现

> 给我们自己的思想或心灵。**有限者就是恶的东西，而在最广阔的意义上，有限者维持着自身的有限和独立自存的特征，它与无限者或普遍者形成了鲜明对比并因此相互冲突。**（*L* 301，强调字体为笔者所加）

这是一个引人注目并极有争议的主张。考虑一下它挑衅性的结论。善恶二元论不仅是处于其他二元论之中的一个基本二元论。黑格尔是要表明，**所有**哲学的二元论都是对善恶这种基础二元论的“贫乏的”反思。他认为宗教与哲学整体上都以这种基础二元论为议题，而这是一个野心勃勃的主张。在他的界定中，恶关涉有限和假的无限的对立。各种各样的问题就在这一点上被提了出来。为什么黑格尔以这种方式描述恶？他对恶的描写与传统的哲学与宗教对恶的知解之间是什么关系？如果有限和假的无限之间的虚假对峙界定了恶，这意味着恶会在真的无限中被扬弃吗？我们在日常生活中遇到过许多普通的恶的例子，当我们转向它们，这一恶的概念产生了什么后果？为了回答这些问题（以及与它们密切相关的问题），我们必须进一步探究恶的含义。

黑格尔的《演讲录》并不局限于讨论宗教的**概念**，而是试图呈现历史宗教的真理（与虚假性），最终到达他所说的“完满的宗教”（consummate religion/vollendete Religion）——亦即基督教[12]。在讨论基督教的上下文中，关于《创世记》中堕落的故事，黑格尔提出了一个著名的（也是高度选择性的）解释。在1827年的演讲中，在引入这一讨论之前，他首先考虑了他所说的“自然人性”（natural humanity）的问题，关于人类的自然条件，他撷取了两个对立的观点：“人性本善”与“人性本恶”。黑格尔的切入点便是回忆康德，在《宗教》一书中，康德讨论过这些对立的主张。

> 在这一点上，我们同时遇到两个相互对立的界定。第一个界

> 定是**人性本善**。人性的普遍的、实体的本质是善;人性的本质与概念没有在人性内部发生分裂,即是说,人性就是本然地与它自身和谐相处、彼此太平的东西。与此相对的第二个界定则是:**人性本恶**——亦即,人性本然的、在实体的方面是恶。这二者之所以作为对立项展现给我们,从一开始就是出于外部的考虑:时而流行的是这种观点,时而又是另一种。此外应该补充的是:这并不是**我们**看待这一状况的方式;(一般而言)人类都有这种关于自身的知识, 60
> 他们知道他们是如何被构造的,他们知道他们的定义是什么。(*L* 438)

如我们可以预期的那样,结果表明,这两种主张——当它们被表述为抽象的主张时——最后都是虚假的。如果我们说“本然”,意指的是尚不具备完整的自我意识、处于自然状态的人类,那么,人性在本然上就既不是善的也不是恶的。黑格尔断定,没有认识或知识(knowledge/Erkenntnis),就没有善或恶。只有精神的存在者,才有能力获取这种知识。然而我们能够说,人性**潜在地**是善的。“(实际上)从本质上说,人性是善的:人类的内在是精神和合理性,是按照上帝的形象、模仿着上帝的形象创造的(《创世记》,1:26—27)。上帝是善的,作为精神的人类是上帝的镜像,他们**潜在地**也是善的。”(*L* 438)但是,说人类潜在地是善的,不等于说人类**现实地**(actually)是善的。他们还并非自在自为地是善的;他们还不是他们应当是的东西。其本然的形态中存在着一种欠缺或者说不足,这种形态需要被克服。但是人类并不会直接成为善的。在这一发展过程中,分裂(cleavage)或决裂(rupture)是一个必要的阶段。“说人类在本性上是善的,这是正确的;但是由此,人们所说的也就只是片面的东西了。正是这一对于人性自然状态的超越,对于人性隐性存在的超越,第一次构成了人性内部的分裂;它是这一分裂的设定者。”(*L* 439)

我们现在可以看看“人性本恶”这一说法的基础。这意味着，只要人性仍保持着自然状态，那它就是恶的。“当人性只以自然为依据而存在，它就是恶的。”（*L* 440）在这句表述中有一处含混的地方需要澄清。在成为具有自我意识的精神存在者的道路上，我们会涉及人性的自然条件。由这一视角出发，这一自然条件中没有内在地属恶的东西；相反，它不言自明地是善的。但是，如果人类愿意滞留于这种自然条件，那么他们就是恶的。对此，黑格尔作了清楚的说明：“遵循欲望和本能、滞留在欲望领域的人，以自然的直接性作为其法则的人，是自然人。同时，处于自然状态的人是一个具有意志的人，由于自然意志的内容仅仅是本能和倾向，所以这个人就是恶的。”（*L* 440）尽管黑格尔对其主张的表述不同于康德，但他实质上同意康德的观点：在我们的各种自然激情和倾向中，不存在内在地属恶的东西。像康德一样，黑格尔也断定，恶
61 只随意愿一同出现。在《哲学史演讲录》中，黑格尔说：

> 这是人的崇高、绝对命运的标记——他知道什么是善恶，是他的意志在这二者中选择了一个或另一个。简言之，他不仅可以对善承担责任，而且可以对恶承担责任；他不仅可以对这里或那里的特殊境况、对他周围的或身内的一切承担责任，而且可以对他个体自由固有的善恶承担责任。[13]

“人性本善还是人性本恶？”在对这一问题的追问中，存在着某种根本上会让人产生误解的东西。

> 人性天生只是善的还是天生只是恶的，这是一个虚假的问题。提出这一问题的方式也是一种虚假的方式。同样，说人性既是善的，同时又同等地是恶的，也是一个浅薄的说法。根据其概念，人类潜在地是善的；但这种潜在性是一种片面性，这种片面性的标

> 志是这一事实:这个现实的主体,这个“这”仅仅是一种自然意志。因此,它们这二者,善与恶这二者,虽然在本质上是矛盾的,但它们被设定:每一个都是另一个的前提。并不是说,它们之中只能存有一个,而是说,我们在这一彼此对立的关系中同时拥有着它们二者。(*L* 441—442)[14]

以此为背景,黑格尔为关于“堕落”的《圣经》故事提供了自己的诠释。黑格尔注重宗教的**认知**之维;宗教在根本上是一种知识形式——虽然仅限于表征。甚至在讨论感觉(feeling/Gefühl)与虔诚(devotion/Andacht)的作用的时候,黑格尔首先关心的还是它们的认知特性。[15]他告诉我们:“人类是由于认知才变恶的,或者就像《圣经》所讲的,是因为他们吃了知善恶树的果子(《创世记》: 3 : 5—6)。通过这个故事,认知、理智和理论能力同意志建立了更为密切的关系,恶的性质也得到了更为准确的表达。”(iii.205)

> 认知第一个提出了反题,恶将在这一反题中被发现。动物、石头和植物都不是恶的:恶首先发生在决裂或分裂的领域;自为存在的意识不仅对立于永恒的自然,而且对立于客观的实在性,在理性意志概念的意义上,这一实在性内里是普遍的。正是通过这种分离,我第一次获得了自为的实存,而这一分离也是恶之所在。抽象地说,作恶就意味着我与普遍者(理性、法则及精神的规定)隔绝开来,我以这样一种方式把我自己独特化。(iii.206)

当黑格尔说,“作恶就意味着我与普遍者隔绝开来,我以这样一种方式把我自己独特化”,他在重申他的观点:恶产生在我与无限的对立之中,我是一个有限的存在者,而无限在我之上并且反对我。但他在这 62
里补充了极为重要的内容。在我的发育过程中,在我从自然状态到变成真正的人这一发育过程中，在我的精神条件中，我自己的这一独特化、这一分裂（“恶之所在”）是一个**必要**阶段。在与我所以为的异于我的东西的对立中，我获得了对于我的自为存在的意识。

断裂（diremption）的主题——作为内部分裂的自我断裂——回荡在全部黑格尔的哲学之中。它早就是《现象学》最为重要的主题，在那里，黑格尔谈到了“绝望的道路”。因此，就恶的这一根源而言，没有什么是偶然的或纯粹随机的。“由于人性是精神，所以它必然会进展到自为存在本身的这一反题。……经由这一分离，自为存在得到了安排，恶拥有了自己的位置；这里是一切错误的源泉，也是和解获得其最终来源的地点。这是疾病的生产者，同时也是健康的源泉。”（iii.206）这意味着，作为分裂和自我断裂，恶的爆发不仅是人性形成的一个必要阶段，而且在这一自我断裂中，已有一种对于和解的期待，对于恶的扬弃的期待。自我断裂不仅催生了恶，而且，它必然会克服或扬弃恶。我们切不可仅仅把这一过程看作是随机的历史运动；和解**总是已经**内含在自我断裂之中。这一辩证的发展过程类似于我们所了解的从有限到真实的无限的运动。这个真实的无限已经内含于我们的有限之中，但是为了实现真实的无限，我们必须跨越分裂的阶段（虚假的无限）。恶的爆发与最终实现的和解不单单是“类似于”这一辩证运动；它们就是**这一**辩证运动。

我们可以看出为什么黑格尔的宗教演讲——以及他的整个体系——可以被解读为神义论。如果我们认为（广义的）神义论的基本动力是对恶加以阐述的欲望，由此我们可以使得恶的表象同（基督教）上帝的实在达成和解，那么，这正是黑格尔宣称要做的事情。即使有人认为，彻底解译的话，黑格尔实际上（像科耶夫所说的那样）是一个无神论者，我们仍有一种神义论，尽管是一种世俗的神义论，在这种神义论里，恶被理解为、被证成为人性的渐进发展中的一个必要的辩证环节。

亚当的堕落

让我们转向黑格尔对《圣经》中的堕落故事所作的诠释。在其手稿（作为其诸次演讲的基础）中，黑格尔指出了这个故事的一些显著的 63
特点，也指出了若干明显的不一致之处：这些不一致之处出现在“最精良的一致性链条上”。（1）亚当并没有被禁止食用所有树上的果子，而只是被禁止食用知善恶树上的果子。黑格尔说，这是这个故事的要点，因为“这不是一般的树或普通的果子的问题；善恶（的引喻）即刻把我们带入了一个不同的区域。这些都是精神绝对的、实体性的特征，而不是吃苹果之类的事情”（iii.105）。（2）尽管吃知善恶树上的果子是被禁止的，“然而这一知识构成了精神的性质——否则人就是一头野兽。”（iii.105）（3）蛇许诺这一知识将使亚当像上帝一样。这是恶的诱惑。但是随后蛇所许诺的内容就被上帝说了出来：“‘看吧，亚当已经与我们相似，能知道善恶。（《创世记》：3 : 22）’在这里，上帝亲口说，正是知识——特定的关于一般善恶的知识——构成了人性中的神性。”（iii.105）黑格尔抓住了他所认为的矛盾之处（在“最精良的一致性链条上”），而正是以这种方式，精神发展并实现了自身。因此他宣布：“正如（我们获取这一）知识的必要性遭到了批驳，所以我们的知识本身也被这一事实所否定。（4）惩罚是由知识引起的，它采取了物理必然性的形式——也采取了道德必然性的形式，（这是）有限性的必然后果。（5）（然而道德）也没有（被看作是）惩罚：‘恐怕他伸手又摘生命树的果子吃……’（参见《创世记》：3 : 22）”（iii.105）

这是一个关于堕落故事的带有高度倾向性的解读[16]。人们可以大力批评黑格尔，因为他把自己的范畴强加给了这个故事。但是，与他在《圣经》语言所特有的表征与思辨哲学所特有的概念性思维之间所作的区分相一致，黑格尔宣布：“必须看到，这是一种相当普遍的状况：一种深度思辨性哲学的内容，不可能在图像和单纯表征的形式中得到真实、恰当的描绘，因此它也不可能被描绘为这种没有矛盾的模式。”（iii.105）只有思辨性思维才能理解《圣经》中的堕落故事所表征的真理。

> 深入了解这个故事可以看到，故事中包含着人性（即获得意识）的不朽历史：（1）原初的神圣理念，（上帝的）形象；（2）意识、善恶知识（同时包括责任）的出现；（3）（善恶的知识）作为某种非此非彼的东西，也就是说，它不该仍旧作为知识，也不该作为人性
> 64 获得神圣性的手段。知识治愈了其自身所是的伤口。（iii.106）

黑格尔将堕落描述为“人性的永恒历史”，而这为观察恶及恶的扬弃提供了另一个视角。我们已看到，黑格尔如何将知识、分裂或决裂以及恶紧密联系在一起。彼得·霍奇森（《演讲录》英文版的编辑）清晰陈述了这三者之间的关系。

> 认知的知识必然伴有一种判断的行为或原始的划分（division/Ur-Teil）；因此它导致了一分为二（Ent-zweiung）的分离、分裂、决裂。……这种分裂或疏离（estrangement/Entfremdung）——这是一些极为相似的词语——严格说来，本身并不是恶，只是因为它是有限的意识与认知，也就是说，它最终不能克服其知识行为所设定的划分，所以它是有限精神的固有条件。然而，由于恶导致人有意识地或恣意地实现分离状态，导致人选择生活在与精神深度隔绝的状态中，选择切断与普遍及特殊的关系，选择满足直接的欲望，“依据本性”来生存，因此分裂或疏离就是恶的**先决条件或原因**。但是自我决裂或自我疏离不仅造成了恶，而且引发了对于和解的需求，当疏离同犹太教的痛苦（anguish/Schmerz）联系在一起，同希腊—罗马文化中的不幸或苦恼（unhappiness/Ungluck）联系在一起，就可以看到这种需求了。

(*L* 65)

为使我们理解黑格尔对恶的论述,霍奇森补充了一个细微但极为重要的观点。判断的分裂本身并不(内在地)属于恶,相反,它是恶的**先决条件**或原因,而这个"恶",严格地说,产生于有**意识**的或恣意的选择——选择保持这种分离状态,选择坚持有限和无限的决裂,选择"生活在与精神深度隔绝的状态中"。[17]

在《演讲录》中,黑格尔告诉我们,自我决裂和自我疏离导致了恶,导致了对于和解的需求。自我疏离有两种形式。"一方面,它是恶本身的反题,因为人性自身就是恶的:这是与上帝相对的反题。另一方面,它是与世界相对的反题,因为人性存在于与世界决裂的状态中:这是苦恼或不幸,是从另一面看到的分裂。"(*L* 447)第一种形式,黑格尔称之为痛苦,第二种形式,黑格尔称之为苦恼。《现象学》中对苦恼意识的著名讨论,就是以这种对于自我疏离的分析为背景的。苦恼意识不单单是自我意识发展中的一个阶段的名称。它是《现象学》中,实际上也是黑格尔所有著作中反复出现的母题。斯蒂芬·克赖茨对这一点做了生动的说明,他写道: 65

> 不久就可以明显地看出,苦恼意识并不是某些特殊的人,或可辨识的共同体,或一个世代,或一个历史时期所受的磨难。它是具有自我意识的生命的普遍危机,在任何地点、任何时刻,只要精神诞生,它就会出现。这种苦恼是有意识的生命在分娩精神时所经历的阵痛。在历史上,它不是一次而是多次遭受这样的苦痛。事实上,与其说这是一种历史现象,不如说这是以多种不同的面貌出现、具有自我意识的历史生命的先决条件。一切个人、一切文化,至少都有一段关于这一苦恼的黑暗记忆,或者都有一种对于这一苦恼即将出现的黑暗预感,或者兼有这二者。[18]

在《演讲录》中,黑格尔将自我断裂的这一痛苦经验同恶联系了起来:

> 人类在内心意识到,在他们内心最深处的存在里,他们是一个矛盾,因此他们关于自身所感受到的是无限的**痛苦**。只有在与应然对立的地方,与肯定对立的地方,痛苦才会出现。如果其本身不再是肯定但同时也没有矛盾,那就没有痛苦。痛苦恰恰是肯定性中的否定元素,这意味着,肯定性自身是自相矛盾的,它受到了自身的伤害。因此痛苦只是恶的一个环节。单就其自身而言,恶不过是一种抽象;它仅仅是善的反题,而一旦它出现在主体的统一体之中,主体就被割裂了,这种分裂就是无限的痛苦。如果善的意识,善的无限要求,并未以同样的方式出现在主体自身中,出现在内心最深处的存在里,那么痛苦也就不会出现,恶本身也只是一片乌有,因为它仅仅**是**善的一个反题。(*L* 447—448)

善与恶之间是一种辩证的关系;没有恶就没有善,没有善就没有恶。如果没有善的意识,那么"恶本身也只是一片乌有";但是如果没有恶的意识,善也将会是一片乌有。如果没有善与恶之间的辩证对立,也就不会存在痛苦。而如果没有这种痛苦的经验,那么人类就不过是一群野兽,精神也将永远不会诞生。精神可以医治所有的伤口而不留下任何疤痕,但是,在精神的实现中,恶是一个**必要的**阶段。此外,这种极端的、无限的痛苦预示着不仅存在一个自我意识的统一体(否则自我断裂就将是不可理解的),而且存在一个上帝的统一体,最终存在一个自我意识与上帝共有的统一体,即一个同一体。这才是真的无限。[19]

> 只有当善或上帝被理解为**唯一**的上帝,被理解为纯粹的、精神

的上帝,恶与痛苦才可能是无限的。只有当善是这个纯粹的统一体,只有当我们信仰一个**唯一**的上帝,只有联系这一信仰,否定者才可以而且必须发展为这一恶的规定性,否定才可以发展为这种普遍性。由于人性被提升为上帝的纯粹的、精神的统一体,因此,这一分裂的一个方面以这样一种方式逐渐显露出来。这一痛苦和这一意识,是人性本身得以深化的条件,并且也是人性本身在分裂的否定性环节、恶的否定性环节中深化的条件。这是一种客观的、内指的、以进入恶为目标的深化;而一种肯定性的内指的深化是以进入上帝的纯粹统一体为目标的深化。(*L* 448) 66

恶的必要性与证成?

黑格尔辩证的善恶论述,气势磅礴而又深深地令人不安。由于拥有以自己的体系性哲学涵盖一切的雄心,因此黑格尔为恶的根源与扬弃问题提供了一份精致的论述。许多“解决”恶的难题的传统方法都被迫将恶的实在性作为实证的东西加以否定,因为它们似乎无法使恶的实存同全能、全知、仁慈的上帝的实存达成和解。如果我们说上帝是无限的善——是衡量善是什么的标准——那么最终我们必须拒绝恶的本体论的实在性。自圣奥古斯丁以降,一直有一个经典的说法:上帝不对我们妄用自由意志而产生的恶负责。上帝给予了人类自由意志这一伟大的礼物;作为意愿着的存在者,我们是按照上帝的形象创造出来的。如果人类选择妄用这种自由意志,人类就必须承担这样做的责任。因为人类的罪而谴责上帝是对上帝的亵渎。但是这种“解决办法”有它自己的疑惑与困境,尤其是当我们也宣称上帝全知全能的时候。如果上帝是我们的创造者,如果他真的是无所不知的,那么他就知道人类将用他们的自由意志做什么,那么他创造了做出恶行的被造者,我们难道能说他没有责任吗?有各种各样的策略被用来解决这样的困惑,但在这里,我对这些策略没有追问的兴趣。[20] 相反,我想强调,黑格尔削弱了这些传统的困境,因为他以一种完全不同的方式构想人性、上帝及它们彼此的关系。只有当我们将善恶的对子当作是一种固定的、死板的二分法,才会产生这些困境。但是对于黑格尔来说,善与恶之间是一种动态的、辩证的关系。没有恶就没有善,没有善就没有恶。对于无限的上帝来说这是真实的,对于有限的人类来说也是一样。我们不可将这种对立看作是某种伪装起来的二元论。相反,它是对一切形式的二元论(包括人和上帝的二元论)的拒绝。无论我们关注的是有限人类在其
67 精神旅程中的发展,还是无限上帝的形成,对于无限精神的具体实在化来说,恶**必然**会展现出来,又必将在这一实在化过程中被扬弃。在人类那里,恶发生的条件是人的自我断裂或内部分裂,由此他们完成了从自然状态向彻底的人的状态的转变。但我们也可以说,上帝作为无限的精神只有通过自我断裂才能被展现出来。上帝与人类之间的差别在于(**部分**)人类陷入了僵局;他们将有限和无限之间的区分具体化了;他们恣意将这一区分变成了无法跨越的鸿沟。他们固执地拒绝超越这种虚假的二元论。"有限性是最固执的知性范畴。"(*SL* 129)黑格尔一定意识到了屈服于这种有限和虚假无限的具体化所产生的巨大诱惑。当他将《现象学》中所展开的旅程描述为"绝望的道路",他正在确认:人类如何在反复经历这种自我断裂的疼痛和痛苦,他们如何被诱惑着要将这种自我断裂具体化。这就是为什么让·希波利特在其经典评论中,在讨论这一节时首先论及的是苦恼意识,希波利特宣布:"苦恼意识是《现象学》的基本主题。"[21]

但是在绝望与痛苦的深处,已经呈现出扬弃与和解的承诺。如果我们把承诺看作只有在未来才可能达成的东西,那么在这里连谈论"承诺"都可能具有误导作用。[22] 如果我们将辩证运动看作简单的时间序列,那么"辩证运动"的语言就可能对我们产生误导。恶的扬弃所涉及的和解已经预先包含在自我断裂的痛苦之中。黑格尔并不是为恶进行"辩

解”。善与恶具有同等源始的地位。

如果不能领会黑格尔辩证思维（不幸的是，这种思维实在太平常了）的这一本质特征，那么就会导致对黑格尔的严重扭曲与丑化。具有讽刺意味的是，甚至对于为什么存在这样一种对他加以误读与丑化的巨大诱惑，黑格尔都有一套解释性的说法。如果我们固守着一个抽象否定的观念，把它看作否定的唯一类型，如果我们固守着真与假之间的机械对立，那么我们就会认为，恶的扬弃就意味着对恶的完全清除。但是扬弃并不是清除或根除被扬弃之物；被扬弃之物总是被予以保存，虽然是以一种改变了的形式。在这一意义上，恶永远没有（也不可能）被完全清除。

我想回到我本章的开头，在那里我评论说黑格尔的哲学具有体系的多义性，而这种多义性直接影响了关于善恶辩证关系的诠释。黑格尔本人毫不犹豫地将自己的哲学描述为神义论。在他的《世界历史哲学演讲录》中，他写道： 68

> （我们的）研究可以被看作是一种神义论，一种对于上帝道路的证成（莱布尼茨曾用形而上学的方式做过类似尝试，只是他所用的范畴至今仍然是抽象的和不确定的）。它应该能让我们理解这个世界的一切疾病，包括恶的实存，从而使得思维的精神还可以同实存的否定方面达成和解；而就是在世界历史之中，我们遭遇了恶的总和……
>
> 要达成上文描写的这种和解，只可能通过历史的肯定方面的知识，在历史中，否定的方面被降低到了从属的位置，并被完全超越。换句话说，首先，我们必须知道世界的最终设计是什么；其次，我们必须看到这种设计已经实现了，而恶却没有能力在其近旁维持一个平等的位置。[23]

尽管黑格尔在这里明确提到神义论和上帝，但不难理解为什么甚至在黑格尔去世之前就已经爆发黑格尔右派、中间派、左派的论战。黑格尔体系的多义性引起了人道主义的，甚至无神论的诠释。正是黑格尔强调了人与上帝的（最终）同一性。正是黑格尔一直在挑战有限和无限、内在性与超验性之间的一切二分法。正是黑格尔告诉我们，信仰与理性最终并没有冲突，宗教与哲学揭示了相同的永恒真理。但正是这些主张使得许多正统基督教徒对黑格尔充满警惕，因为在他们看来，上帝的超验性及其对于人类有限性的无限超越，是他们信仰的根本。我们能够清楚地理解，路德维希・费尔巴哈怎样从开始时坚定的黑格尔的信徒变成了最严厉的黑格尔批评者之一，他怎样发展了一套关于基督教本质的人道主义的、人类学的诠释。尽管人们得出结论说，黑格尔的“上帝论”是可有可无的，黑格尔的真正“秘密”是他隐秘的无神论人道主义，但这没有给黑格尔辩证的善恶论述带来多大的改变。我们于是把黑格尔的叙述读作人性（humanity/Menschlichkeit）渐进的自我发展，而不把这一叙述读作上帝通过自我断裂而获得自我实现，由此绝对精神获得完全实现的故事。但不管是哪一种阅读方式，所运行的都是同一个“逻辑”。恶最终证明是这一发展（恶在其中被予以扬弃的发展）的一个必要环节。

至今为止，我一直试图探究黑格尔辩证的善恶论述的意义，以保护黑格尔免于遭受常见的扭曲与丑化，突显黑格尔学说的原创性及影响力。但我也已表明：尽管他的论述有雄视一切的宏伟气魄，但这一论述
69 深度令人不满，它引发了诸多的难题。在我对这一论述予以批评之初，我想评论一下《演讲录》的文本。无论是在黑格尔的手稿里，还是在他的学生们所做的任何一种演讲笔记（这些笔记是重构《演讲录》的基础）中，我们都看不到有任何关于恶的**事例**的持续讨论。我们看到的最切近的事例是他对《圣经》中堕落故事的论述。但在这里，如同我们已经指出的，黑格尔突出的是这个故事中由他的哲学所塑造或支持他的哲

学的那些方面。如果固执地、恣意地将有限和虚假的无限之间的抽象区分具体化,那么恶就从中产生了。自我中心的个体反对一切普遍之物,反对一切超越他们切身利益之物,我们可以通过关注这些个体所用的方式,为恶的含义填补一些具体的细节。在这一方面,尽管黑格尔同康德多有争论,但他对于道德恶的理解与康德没有那么大的差别。道德恶就是个体对于自我主义(康德称之为"自爱")的恣意维护,它对立于客观上的普遍之物。但由于缺少关于恶的种类及其具体展现的任何讨论,这使得我们只能暂停下来。不同的宗教有诸多具体的历史实例,黑格尔并没有回避对它们的处理,那么,为什么他并没有把他的注意力转向恶的具体历史形式呢?

一个黑格尔的辩护人可能会反驳说,这并非什么重大的遗漏;哲学不能同经验描述混为一谈;哲学的目的在于为理解善恶之所是提供所需要的范畴;在《演讲录》中,我们所处理的是宗教的概念,宗教的历史规定以及它的最终真理。但我发现,这样一种反驳有些太过于浅薄。毕竟,哲学研究的核心问题是让我们理解存在之物,而这样一种理解需要一种在本质上进行辨别的能力。因此,这样提问才一直都是公平的:一个善恶的概念能否让我们对现象学上所理解的善恶之事进行梳理?这并不意味着要把哲学论述局限于弄懂我们平常所以为的恶的意思。然而,就像亚里士多德在很久以前所注意到的,也是黑格尔所再次申明的,哲学的任务是理解和解释现象——而不是为现象辩解。然而,一旦我们试图认真把握黑格尔关于恶所做的辩证分析如何能给我们提供帮助,以理解发生在20世纪的恶行:奥斯维辛,卢旺达大屠杀,许多耻辱的实例、施虐的行为,及狂热的恐怖主义袭击,我们每天都见到的无缘无故的人类痛苦的折磨,那么把这些恶行归之于有限和虚假无限这一对子的具体化所产生的实例,似乎就是勉强和做作的。

威廉·德斯蒙德尖锐地评述了这一辩证思想的限制。 70

> 我是在倡议终结或停止哲学思考吗？（恶）这一课题使得哲学陷入了昏迷与瘫痪，以至于不可能再作进一步思考了吗？根本不是。虽然恶与宽恕是哲学永远也无法完全容纳的、辩证思想的他者，但最深刻的一点在于：实际上，哲学永远也不会停止对这些桀骜不驯的他者的思考。重点在于不要放弃对这些他者的思考，但是，到目前为止，引领着我们的还只是辩证的意志。辩证哲学遇到了逾越其思想的限制。而我们只有试着去思考这一逾越和这一限制。思想的困惑一旦产生，就会使心智陷入无眠的状态。[24]

诉诸具体的事例，几乎不能解决任何哲学的议题，因为所提出的问题可能永远都是：我们如何来诠释这些现象？然而，黑格尔对恶的复杂分析与我们对世界上的恶的经验之间存在着一道鸿沟，这道鸿沟提出了一些基本的哲学问题：黑格尔的诠释有怎样的一个适用范围？在貌似黑格尔最为擅长的地方，却明显地暴露出黑格尔最为严重的不足。我想用一种看似间接的方式来阐明这一点，但实际上这一方式将把我们带入黑格尔哲学的核心地带。

让·希波利特对《现象学》有一个经典的评论，让我们看看关于恶、罪与宽恕他都说了些什么。他引用了《现象学》中的一个著名段落，这也是本章的第一段题词所取自的段落："医治精神的创伤，不留丝毫疤痕。这些事实并不是长存不朽的，但精神把它们吸收到了自身之中；而事实所呈现出的特定性方面，不论作为意图还是作为意图的（实存的）否定和意图在定在（Dasein）中的限制，即刻就消失了。"[25] 希波利特在他对这一段落的评论中写道：

> 人的发展呈现出许多错误，《现象学》对这些错误作了记述，这些错误的整个漫长的历史实际上是一场堕落，但我们必须了解，这场堕落是绝对自身的一个部分，是总体真理的一个环节。没有

这种否定性，绝对自身不可能得到表达：只有对“不”说“不”，只有克服一个必然的否定，绝对自身才变成绝对的“是”。只有通过连续的冲突和持久的超越，统一性才是可以实现的。[26]

希波利特也引用了约西亚·罗伊斯在《现代观念论演讲录》中的这一富有见地的评价：“真正的精神生活就在于这一超越，它不是对一直位于限度之内的罪的意识……也不是对一直属于超验性的彼岸的意识，相反，它是对罪的宽恕的意识，是对通过对立达成和解的意识。”[27]
这些评论都是关于《现象学》的，但它们同样适用于《演讲录》。希波利 71
特注意到，《演讲录》以一种更为尖锐的形式表达了同一个基本的理念：

每一个人保持自身之所是的那种规定性存在于有限性领域。他作了恶，因此他就是恶人，恶在他的身上是作为他的质而存在的。但是在道德上，尤其在宗教上，大家都知道精神是自由的，是自我肯定的，以至于在人内部、最后变成了恶的这种限制，对于精神的无限性来说就是不存在的。精神可以操控事物，以至于已经发生的事情又并未发生。行动实际上保存在记忆之中，但精神却摆脱了记忆——有限者，即一般意义上的恶，被扬弃了。[28]

在这段话之中，有某种感人至深（及非常具有基督教色彩）的东西。这是对于最终和解及基督式救赎的光辉肯定。而且，我们可以将这种对于统一与和解的渴望同黑格尔自己的生活经验联系起来，和他所感受到的最严重的现代性危机联系起来。尤尔根·哈贝马斯告诉我们：“统一哲学的动机源于青年黑格尔的危机经验。这些经验使他相信，应号召作为统一力量的理性起来反对破碎时代中的实证因素。”[29]“为了对生活分裂所面临的危机做出自己的答复，黑格尔批判了自然与精神、感性与知性、知性与理性、理论理性与实践理性、判断力与想象力、自我与非我、有限与无限、知识与信仰等在哲学上的对峙。”[30]

然而，这正是黑格尔思维的特征，它是如此令人不安，难以接受。如果黑格尔宣称精神医治自身，那么我们可以认为他指的是，面对着恶，精神总可以做出反应，并实现对恶的克服。但是，黑格尔说的是一种更为极端、无法让人接受的主张：精神医治自身，**不留丝毫疤痕**。因为这一主张带来的结果就是：归根结底，我们可以（实际上，我们**必须**）证成恶（包括奥斯维辛所代表的恶）的实存。（稍后我们将看到，绝对地拒绝这一辩证运动，使得列维纳斯认为，“奥斯维辛之后”的恶的问题就是出现在“神义论终结”[31]之后的问题。）对于善恶之间这一辩证的**和解**，存在着一种持续的批判活动，这一活动从黑格尔的同时代人谢林开始，经尼采与弗洛伊德，并在阿伦特、约纳斯和列维纳斯这些思想家那里达到顶点。[32]

精神真的能得到医治而不留丝毫疤痕吗？这一问题并没有消失，哪怕我们像某些黑格尔左派所建议的那样，认为无论黑格尔在什么地
72 方说到“精神”，我们都应该用人性这一术语来替换它。因为可以用不同的语体来提出同一个问题。在人性的渐进发展中，所有的恶当真都得到了扬弃（或者都可以得到扬弃）吗？黑格尔总是在强调决裂、分裂和断裂。他充分地意识到，在个体生活和集体生活中，这些活动会带来多少暴力和痛苦。但是，尽管他坚持这些“断裂”的活动，不过他也总在告诉我们，这些“断裂”只是一个宏大的辩证进程的一些“环节”或者阶段，在这一进程中，扬弃一直都在发挥着作用。但这是真的吗？暴力性的断裂和抵抗性的分裂如此极端、如此激进，难道它们不会抵制扬弃吗？奥斯维辛，作为20世纪最极端、最激进的恶的典型，使我们不得不对黑格尔提出这一反对的意见。如果将奥斯维辛诠释为精神或人性的辩证实现过程中的一个必要环节，那么在这一思考中，就会有某种空洞的东西，某种污秽的东西。在这里，我们确实面临着辩证思想的**限度**。这里的恶断然**抵制**任何一种黑格尔式的理解与和解。威廉·德斯蒙德

阐述了这一点，他说："在作为生活的恶的实在性与作为思想的恶的概念之间存在着一道**鸿沟**。在人们所遭受的或所施行的恶与人们为阐明理性必然性所言说的恶之间是一种**比例失调**的关系。在这里，存在与思想是不同一的——尽管哲学之父巴门尼德说过思维（noein）与存在（esti）是同一的，尽管普罗提诺及包括黑格尔在内的其他哲学家再次申明了这一同一性。在存在与理解之间有一种非辩证的差别。"[33]

我所提出的这一问题触及了黑格尔哲学的核心。这一问题并没有局限于黑格尔对善恶辩证法的理解——好像它是从其哲学的其余部分分离和提取出来的。黑格尔对于从有限经过虚假的无限到真实的无限这一辩证运动的理解，塑造了他探究恶的问题的全部方法。为把握这一辩证的运动，我们必须理解（与接受）黑格尔所作的论述，其论述的内容包括：抽象的否定和确定的否定的差别，有限和真实的无限的同一，以及真理即整体的主张。因此，针对善恶辩证法提出批判性问题，就是针对黑格尔哲学最基本的区分与主题提出批判性问题。[34]

黑格尔反对黑格尔

我们再也无法接受黑格尔关于善恶所作的辩证论述了。我们所经历的那些深渊、断裂与破裂深不可测，难以跨越，因而我们不可能相信扬弃与和解，而这对于黑格尔来说是一个基本模式。但我也认为，我们要警惕，不要完全拒绝黑格尔。黑格尔那里有极为重要的东西可以供 73
我们挪用。有时，为了提出仍然具有生命力、仍然具有相关性的内容，我们不得不**同**一位**反对**自身的哲学家一起思考。在某种意义上，黑格尔处于一个传统的尽头，在这一传统中，一个根本性的冲动就是要提供一种关于恶的论述，以使得恶能够同善达成和解，而在宗教意义上，这意味着协调恶与仁被万有的上帝的实存之间的关系。关于恶的难题，黑格尔提供了一种具有鲜明原创性的解决办法。然而他也坚持认为，在这一辩证运动的进程中，恶发生了形态的转变。尽管他的解决办法是原创的，但他仍然（像他自己所断定的那样）把它纳入了传统的神义论方案。他所关注的仍然是为恶的实存作证成，为此他要表明的是：人的有限性总是已经暗含着真实的无限性，而恶如何变成了这一无限性实现过程中的一个必然的辩证环节。

但有另一种阅读与挪用黑格尔的方式。我们必须认识到，对于黑格尔来说，恶不单单是或不完全是一个宗教的议题。恶在道德、伦理和政治中均有展现。我们经历了断裂、决裂和分裂，它们包含了人类生活一切方面的恶。实际存在的具体的恶总是向我们发出挑战。黑格尔拒绝将这些分裂活动本体化或具体化。无论谁说恶是根本性的、是不可根除的，以至于不存在克服恶的可能性，他都拒绝加以赞同。像许多人所曾经做过的一样，我们可以这样来读解黑格尔：他为我们设定的任务（task/Aufgabe）是，与我们所遭逢的恶相对峙，在我们所发展出的伦理与政治制度中，努力以抽象而复具体的方式来对恶加以克服。黑格尔本人从不认为，恶可以被完全消除。相反，恶总是会以新的面貌和新的形式突然出现。甚至认为我们可以抵达那个使得谈论恶的消除具有意义的历史阶段，都是一种具有乌托邦（取其贬义）性质的看法；但如果拒绝按照恶所呈现出的样子来接受恶，拒绝用一种使我们在恶面前无能为力的方式来把恶具体化，这就是一种很有意义的、黑格尔主义的做法。我充分认识到，谈论这项与恶对峙的任务，其所使用的方式和黑格尔的明确陈述未必总是协调一致。[35] 我在上文说我们必须同反对黑格尔的黑格尔一起思考，所表达的就是这个意思。黑格尔本人总是强调人与恶相遭遇时的斗争，而斗争是我们的历史情境最为深刻的特征。

如果我们以与黑格尔相违的方式来阅读黑格尔，那么，谈论这项克服具体恶行的任务就是很有意义的，即便我们认识到，这一任务不可能有什么结果。这不单是一个抽象的“应当”问题，它还要求社会与政治
74 制度发生具体的转型。黑格尔把我们的精神路径描述为一条“绝望的

道路”，但是，如果绝望的起因在于面对恶时的无所作为和无能为力，如果绝望的起因在于不能奋力去克服具有多重面貌的恶，黑格尔劝告我们要反对这一绝望。

瓦尔特·本雅明和西奥多·阿多诺使用过“星丛”（constellation）和“力场”（force field）的隐喻[36]，在别一个上下文里，我曾指出，我们应该用这两个隐喻来替换黑格尔的宏大隐喻“扬弃”——这是他用来协调决裂与断裂的主要概念。最高形态的扬弃观念规定了达到统一、和谐、整合、整体与总体所需付出的代价，而这些替代者则挑战了这一观念。进步目的论和神圣天意所构成的强有力潜流预示并塑造了黑格尔的哲学，而这些替代者则对这一潜流提出了质疑。这些替代者表明，我们要认识到，有一些断裂与恶不可能被克服，不可能被和解（我们也不可能允许自己与它们达成和解）。我们必须抵制阿多诺透彻描述过的那种牵强附会的和解。有一些伤口留下了**永久的**疤痕。有一些恶不可能被扬弃。我们即刻就可看出各种恶以怎样的方式迸发出不断翻新的花样，同时，我们可以奋力打击这些恶行，并对它们加以克服。不管我们说的是精神的语言，还是人性的语言，这都是一项最真切地界定了我们精神旅程的任务——也就是说，这是我们真实人性的实现。 75

第三章
谢林:恶的形而上学

哪里没有斗争,哪里也就没有生命。

——《论人的自由》

在探究康德的根本恶概念的过程中,我注意到,康德的道德哲学中有一种(未被解决的)紧张关系,尤其是在他对如下问题的理解方面:在恶的准则的采用之中,自由发挥了怎样的作用?根据康德的说法,一旦我们遵循道德法则,一旦我们执行定言律令的要求,一旦我们采用善的准则(与客观道德法则相一致的准则)并按此准则行动,我们就真实地、真正地是自由的。虽然我们不能获得自由的理论知识,但我们能够也**必须**假定人是自由的。作为自发性的自由,是一种"无时间性的"因果律,不可将它等同于自然的(时间性的)因果律。这是康德的正式立场,是他的道德哲学的主要遗产。但这并不是(也不可能是)事情的全部。如果自由仅仅在于为我们自身提供道德法则,我们将无法解释这种可能性(和现实性):我们并非总是做我们应该做的事。康德怀着特有的智性诚实,试图在引入意志(Wille)/意力之分时直接面对这一问题。自由至少有两个不同的、重要的含义,这必须加以区别:第一是我们将道德法则给予自身,执行**意志**(Wille)规范提出的要求时所获得的自由；第二是选择（意力）遵循（或不遵循）道德法则提出的要求的自由。意愿能力的这两个方面相互依存，互为前提。没有在善恶准则之间进 76
行选择的能力，就没有道德——确切地说，就没有道德的可能性。但如果我们的选择是简单任意的，如果我们不承认有一种我们应该遵循的普遍规范，就也不会有任何道德。虽然善恶准则之间的差异取决于我们在自己的准则中置于优先地位的是道德诱因还是非道德诱因，但我们在选择何种准则方面是自由的——完全自由的。这并不意味着我们无所偏向。在采用善的准则方面，对道德法则的尊重是一个**充分的**、合理的诱因。我们能够认识意志（Wille）的要求所具有的规范权力，我们能够自由地选择（意力）遵循道德法则。

引入根本恶概念，意在帮助说明为什么我们并非总是做我们应该做的事。人本性是恶的。这就是康德所说的“恶的心灵”，人类先天固有的一种采取恶的准则的品性。我们对这一品性负有责任。在康德的理解中，向恶的品性是“意力的主观决定性根据”，是“对自由的运用”（*Rel.*26）。但我们可以抵制这种品性，即便它被织入了人性之锦。如果我们逼问康德，追问为什么有些人一贯选择善的准则，而另一些人选择恶的准则，为什么有些人在道德上变成了善的，而另一些人变成了恶的，他会告诉我们这（根本上）是“不可探究的”。作为理智的道德行动者，我们能够根据原则行动；但是，康德越是强调我们有无条件的选择善恶准则的能力，为什么有些人变成了善的，而另一些人变成了恶的这一问题就越变得不可探究。

在康德的直接继承者中，最为深刻地把握了康德的思想运动的哲学家是谢林。[1] 谢林宣布“实在而有生命的自由概念在于它是善和恶的一种可能”（*HF* 26；25），他坚信为了理解人类自由的本质，我们必须直面“恶的问题”。谢林于1809年发表的关于自由的论著特别发人深思，他断定我们必须承认“恶的现实”（*HF* 26；25）。谢林背离了西方哲学与神学中占主导地位的传统，这一传统否认恶的现实，宣称恶缺少肯定的本体论地位，认为恶是存在的匮乏或善的匮乏。这一趋向可以追溯至柏拉图，在莱布尼茨那里达到顶点，而在康德和黑格尔那里，仍可以发现这一传统的痕迹。对于这一传统，谢林不仅拒绝继承，而且加以嘲弄，他用极不寻常的方式详述了这一必然会面临的困境。

> 这是关于自由的整个学说中最深刻的困难之点。这种困难
> 77 向来都已感觉到，它并非只是涉及这一或那一体系，而是或多或少地涉及一切体系，而最使人注意的当然是它涉及关于自在的概念。因为，要么我们得承认一种现实的恶，而这样一来就不免把恶也一起归入无限实体或原意志本身，由此一种最完善存在物的概念也就完全遭到破坏；要么我们必须以某一方式来否认恶的现实，但这样做关于自由的实在概念也就同时消逝。（*HF* 26；25）[2]

在关于谢林的《论人的自由》的讲座中，海德格尔帮助区别了自由的若干概念。前五个概念和康德极为接近："（1）自由作为自我开始的能力；（2）自由作为非束缚性，为脱离某种东西的自由（否定性的自由）；（3）自由作为维系自身于某种东西，规定性的自由，为倾向某种东西的自由（肯定性的自由）；（4）自由作为对感性的统治（非真正的自由）；（5）自由作为从自己本质法则出发进行自我规定（真正的自由），自由的形式性概念；**自由的形式性概念包含着一切前述的规定于自身**。"（*ST* 88；104）在自由的第六和第七个概念（尤其这是谢林所诠释的概念）中，我们发现了他的卓著贡献及对于康德的超越：（6）"人的自由是善和恶的能力"（*ST* 97；117），以及最后（7）"如果自由作为恶的能力必须有一独立于上帝的根源，而另一方面上帝本身仍是诸存在者的唯一一个根源，那么恶的这一独立于上帝的根据就只能在上帝之内。在上帝之内肯定有某种上帝自身所不'是'的东西。上帝必须更本原地加以设想。"（*ST* 103；124）这最后一个概念错综复杂而又晦涩

难解。我的研究就以廓清它的意思为指向。

实在恶与具体的自由具有密不可分的联系。如果我们否认恶的现实,那么我们就不得不否认自由的现实。谢林阐发了这一康德式命题:自由是一切哲学最为根本的原则。但是自由必然伴有恶的现实。因此我们可以将谢林关于自由的论著同时描述为“恶的形而上学”(*ST* 98;118)。就像海德格尔所表述的那样,恶是“人的自由存在的一种方式”(*ST* 106;128)。看来我们不得不得出一个基督徒不能接受的结论,将恶的现实归于“无限的实体”——亦即归于上帝。这是一个几乎所有的神义论——从圣奥古斯丁到莱布尼茨——都努力避免的结论。这也是恶被视为“非实在”的首要理由。[3]

在探讨谢林用于处理这一问题的高度原创性的方式之前,我们必须简短交待一下谢林与黑格尔之间复杂的个人关系与哲学关系。具体事实是相当清楚的。年轻的时候,谢林和黑格尔是关系密切的私人朋友和学术同伴。谢林比黑格尔年轻五岁。15 岁时他就被图宾根大学录 78
取,和黑格尔、荷尔德林同住一个宿舍。1798 年,在 23 岁时,谢林被召去耶拿大学任教授,而在 1801 年,由于谢林的大力支持,黑格尔成为耶拿的编外讲师。在这一早期阶段,谢林和黑格尔共同编辑了一份哲学期刊。谢林和黑格尔的亲密关系保持到 1807 年黑格尔《精神现象学》的出版,在这本书中,黑格尔隐晦而尖锐地批判了谢林的“绝对”概念。后来,特别是在黑格尔的名声超过了谢林之后,谢林开始攻击黑格尔,指责黑格尔窃取了自己的思想。黑格尔 1831 年去世,10 年之后出现了最为反讽的一幕,谢林受命担任了黑格尔在柏林大学的教授席位。在其哲学生涯的这最后一个阶段(那时,克尔凯郭尔和青年黑格尔派的一些成员都听过他的演讲),谢林批判了黑格尔的“否定哲学”,争辩说应该代之以自己的“肯定哲学”。

其后的历史对待谢林很不公平。部分上是因为谢林的哲学立场似乎一直在改变。谢林的研究者曾无数次地争论说有“多少个”谢林,或者说他经历过多少个“发展阶段”。[4] 此外，他一些关于神智论和自然哲学的狂热的、思辨性的思想似乎不再值得报以严肃的哲学兴趣。谢林曾主要被视为德国观念论发展的过渡人物，是被黑格尔所逾越的过渡人物。这是黑格尔看待谢林的方式，而直到现在，它还是一个盛行的正统观点。但有迹象表明，这种否定性的评价正在开始改变。海德格尔在 1936 年的讲座中毫不犹豫地指出了谢林的论著在哲学上的重要性。他说：“谢林是德国哲学这一整个时代真正具有创造性和跨越最宽的思想家。在这一点上他是**如此有成**，以致他从内部推动德国观念论超出其固有的基本态势。”（*ST* 4；4）几位德国观念论的研究者，包括迪特·亨利希和曼弗雷德·弗兰克，都已证明谢林是一个原创性的思想家，他的深刻见解预言了近来在关于后结构主义和后现代性的争论中居于核心的问题。甚至有迹象显示，新近这种对谢林的赞赏正在产生更为广阔的国际学术影响。[5] 对这一“新”谢林的重新发现与我自己对黑格尔的善恶论述的批评直接相关。我已证明，黑格尔对恶的论述基于他对一个辩证过程的理解，即从有限经过虚假的无限到真实的无限的过程，借此实现了对于恶的扬弃。只要我们探问这个辩证的运动，只要我们批判黑格尔对于规定的否定及扬弃的概念的理解，我们就将质疑他对于
79 恶的理解。而这些论题在谢林晚年对于黑格尔“否定哲学”的批判中都处于中心地位。[6]

尽管关于谢林和黑格尔关系的争论迂回曲折，追踪这些变化将令人着迷，但为了阐明谢林向恶这一问题发起的挑战所具有的原创性及重大意义，我将只限于考查谢林 1809 年的论著。考虑到我将要提出的主要论点，我不会把谢林看作是通向黑格尔的过渡人物，而是视为在恶这一问题上**转变**了我们理解的过渡人物。从一个回顾性的视角来看，他终结了某种神义论的传统。这一传统主要关系到恶的“证成”，并致力于展现如何调和恶的实存与对上帝实存的宗教信仰之间的关系。而从一个前瞻性的视角看，谢林打破了这一传统，为新型的关于恶的若干

心理学议题廓清了道路——这些议题是尼采和弗洛伊德的中心议题。

实在恶

让我们回到谢林对于粉饰“实在恶”的尝试的批判。这些尝试想要调和基督教上帝的实存与恶之间关系——力图表明恶是非实在的,是善的匮乏,或者可以说,是扩大的善的一个环节或一个方面,谢林以不无争议的才能与手段将这些尝试贯穿在了一起。他对一切“衰颓的、将上帝作为纯粹行动(actus purissimus)的概念和新近哲学提出的类似观念”(*HF* 30;28)都持批判的态度。我们可能会认定,在上帝那里是不会发现恶的根源的,谢林则揭露了这一思想的谬误。圣奥古斯丁宣称上帝给了人类自由意志的天赋,但上帝不为人对这一天赋的误用负责,像这样的主张在谢林看来是一种“搪塞之辞”;因为它不承认真正的“自由是一种向恶的权力”(*HF* 28;27)。对于摩尼教,谢林也持批判的态度,事实上,对于善恶这两种本原力量的任何一种形而上学的、二元论的概念,谢林都是如此。“人们可能被诱惑而投入二元论的怀抱。但是这一体系如真被看作是有关两种绝对不同和相互独立的原则的学说,那它便是一种理性自我分裂和绝望的体系。”(*HF* 28;27)对于从圣奥古斯丁到黑格尔那一系的基督教神学家和哲学家,谢林持赞同的态度,他们不仅都曾驳斥摩尼教,而且都曾因恐惧而从摩尼教退出。此外,谢林断定:

> 即使人们希望不仅取消世界上的存在物和上帝的同一性,且也取消它们与上帝的任何关联,即使人们希望把这些存在物当前 80
> 的实存,并从而也把世界的实存视为对上帝的背离,困难也只是向后推延了一点,但却不会被取消。**因为为了能从上帝中流溢出来,事物必定就已经以某种方式存在于上帝那里了。**(*HF* 28—29;

27，强调字体为笔者所加）

谢林似乎正在驱使自己（和我们）陷入一种不可能的困境。他告诉我们，人类是自由的，自由是"善与恶的可能性"。而且，恶是实在的，不能因为把它解释成缺陷或匮乏就把它打发了。在寻求恶的起源时，我们不能诉诸形而上学的善恶二元论。看来我们无可避免地要得出这一结论：恶的根源就是一切存在的根源——上帝。但是，如果上帝真的仁被万物，如果他是善的标准与根源，那么，（不作任何进一步的限定而）断定他是恶的根源，就是一个亵渎神灵的矛盾。一个仁慈的、博爱的上帝怎么可能是恶的现实的**起源**呢？可是，我们怎么说明恶与人类自由的起源呢？这是谢林在关于自由的论著中所讨论的基本问题。海德格尔为谢林所遇到的困难提供了一个充分的陈述。"但是，如果自由作为恶的能力必须有一独立于上帝的根源，而另一方面上帝本身仍是诸存在者的唯一一个根源，那么恶的这一独立于上帝的根据就只能在上帝之内。在上帝之内肯定有某种上帝自身所不'是'的东西。上帝必须更本原地加以设想。"（*ST* 103；124）让我们跟随谢林思想的运动来尽力解决这一问题。由于谢林断定，在任何一种哲学的系统概念中，自由都处在中心位置，因此我在重构他的研问途径时不得不沿着众多的小路前进。我想展示的是谢林是如何富有洞见，他如何带领着我们超越了康德与黑格尔。

为了确定我们的考察方向，我需要提醒读者注意以下两点。谢林论著的标题说到"人类自由的本质"。但谢林并没有把注意力仅仅集中于人的自由。首先，谢林试图在一个更普泛的意义上理解自由，试图查明它同其他的存在（包括上帝）是什么关系。只有在这个更大的形而上学语境内，我们才能理解人的自由有什么特出之处。第二点关系到德国观念论的语言（也关系到谢林对于这种语言的挪用以及超越这种语言的尝试）。不仅观念论的词汇（"绝对"、"根据"、"精神"等等）同我们保持着遥远的距离,而且我们也已对它表示深深的怀疑。此外,我们现在把自然哲学视为自然科学的哲学专有领域,而观念论的自然哲学(Naturphilosophie)理念则与此不同,我们可能会觉得这是一种过时的“浪漫主义”观念,理应将它舍弃而不是严肃对待。因此,人们不假思索 81
地摒弃了谢林的思考,说它含糊、陈旧、怪诞,同当代“严肃的”哲学探究毫不相干。我并没有低估在他的思想与语言中遇到的那些实际困难,但我认为,这样一种摒弃的态度是一个严重的错误;因为就我们对于自由、责任与恶的反思来说,可以向谢林学习的东西还有很多。为了理解他说了什么以及为什么这样说,对他的研究要在阐释上保持大度和敏感。对于其主张的有效性,(至少在一开始)我们必须肯于悬置或者推迟判断。

到目前为止,对于谢林的“恶”和“自由”的含义,我们只有粗略和抽象的了解。我们甚至不清楚他说的恶的“现实”是什么意思。当我们期待他应对“关于自由的整个学说中最深刻的困难”所提出的挑战时,他却致力于那些貌似无关宏旨的东西。他告诉我们,对自由与恶的充分论述,必须基于“真正的自然哲学的基本原则”(*HF* 31;29)。在一段既隐晦同时又极端抽象的言论中,谢林宣布:“我们时代的自然哲学首先在科学中区分了实存着的存在和单纯作为实存根据的存在。”(*HF* 31;29—30)为什么谢林在其论著的这一点上引入了“自然哲学”?这句含糊的陈述又是什么意思?

在前言中,谢林谈到,自然与精神的区分在德国观念论中发挥了显著作用,而这一区分可以追溯到康德,在他的二分法中,自然的现象王国和自由的本体王国是对立的两项。[7] 同康德诸多直接继承者一样,谢林深为不满并寻求克服这个二分法。他进而宣布:“整个欧洲现代哲学从其开始(通过笛卡尔)以来,具有这样一种共同的缺点,即自然对其来说是不存在的,并且也缺乏存活的基础。”(*HF* 30;28—29)谢林认为,康德(特别是他的《纯粹理性批判》)提出了一个极为不充分的自然概念，它是一个僵死的机械系统，不具备任何一种生命原则或精神原则。和其他德国观念论者（包括黑格尔）一样，谢林思考的根本动力是努力克服二元论——不管是本体论的二元论、形而上学的二元论，还是认识论的二元论。他赞成一个更为丰富、更有活力，也更为有机的自然概念——这一概念脱离了康德在《判断力批判》（*Critique of Judgement*）中提出的一些主张。谢林试图发展一种**分化的**一神论，最终使得在自
82 然与精神之间没有界线。这种分化的一神论，也可以被描述为充实化的非还原自然主义，或者具体化的观念论。[8] 谢林将这一更高的体系，这一更高的统一性称为“更高的现实主义”。这就是他在其论著的开头讨论泛神论的缘由。在 18 世纪晚期和 19 世纪早期，一场关于泛神论的激烈论战席卷德国，人们纷纷争辩泛神论意味着什么又带来了什么，以及谁是和谁不是泛神论者。几乎这个时代的每一位哲学家都感到不得不在相关议题上采取一个立场。谢林意欲表明，有一种诠释泛神论的方法（正确的方法），它不仅可同自由共存，而且自由正是它的**要求**。简言之，泛神论（被正确理解的泛神论）是公平对待自然与自由、实体与主体的体系性哲学。[9]

根据与实存

但是，关于谢林的自然哲学、他的“更高的现实主义”的这段题外话，能给我们提供怎样的帮助，以理解上文引用的那句隐晦言论呢？他在这一言论中区分了根据与实存。我们必须记住，尽管谢林谨防有任何本体论或形而上学二元论的迹象，但他仍然主张，我们必须做一些重要的区分（这一区分不能被固化）。根据（ground/Grund）与实存（existence/Existenz）在存在（Being/Wesen）中是首要的、本质性的区分。[10] 自然哲学已经确立了这一区分的重要性和普遍性。谢林将这一区分应用于上帝的存在。“因为没有什么东西是在上帝之前或上帝之外，所以

上帝必须在他自身之内具有他的实存的根据。……就上帝实存着而言,上帝在自身内具有的他的实存根据,并不是被视为绝对的上帝”(*HF* 32;30)。那么我们如何理解根据与实存这一区分呢?为阐明根据与实存的关系,谢林提供了下面这个类比,在此,我们获得了我们的第一条重大线索(也明白了谢林为什么要引入对自然哲学的讨论)。

> 这一关系可以通过自然界中重力与光的关系进行类比来加以说明。重力作为光的永恒黑暗的基础先于光出现,这一基础本身并非**现实的**,当光(作为确实实存着的东西)显现出来,它就逃隐于黑夜之中。甚至光也不能完全解开重力密存于内的印封。……至于(重力相对于光的)这种居先性,既不能认为这是时间上的居先,也不能认为这是本质的优先。在万物从中生成的那一循环中,说生育了唯一者的东西转过来又通过唯一者产生,这并不矛盾。
> 在这里没有最初者也没有最终者,因为一切都互相蕴涵,没有什么 83
> 东西是“他者”,但是没有他者也就什么都不存在。上帝依于其实存的内在根据而具有自身,由此看来,就上帝的实存而言,这一根据先于上帝;但同样,上帝又先于这一根据,因为如果上帝不是现实地实存着,则这一根据就其本身而论也不可能存在。(*HF* 32—33;31)

我们可以欣赏这里的类比而不赞成谢林的“动态物理学”。尽管没有光就没有重力,没有重力就没有光,然而我们能够在它们之间做一个区分。而且,重力与光之间的区分不是一个“单纯的”概念性区分。重力被认为是“永恒黑暗的基础”,是现实地实存着的光的根据。因此,关于上帝,我们可以将其存在的根据同他现实的实存区别开来(尽管我们承认在上帝那里它们本质上是一个**统一体**)。这里所勾勒的重力与光之间的类比,对于澄清根据与实存的意义及关系来说,是一个初步的、预备性的步骤。谢林本人也意识到这一点。事实上，为了确切说明自己的意思，他的解说就是通过提供其他的类比和隐喻来推进的。[11]

如果我们想使这一存在者（上帝）"从人的观点来说离我们更近一些，我们可以说"：

> 那是永恒的一感到的生育它自身的渴望。这种渴望并不是永恒的一，但还是和永恒的一同样永恒。这一渴望意欲生育上帝，即这种深不可测的统一性，但是在这种情形下它自己本身内还没有这一统一性。因此自为地看来它也是意志：却是其自身内不存在知性的意志，因而也不是独立的和完善的意志，因为知性才真正是意志中的意志。……我们谈的是自在而自为地加以观察的渴望的本质，这一本质必须很好地加以注意，虽然它早已为一种从它之中生出的更高的原则所淹没，虽然我们不能在知觉上而只能在精神上把握它，亦即用我们的思想来把握它。（*HF* 34；32）[12]

一旦我们认识到，谢林将一个本体论的"双重原则"孤立了出来，这一原则在他看来处于一切存在者（包括上帝、人类及整个自然）的中心，那么，最初听起来奇怪和怪诞的东西就变得更易理解，也更为生动。谢林的双重原则和尼采的双重原则（狄俄尼索斯原则和阿波罗原则）具有一些相似性。而当谢林写道，"正如我们现在看到的，这个世界一切都是规则、秩序和形式：但无规则的东西存在于深处，仿佛它有一天还能再次进行突破，而且似乎没有一个地方的秩序和形式像是起源性的东西，似乎最初无规则的东西都已被纳入秩序之中。"（*HF* 34；32）在
84 除上帝以外的存在者中，光明、秩序和形式的原则永远无法完全主宰或征服无规则的东西。

我们可以看到，谢林不仅同尼采有相似性，同弗洛伊德也有密切关系。正是从这种"原初性的渴望"之中，从渴望的这种无意识源泉之中，

浮现出了意识和理智。“人是在母亲的子宫中形成的；只有从无理性的黑暗之中（从感觉之中，从渴望，即崇高的知性之母中）才能生长出清明的思想。”（*HF* 35；33）为了谢林的“双重原则”，我们也可以退回到古典思想。在描述这种原初性的渴望时，谢林明确引用了柏拉图：“这种原初性的渴望依据预感运动，好像一片波涛沸腾的海洋，形同柏拉图讲的‘物质’，遵循晦暗的、不确定的法则，而不能形成某种持久性的东西。”（*HF* 35；33）

回到谢林将这一双重原则应用于上帝的地方，他写道：“在真实意义上，理性是从非理性的东西中生出的。没有这种前行的昏暗，也就不存在被造物的实在；黑暗是被造物必要的遗传部分。唯有上帝（实存者本身）寓于纯粹的光明之中；因为唯有他是生自自身的。”（*HF* 34；32）那么，上帝就是一个根据与实存的统一体；唯有他是生自自身的存在者。在快要结束他的探讨时，谢林明确提出了证成引入这一关键区分的问题。

> 在这里我们终于踏上整个探讨的最高点。好久以来我们就已听到发问说：在作为根据的存在与实存着的存在之间的这种初始的区分到底用处何在？因为情况是，或者对于两者来说，不存在共同的根据——结果我们必须表示拥护绝对的二元论；或者存在这样一个共同的根据——从而两者在最后分析中又一致起来。这样相对于一切的对立，我们得到的就是单独一个存在，就是光明与黑暗、善与恶以及所有不相一致的结果的绝对同一性，这些不相一致的结果必然会降临于每一个智性体系，而这些体系也早已被指控有这样的结果。（*HF* 87；77—78）

谢林的睿智体现在他微妙的体系平衡。在他“更高的现实主义”中，谢林试图避免两个极端：绝对的二元论和无分化的同质一元论。人的自由是一种善与恶的权力，谢林的**中间道路**对于理解这一自由是重要的。他不但想避免出现绝对的善恶二元性（他就是这样理解摩尼教的）的后果，而且想避免那些通过否认恶的现实而调和善恶的伪解决方案。谢林认识到，其体系的可理解性要求“在一切根据**之前**及在一切实存之前，亦即在一切根本的二元性之前，必然有一个存在”。他将这个存在称为“原初性的根据”，或者“非根据”（groundless/Ungrund）。“由于这
85 一存在先于一切对立，因此这些对立不可能以可区别形态存在于它之内，或者说根本不能以任何方式得到呈现。”（*HF* 87；77—78）这就是他所说的“无差别”（indifference/Indifferenz）。“无差别不是各对立面的一种产物，各对立面也并非内在地包含于无差别之内，相反，无差别是一种独特的存在，它脱离了所有的对立面，而一切区分也在这一存在中解体。它不是别的，正是这些对立面的非存在，因此，如果它不是无有或者非实体，那么，除了缺少谓语之外它就没有谓语了。”（*HF* 87；78）“因此从既非—亦非（neither-nor）之中，或者从无差别之中，二元性直接迸发了出来（二元性是某种完全不同于对立的东西……），**没有**无差别，也就是**没有**非根据，也就不会存在那些原则的二重性了。”（*HF* 88；78）[13]

上帝的存在是不可消解的。因此，在上帝那里有一个根据与实存的统一体。然而，我们仍可以说，上帝实存的根据“先于”他现实的实存。海德格尔阐释了这一难点：

> 上帝**作为实存的一是绝对的**上帝，或者说是作为他自身的上帝——简言之，即上帝—自身。被看作其实存根据的上帝，还不“是”真正作为他**自身**的上帝。但上帝仍“是”他的根据。根据诚然是某种与上帝相异的东西，但并不是“外在于”上帝的东西。上帝之内的根据指的是，在上帝之内，上帝自身不“是”真实的自身，而是**取得**其自我的根据。（*ST* 109—110；131）

在这一点上,一个读者(即使他心怀同情)可能要因绝望而放弃。谢林所引入的根据与实存的区分似乎是一个痛苦的区分。读者会感到,谢林的平衡之举和海德格尔的评论都是很好的例证,它们说明了为什么卡尔纳普和别的逻辑实证主义者对于这种形而上学的思辨置之不顾,并宣称这种思辨不仅是虚假的,而且是无意义的。然而,稍有些想象力,我相信我们就可以把握谢林的主题(尽管我们要质疑这一主题的有效性)。虽然谢林认定上帝(作为绝对者)是一个统一体,这并不意味着我们不能将上帝的存在区别为不同的面向。从根本上说,神学传统(尤其是基督教神学传统)一直都是这种情况,它也区别上帝的属性,维护上帝存在的绝对统一性。甚至无神论者区分所谓上帝的不同属性或面向也没有困难,虽然他们否认上帝的实存。在上帝那里,他的根据(黑暗原则)经过他的实存(光明原则)的转化而变成了他现实的实存。我们甚至可以将这一区分同上帝的自我启示联系起来。作为"单纯的"根据,上帝"尚未"启示自身。但当上帝启示自身的时候,那时也只有那时,上帝就实存于他的充分现实性之中。[14] 我们还可以更进一步,从而把握上帝与人类之间相互依存的关系。上帝因为他自己的自我启示 86
而需要人类。海德格尔阐述了谢林所表达的意思:

> 因此,必须有这样一种东西,它尽管从上帝的最内在中心产生,以它的方式作为精神,但在所有这一切中它还是与上帝分离,还是保持为一种个体性的东西。而这一存在者就是人类。人必须存在,以便上帝能被启示出来。没有人,上帝是什么呢?绝对无聊的绝对形式。没有上帝,人是什么呢?无害形式中的纯粹疯狂。人必须存在以便上帝能够"实存"。根本地和一般地说来,这意味着:为了使作为实存着的精神的上帝成为可能,亦即为了使人成为可能,同存在的性质和上帝的性质相称的那些确定的条件必须得

> 到满足。但这也就是说，实存着的上帝进行启示的可能性条件同时也就是善与恶能力的可能性条件，亦即那种自由的条件，在这一自由中，并作为这一自由，人拥有了他的存在。指明恶的可能性意味着表明人何以必须存在，表明人存在这是何谓。依据这一切可以清晰地看出，恶的根据无非就是人类存在的根据。（*ST* 119；143）[15]

谢林背离了哲学与神学传统，根据这一传统，上帝被认为是完全自足的。但恰恰相反，为了启示自身，为了现实地实存，上帝需要他的创造物（特别是人类）。自我启示不是上帝的偶然特征，而是上帝的本质特征。这种构想上帝与被创造的人类之间关系的方式直接影响了谢林对于自由的理解。依据目前为止我们所做的阐述，似乎谢林的体系是“以上帝为中心的”。虽然这一说法是正确的，但是，除非加以适度的限定，否则就会产生误导的作用。因为人类处于上帝创造与启示的中心。人类不仅是上帝自我启示所需求的对象，而且他们负载着特定的责任重担。**只有**在人类那里，自由才变成善与恶的权力。“如果说在人那里，自我性与自我意志的黑暗原则是为光明所贯通的，是与之合为一体的，那么上帝作为永恒的爱或作为现实地实存的爱，便是人当中各种力量的纽带。但是，如果两种原则陷入纷争，那么另外一种精神就会占据上帝应在的位置。”（*HF* 68；61）这另外一种精神就是恶的精神，它只有在人类那里并通过人类才能行动。齐泽克强调指出，在这一意义上，谢林“以上帝为中心”的体系也是人类中心主义的体系。“谢林完全是‘人类中心主义的’：整个自然，宇宙本身被创造出来，就是为了充当人类伦
87 理斗争的背景，就是为了善恶之间的斗争。”[16] 人类需要上帝，但同样真实的说法是：上帝需要人类，人类承担着一种特殊的责任。[17] 我们现在可以预料，谢林对于根据与实存的统一性、黑暗原则与光明原则的统一性的反思，将如何使我们能够把握内在于人类自由的恶的现实。在上

帝那里发现的统一体在人类那里被打破了;作为存在之根据的黑暗的、无规则的原则战胜了光明原则。

自我意志与黑暗原则

为了厘清人性中恶的起源,我们需要继续讲述上帝的创造与启示。"创造的过程仅只在于将原本属于黑暗原则的东西内在地转变入或启示于光明之中。"(*HF* 38;35)但是这一"黑暗原则"在人类那里是如何展现的?"由于黑暗原则来自深处,并且是黑暗的,因此黑暗原则是被造物的**自我意志**,而由于自我意志还没有上升至同光明完全统一的程度,由于知性原则不能把握自我意志,而后者只是渴求或欲望,因此**自我意志**是一种**盲目的意志**。"(*HF* 38;35。强调字体为笔者所加)与康德的"自爱"相比,谢林的自我意志更加黑暗,更加无规则。这一乖戾的自我意志是人类身上恶的根源——是一种"与作为普遍意志的理性相对立"的自我意志。"这一最渊深的中心向着光明的提升,除了在人那里之外,并没有发生在任何我们可见的被造物身上。在人身上存有黑暗原则的全部权力,也存有光明原则的全部力量。"(*HF* 38;35)

我们对于人类身上恶的起源的叙述已抵达关键阶段。(在上帝创造的一切存在者中)只有人类能**分离**与**颠倒**上帝那里的不可消解之物——根据与实存的原则。"假如现在两个原则(光明与黑暗)的同一性在人那里正如在上帝那里一样是不可消解的,那就会没有什么差别了,即上帝作为精神就不会被启示出来了。因此在上帝那里不可消解的那种统一性在人那里必然是可消解的——而这就构成了善与恶的可能性。"(*HF* 39;36)在人类那里,**唯独**在人类那里,存在着两个意志(向善的意志和向恶的意志)的碰撞或冲突。"适如存在着一种向善的狂热,也存在着一种向恶的激情。"(*HF* 48;44)这是人类的特征,这也是人类自由的本质。[18] 尽管恶本身可以追溯至上帝之存在的根据,但它只有在被造物那里，尤其在人类那里才会出现。严格说来，在上帝那里不存在原则的二元性——而只有一种**潜在的**二元性，这种二元性在上
88 帝的创造物身上才展现出来。根据与实存、黑暗与光明变成了**原则**，而这只发生于它们彼此独立、相互分离的时刻。只有人类“能随意摧毁各种力量的永恒纽带”。谢林通过引证弗朗茨·巴德尔的主张有力地证明了这一论点，弗朗茨·巴德尔说：“如果人只能朽烂到动物性为止，那么情况还是可取的，但不幸的是人只能居于动物之上或动物之下。”（*HF* 49；45）

为了阐明谢林理解人类境况时的复杂与精妙，我想再讨论一下他最初显得模糊与费解的主张：“发自本性的深处，并使人与上帝分隔开来的原则，是人的自我性；但由于它同理想原则是统一的，它就变成了精神。”（*HF* 39；37）人类是自然存在者，但他们并不单纯是自然存在者。更准确地说（按照谢林的自然主义看法），人类也是展现了精神维度的自然存在者。恶不单是黑暗与光明这两个彼此独立的原则的颠倒。更确切地说，它是黑暗原则意识的（**精神的**）提升，以至超过了对于光明原则的意识。如海德格尔所说：“只有在精神中，只有在被造物的精神中，恶才获得其真实的、本质的现实，而被造物作为自我性，能够置身于离上帝最远的位置，置身于反对上帝的位置，它可以要求拥有整个自为的存在。”（*ST* 177；214—215）[19] 也如齐泽克所说：“这种‘唯我主义的’精神倒错内在于现实地实存着的精神这一观念，它形成了谢林恶的概念的核心，而谢林是通过将康德在《宗教》中的‘根本恶’观念激进化得出自己的恶的概念的。”[20]“当人作为自我意识出现的时候，他认定自己是一个自我中心的存在者，作为主体，他使其他一切实体都沦为他自我确证的媒介，沦为可以被挪用与利用的单纯客体。”[21]

在继续讨论之前，让我们暂停一下，以便反思谢林对恶与众不同的理解。谢林能够肯定对于基督教神义论来说似乎永远都不可接受的东西。上帝“是”恶的现实的起源。但他只在一个非常特殊的意义上才

是这一起源。是上帝存在的根据,是潜在地要独立的黑暗原则,**生成**了人类之中恶的起源。这一状况发生于这一时刻,其时,人类作为有意识的精神存在,通过自我意志的自由行为提升了黑暗原则,大肆颠倒了上帝那里统一的、不可消解的东西。因此,并非上帝之中**本有的**恶的东西生成了人类恶的根源。故而我先前才表示:传统神义论力求否定恶的现实,尽管谢林不无争议地抨击了神义论,但他并没有摆脱神义论的幽灵。因为他也认定:"万物的第一原因本身永远不可能是恶的。"(*HF* 51;47)

我们现在可以指出谢林所用的一些方法,他借此突出了恶的诸种特征,对于这些特征,康德或黑格尔要么予以忽视,要么不作充分强调。在康德提出的根本恶概念上,谢林要比康德更为激进。因为谢林能厘清这种能动的向恶品性所具有的深度和权力。 89

> 这样就存在一种**普遍的**恶,即便从一开始它并不是能动的,它却通过根据的反作用而出现在上帝的启示中;虽然它事实上永远也不会达到实现,但它还是不断为实现而努力。只有在认识了恶的普遍特性之后,也才有可能理解人所具有的善与恶。(*HF* 58;52)

我们可能也意识到了谢林的自然哲学如何关系着他对于人类本性中恶的描绘。尽管康德在努力弥合自然因果律与自由之间的鸿沟,但他永远都不会认为在自然与自由之间存在着连续性。他未能解释清楚所谓向恶的品性如何会对我们有一个强有力的**因果性**影响。但在谢林这里没有这样的鸿沟;在自然与精神之间,或在因果必然性与自由之间没有鸿沟。回想一下,在其论著的前言里,谢林宣称"(自然与精神之间的)这种古老对立的根子已经拔除","可以充满信心地将树立更为正确的见解一事,交付给通往更好理解的普遍进步过程"(*HF* 3;4)。关于恶的权力，谢林描绘了一种更为不祥的感觉——这种权力从来没有被完全掌控过，它总是能够因不断更新的活力而爆发。

虽然谢林的《论人的自由》的出版，远在他详细而明确地批判黑格尔之前，但我们可以从中探测出是怎样的缘由使他反对黑格尔。黑暗原则永远不可能被完全掌控，也永远不可能被完全扬弃。谢林拒斥“医治精神的创伤，不留丝毫疤痕”这一观念。与黑格尔相反，他坚持，恰恰因为人是有自我意识的**精神**存在，恶才实存；当人作为一个有自我意志的精神存在，**颠倒**了根据与实存的原则，恶就变成实在的了。只有一个精神存在才能完成这一点。谢林对于隐喻和类比的运用常常极具启发性。我们获得对于恶的权力的生动感受，是在他这样去描写的时候：一个人经历恶的诱惑，就仿佛“头晕目眩地站在崇山峻岭之巅，隐约听到一种神秘的声音向他发出跳下的呼唤，或者就像在古代传说中，塞壬女妖从海底唱出不可抗拒的歌声，吸引经过她们的水手沉入漩涡之中”（*HF* 59；53）。

即使**违背**了自然的倾向，倒错的自我意志仍可能会根据恶的原则行动。对此，齐泽克给予了很好的阐发，他写道：“恶并不是由有限性本
90 身所造成的，不是由它相对于无限上帝而言的缺陷造成的——只有在一个再次重返于无限者身边的有限被造物身上，亦即，人**作为**有限却自由的存在者，只有当在他那里重建起有限和无限的统一体的时候，恶才会出现。由之，恶的难题就可能被重新表述如下：根据与实存的**虚假**统一如何可能？”[22] 结果表明，恶“**不是特殊性本身，而是特殊与普遍之间不正确的、‘倒错的’统一**：不是‘唯我主义’本身，而是装扮为其对立面的唯我主义”。为了阐明这一点，齐泽克举了下面这个例子：

> 当一个政治代理人（政党等）宣布，它代表着国家或民族的普遍利益——当然它的对手们就会被指控只以获取权力作为自己追寻的狭窄目标——借此，它就构造了一个话语空间，使得任何对它

的攻击——对这个特殊政治主体的攻击——**因而**都成了对民族自身的攻击。恶的最为基本的形式就是此一特殊与普遍之间的“短路”,它假设我的言词与行绩直接就是大他者(民族、文化、国家、上帝)的言词与行绩,而这一假设“反转”了特殊与普遍之间的正常关系:当我宣称自己是直属的“人类(或者民族或者文化)一员”,我借此所有效完成的事情与我自称要做的事情正好相反——也就是说,我将(人类、民族、国家)都归于我的特殊性,削弱了它们所涉及的普遍性维度,因为正是我自己的特殊观点决定了人道的内容。我因此陷入了“越纯粹越肮脏”这一可恶的循环:我越是为了使我的行为合法化而诉诸普遍,我就越是有效地降低了普遍,以致它成了我的自我确证的手段。[23]

根据谢林的说法,有一种危险的无所不能的幻觉,它产生自这一极端的“自我意志的上升”——这种意志反对根据与实存在上帝那里的神圣纽带,并试图向上帝发起挑战。

但恶正是这一自我意志的上升,这可以从下述方面清晰地看出。为了使自己既成为普遍意志,同时又成为特殊的被造物意志,意志放弃了它的超自然地位,它力图颠倒各原则的关系,把根据提到原因之上,把它为了中心而获取的精神应用于中心之外,并用它来反对被造物,这使得它自己的内部和外部都产生了紊乱。人的意志可以被看作各种生命力量的一种纽带;只要它安住在它与普遍意志的统一体内部,这些力量也就持续留存于它们神圣的尺度与均衡之中。但是,一旦自我意志偏离了作为其位置的中心,各种力量的这一纽带也就消失了;单纯的特殊意志将统治自我意志的场所,却不能再像以前一样把这些力量统一在一起,因而它必然会努力从现在相互分离的力量中、从骚动的欲望和激情中形成或组

成一个特殊和独特的生命——因为每一个体力量也是一种执迷和
91 激情。(*HF* 41；37—38)

当人自由地选择颠倒根据和实存的原则、光明和黑暗的原则，并由此以一种错误和倒错的方式将这些原则**统一**起来时，恶就变成了现实。这是一种“全能”的幻觉，因为人类试图与上帝抗衡而不是在自身之中再创造“神圣的尺度和平衡”。

我希望从一个不同的角度切入谢林，以表明他有关恶的性质的看法有什么样的洞察。我此前说过，谢林的自然哲学对于他分析恶而言非常相关，因为它使我们得以理解恶的癖性的因果效应。谢林试图克服自然与精神之间的分裂，因果必然性和自由之间的区隔——康德从未解决这一问题。无论康德的意图是什么，他对自然的描述（尤其是在《纯粹理性批判》里面）在相当程度上导致了现代哲学流行的在技术意义上对自然的贬低态度。自然本身缺乏任何内在道德价值或尊严，因为道德价值和尊严只能被赋予自由理性的行为者，以自我为目的的存在者。

霍瑟尔表明，谢林的自然观念对于处理与生态环境有关的哲学问题极其有帮助。谢林尖锐批判技术或工具性的自然观念。自然的体系包括自由，因此自然中的一切都具有内在尊严。尽管如此，人类对人类之外的自然构成了严重威胁，因为他们的自然动物性自私（egotism）可被提升和“精神化”成一种掠夺自然的原则。[24] 齐泽克基于霍瑟尔的讨论展现了人类对自然的这种贬低和掠夺何以直接地与恶相关。“善恶是根据与实存的**统一**方式。”他强调这一点是为了避免人们误认为谢林在区分根据与实存时，偷偷摸摸地引入了一种新的本体论二元形式。

在此，谢林的论题要隐晦得多：善恶都是根据与实存的**统一**方式；**就恶而言，这种统一是虚假的，被颠倒的**——怎么会？想想今

> 天的生态危机就够了：其可能性是人类的分裂本性所开启的——即人同时是有生命的有机体（且因此是自然的一部分）和精神实体（因此占据比自然更高的位置）。如果人只是两方面中的一面，危机就不会发生：作为自然的一部分，人可以是与环境共处的有机物，捕食其他动植物的野兽，但正因如此，人也就是自然循环中的一部分，也就无法威胁自然；而作为一个精神性的存在者，人对于自然抱有一种在沉思中加以理解的关系，毋需为了物质剥夺的目的而积极介入自然。致使人的实存这样爆裂的是**这两个特点的结** 92
> **合**：在人为了自身目的支配自然、推动自然的努力中，"规范的"动物性的唯我主义（在敌对环境中从事实存斗争的自然—生命机体的态度）被"自我阐明"，被如其所是地论断，被提升为精神权力，从而愈演愈烈，被普遍化为一种争取绝对支配的品性，它不再服务于实存目的，它本身就变成了目的。这是真正的恶的"倒错"：在此，"规范的"动物性的唯我主义被"精神化"了，它把自身表达在词语的媒介中——我们处理的不再是模糊的冲动，而是最终"发现自身"的意志。[25]

这一从动物性的唯我主义到**精神化的**意志（这种绝对支配）的转变，有某种令人心寒和恐惧的东西，因为从这一精神化的意志到为灭绝"亚人类"进行辩护的"意志的胜利"，只隔着一"小步"距离。

恶的道德心理学

谢林的这些反思使我们能够更好地理解，在何种意义上，他的体系既是拟人论的（实际上是人类中心论的），同时又是完全反拟人论的。当一位哲学家的思想被宣布为拟人论的或人类中心论的，这常常被认为是一种否定的批评。我认为海德格尔的警告是完全恰当的，他提出了这一问题："难道不是应该在一切事情之前，首先提出'人是谁'这一问题吗？"（*ST* 163；197）[26] 人类不仅需要上帝的自我启示，而且他们在谢林的体系中承担着特别的地位和责任。只有在人类身上才会发生善与恶之间的斗争。同康德一样，谢林断定，归根结底，有人选择为恶而有人选择行善的原因是不可探究的。"恶永远都是人自己的选择；根据本身不可能引发恶；每一个被造物都是因自己的罪过而堕落的。但是善恶的决定在个体的人身上是如何发生的，却仍然笼罩在无边无际的黑暗之中。"（*HF* 59；53—54）我们必须记住，尽管谢林的论著是这样一个标题（它谈论的是"人类自由的本质"），但他探讨的是一个更为宽广的、形而上学的自由概念。他首先关注的是将人类自由置于更全面的宇宙论的和形而上学的体系中。他在根据与实存之间所作的普遍区分可以应用于一切存在者。海德格尔将谢林的论著概括为"恶的形
93 而上学"（*ST* 104；125），在这一点上他是正确的。但是，在另一层意义上，谢林体系性的思路又是反人类中心论和反拟人论的。孤芳自赏的自我意志试图支配自然的其余部分，谢林整个体系的目的就在于以最为可能的方式，反对这一意志的人类中心论"精神的"上升。

在结论部分，我想回顾一下谢林思想的几个主要舞台，并预言一下将会出现的内容。谢林在其论著的开头，考察了对泛神论的各种不同的诠释。他这样做是要表明，有一种可同自由共存的理解泛神论的方式。泛神论并不必然伴有宿命论。在哲学对体系与自由的要求之间并不存在内在的矛盾。存在着一种自由的体系。因此谢林重点关注的是自由与恶之间无可摆脱的关联。没有恶，就没有人类自由。自由是善与恶的权力。一切否定恶的现实的尝试都是不能令人满意的逃避之举。否定恶的现实就是否定自由的现实。而对于任何一个恰切的哲学体系，自由都是最基本的原则。但随之而来的问题就是：如果并不认为上帝内在地就是恶的，或者并不认为存在着善与恶的形而上学二元论，我们如何解释恶的可能性与起源？为提出这一论述，谢林引入了根据与实

存的区分——一种来自自然哲学的区分，它可以应用于一切存在者，包括上帝。当我们将这一区分用于上帝的时候，我们认识到：在上帝那里，根据与实存、黑暗与光明组成了一个本质的、和谐的统一体，甚至我们也可以说，在上帝那里，上帝实存的根据先于他**现实的**实存。这一根据同上帝在其创造中并通过其创造启示自身的渴望是一回事。从人的观点看，上帝那里先于其现实实存的这一根据是“永恒的一感到的生育自身的渴望。……正如我们现在所看到的，在自我启示的永恒行动之后，世界完全就是规则、秩序和形式；但无规则的东西永远都存在于深处，仿佛有一天它还能再次进行突破”（*HF* 34；31—32）。在人类那里，黑暗与光明这两个**潜在的**原则（它们作为牢不可破的统一体存在于上帝那里）可能会分离，它们的统一体可能会被反转与倒错。人类**能**效仿在上帝那里发现的真实的统一与和谐。但他们也**能**将黑暗原则提升至光明原则之上，从而变成虚假的统一体。因此他们激烈反抗神圣的秩序。善与恶都是获得自由的方式。恶是一个人对于凌驾于普遍意志之上的特殊的、不同寻常的、孤芳自赏的意志的维护——或者，更准确地说，它牵涉到对自我的欺骗，以至于相信一个人的特殊意志等同于普遍意志。恶牵涉到这一错觉：人是无所不能的——他是上帝的竞争对手。 94

谢林论述了向恶的品性所产生的诱惑、权力以及因果性功效，与我们在康德或者黑格尔那里看到的相比，谢林的论述更具体，也更令人信服。根本恶（深入到根部的恶）以宇宙论的黑暗原则为根据，而这一原则是无规则的、无意识的、混乱的并且总是危险的，这是人类永远无法完全掌控或制服的原则。人类生活的伟大戏剧是善与恶之间的争斗。但人类能自由地选择去抵制这种恶的诱惑。在这一方面，谢林同康德基本一致。无论人类是善的还是恶的，他们都独自承担他们的行绩的责任。“人的存在本质上就是他**自己的行绩**。”（*HF* 63；57）谢林也同意康德的这一观点：归根结底，我们无法回答个体的人选择善恶的原因。这并不是对谢林（或康德）的批评，而是对于根本的、不受约束的意志（意力）所涉及内容的一份诚实的陈述。此外，谢林强调，要成为完整的人，我们就必须带着激情与热力参与善与恶之间的斗争。“被激活的自我性对于生命的热力来说是必不可少的；没有它就会是完全的死亡，善就进入沉睡状态了；因为哪里没有斗争，哪里也就没有生命。”（*HF* 80；71）在下面这段话中，我们可以辨别出德国浪漫主义的痕迹，也可以看到谢林对于尼采与弗洛伊德的预见：

> 谁自身内没有向恶的质料或力量，他也就没有行善的能力。……我们从否定的道德向之开战的激情是那样一些力量，其每一种力量都同与之相应的德行具有一个共同的根据。一切恨的灵魂都是爱，在最暴烈的愤怒中所显示的都只是在最内在的中心里被打动和激起的宁静。（*HF* 81；72）

虽然谢林展现出了对于人类激情和情感（包括黑暗激情）的权力的深刻意识，但他肯定不是非理性主义者。他要求在人类的人格中保持一种微妙的平衡。

> 生命只在人格之内；而一切人格都基于一个黑暗的基础，这一基础当然也必定是知识的基础。但是，只有理性才能提出这一深度上所包含的隐秘的、纯粹潜在性的东西，并将其提升到现实性的层次。……如同在生活中我们实际信赖的只是充满活力的理性，尤其在那些总将其感受向我们展示的人们那里我们感到缺少任何真实的温柔感，同样的，在我们思考真理与知识的地方，只是达到感受程度的自我性，无法赢得我们的信赖。情感如果保持在深处，它们是美妙的，但如果它们暴露于光天化日之下，希望自身变成本
> 95 质并进行统治，那就不美妙了。（*HF* 95—96；85）

谢林是这样一位哲学家,他受到过谴责,偶尔获得过一些称许,但很少有人仔细研究过他的哲学见解。在20世纪英美哲学世界中,他曾经几乎被完全忽略。[27]他属于那样一种哲学家,他们试图提出详细分析,逐步展开周密论证,但他们的见解、规划与建议常常超出他们所做的这些努力。而我试图表明,谢林关于恶的现实与权力如何富于洞见——虽然我们仍然怀疑他的那些神学主张。在现代哲学家中,他是非常少见的一位,他拒绝将恶作为匮乏来解释从而把问题"打发"了,或者说主张恶能通过被扬弃而进入一个更高的统一体。我们永远无法摆脱这一现实,或者说无法摆脱恶突然以新面目出现时所用的那些方式。倒错的自我意志自吹自擂,它有一种无所不能的错觉,把自己看作是普遍意志的表达,而谢林的恶的概念是倒错的自我意志"精神化的"确证,它尤其关系着对于20世纪极权主义和恐怖主义的理解。甚至在一个后极权主义的世界里,我们见证了那些人的邪念,他们认为可以为他们特殊的自我意志争取普遍性,从而把这一自我意志强加给他人。

在我讨论谢林之初,我提出我们可以从一个双重视角来看待他。同康德和黑格尔一样,谢林的书中也萦绕着神义论的幽灵。他也想要表明,我们能使恶的现实同公正的、善的上帝协调一致。一旦我们理解根据与实存在上帝那里如何和谐统一,而在人类那里又如何被任意颠倒,我们就会认识到上帝并非内在地就是恶的。我们能够归于上帝的,只是黑暗的根据,这一根据在人类那里**变成**了恶的根源。用这种方式阅读,可以把谢林看作是终结了某种神义论传统的思想家。

但我们也可以从一个前瞻性的视角来阅读谢林,为继他之后的到来者做一下准备。谢林的原创性在于,他为一种更丰富、更复杂、更强劲的道德心理学清理出了一块空地,这成为尼采和弗洛伊德的探索所由以开始的场所。他深刻地洞察到发生在人类灵魂之中的剧烈斗争。他把握了塑造人类生活的那些无规则的、黑暗的、无意识的力量所具有的权力。他理解我们人类的不确定性和偶然性,因此,我们永远不能完

全掌控这些无意识的力量。他怀疑任何一种哲学的或理性主义的理想，
这种理想自欺欺人地认为，我们可以达至彻底澄静与平和的状态，完全
控制我们无规则的激情。他认识到人类理性的脆弱，它需要形式和秩
序井然的规则。我们永远不能完全掌控我们的命运，但是关于恶，我们
96 又不是完全无力面对。这就是人类的境况，善与恶之间进行着持续不
断的斗争。谢林不仅预见到了尼采与弗洛伊德以更为高超的技巧所阐
97 发出的内容，他还为探究恶这一问题的新方式拓展了一块空地。

插　曲

在进行第二部分的讨论之前，我想暂停一会儿，简短回顾一下目前为止我们已经了解的内容。我的这项研究从康德开始，因为正是康德铸造了这一富有强烈感召力的表述“根本恶”。在传统上，“恶的问题”被认为是一个神义论问题，由于康德，这一宗教传统开始失去它对于现代意识的影响。但我们看到，康德、黑格尔或谢林从未完全放弃这一传统问题。只是，他们首先关心的是为恶提供哲学论述，而不是表明，恶如何可以同对于仁慈上帝的信仰达成和解。在这三位思想家之间存在着诸多相似之处，但也存在着显著的差别。他们每个人都用不同的方式，强调了意志对于说明人类恶行的作用，尽管他们对于意志的性质的理解彼此相异。我们的自然倾向、激情和欲望本身都并非是恶的。身体和我们的感官自然并不是恶的根源。我们不能诉诸败坏了的人类理性来对恶加以说明。对恶的解释涉及的将是倒错的意志，是我们经自由选择而做出的反应和决断。这条思路的后果之一是强调人对于道德恶的实存负有责任和职责。

我已提出，康德道德哲学的前提在于自由的（至少）两个基本意义的区分：一是作为自我立法的自由，由此，我们作为实践理性的行动者，为自身提供道德法则并采用道德准则；一是作为意力的自由，这是一种

根本能力，它让我们可以选择采用与遵守善**或**恶的准则。我曾批评康
德的根本恶概念，他将根本恶看作是一种植根或建基于人的本性的普
遍禀性。我之批评康德并非是反对这样一种禀性的理念，而是反对他
98 阐发与论证这一理念时所用的特定方式。不管康德的明确意图是什么，
不管关于邪恶他提供了怎样引人注目的修辞，结果证明，他的根本恶概念是非常可疑的（也是非常混乱的）。但是对康德关于恶的反思来说，这并不是最重要或最相关的东西。我曾试图理解当康德告诉我们人性本恶以及这一禀性产生于我们的自由的时候，**为什么**他是自相矛盾的，为什么他大幅度修饰他定然会维护的东西。康德从未折中或削弱过他的这一基本论题：我们，只有我们，对于我们所为之恶负有责任。不管向恶的禀性会怎样诱惑我们，不管我们会变得如何败坏，抵制恶并采用善的准则**永远**都是我们的权力。最后，我敬佩康德，因为他坚称，意力的倒错——“在其准则中将更低层次的诱因提升到了最高的位置，因此亦即，向恶禀性的倒错，依然是我们所无法探究的。”（*Rel.*38；46）无法探究，因为我们是完全自由的。我们可以试着去解释为什么一个个人选择了善的或恶的准则，但**最终**我们无法为这一选择提供一个完整的解释；也就是说，我们无法明确列出必要的、充分的条件来解释我们的自由选择。尤其在第三部分，我们将看到，在今天有关恶的话语中，责任的意义如何已变成了一个重大主题。

黑格尔的学说建基于康德，而他也是康德的严厉批评者。在黑格尔哲学的核心部分，存在着极端模糊性。但是，对他所认为的康德哲学（包括康德的道德哲学）的基础，黑格尔的拒斥是没有含混之处的。直截了当地说，黑格尔断言，康德全部的哲学都依赖于一个**错误的**对立——有限和黑格尔所称的虚假的无限之间的对立。康德的失败就在于，他不承认我们势所**必然地**要越过这一错误的对立，进而到达真实的无限，在真实的无限中，有限被扬弃了。一个**任性的**、“顽固的有限”执意拒绝超越这一虚假的对立，而恶正是这一有限性的后果。尽管黑格

尔的“规定的否定”概念及其对于辩证运动的理解具有体系性的魅力，但黑格尔的这一主张（医治精神的伤口，**不留丝毫疤痕**）存在着某种误入歧途的、极度令人苦恼的东西。和解与救赎不仅是可能的，而且是**必要的**，因为它们总是已经内含于恶的展现之中。恶在20世纪的变迁无法进行总体的理解，根据我们对这一变迁的经验，我们不再能够接受黑格尔的叙述。我们已经见证了辩证思想的限度。恶以各种日新月异的形式爆发，这其中存在着诸多的深渊和裂缝，它们如此之深，以至于要谈论它们的“精神”变形和扬弃，几乎都说不出口。 99

具有讽刺意味的是，虽然黑格尔的哲学具有原创性，但他对于“恶的问题”的解决，仍然是非常传统的。他明确将其哲学描述为一种神义论，由此我们就会把恶看作是绝对精神形成中的一个必要阶段。然而，我也已指出，我们可以**随**黑格尔一起思考来**反对**黑格尔。我们可以这样诠释黑格尔，为反对将恶物化的邪念，反对把恶作为某种在本体论上或实存论上固定不变的东西，他提出了某种最强有力的论证。当我们强调黑格尔哲学的历史和政治维度，那么很明显，恶顽固的**存续**向我们提出了一个挑战，或者一项任务。它要求我们**理性地**面对恶，进而努力去消除恶。怀着平等的激情，黑格尔反对这样一种感性的信念：人内在地就是善的；他也反对这样一种学说：人内在地是恶的。黑格尔启发了后世的许多思想家（从马克思开始），他们拒绝将恶的实存作为某种根本性的、本体论的、给定的东西来接受，这一事实是丝毫不令人惊奇的。

在考察了黑格尔之后，我讨论了谢林，因为我想打破并抵制一个根深蒂固的传统，在这一传统所作的诠释中，谢林的哲学是向黑格尔的过渡。这样一种诠释模糊并歪曲了谢林在关于恶的话语上所作的高度原创性的贡献。乍看起来，谢林论人类自由的专著（浸染着泛神论、自然哲学与德国观念论的语言）似乎离我们非常遥远。但是，如果怀着阐释学的敏感来看待谢林，我们就能体会到，他如何富于对恶的洞见，他如何为探讨恶的新问题铺平了道路。他拒绝否定恶的实在性，在他看来，恶内在于人的自由。对于发生在我们身上的善恶之间的斗争,他有清晰的认识。对于根本恶,对于向恶禀性的力量和因果功效,他提供了更有力的表述。他掌握了这一禀性的**无意识**维度,有人认为,人类可以完全掌控那些作为我们自身构成因素的黑暗力量,而他挑战了这一理念。但是,谢林并没有美化这种恶的禀性,他肯定不是一个非理性主义者。谢林明白在多大程度上,人们可能会错误地认为他们是无所不能的,会认为他们可以与上帝竞争,可以对自然及他人实行总体支配的计划。关于谢林,我发现最重要的是他所采取的方式,他以此而为探究恶的道德心理学铺平了道路。为追寻这种道德心理学,我们必须转向尼采与
100 弗洛伊德。

第二部分

恶的道德心理学

第四章

尼采：超越善与恶？

> 没有什么比**憎恨**能更快地让人震怒。愤怒、病态的脆弱、虚弱的复仇欲望、复仇的渴望、各种各样的掺毒——对于精疲力尽的人而言，恐怕没有更不利的反应了……**憎恨**是病者最忌讳的东西（这是他们特殊的恶），可惜也是他们的根本禀性。
>
> ——《瞧！这个人》

关于恶，尼采的道德批判能教给我们什么？这个问题简单而直接，但答案却很复杂，需要我们考察尼采思想的不同偏僻小路。首先，我们必须搞清楚尼采的"道德批判"指什么，以及它如何与尼采的谱系学相联系。其次，尼采对道德的批判要求仔细考察善恶的价值，考察这种价值取向如何产生自对于"好坏"之分的反应。最终，我们必须理解尼采所谓"超越善与恶"是什么意思。

《论道德的谱系》（以下简称《谱系》）的副标题是"一次论辩"，以下还有这样的话："我上一本书《超越善与恶》的续篇，意在补充和澄清。"[1]《谱系》可被读作是对"超越善与恶"一语的解释和注解。在《谱系》的序言中，尼采说明了他所说的"解释"是什么意思，以及这样一种解释需要什么条件。

> 一段深刻隽永的格言不可能单凭阅读来解释，阅读仅仅是解
103 释的开端，还需要有解释的艺术。在本书的第三章中我举例说明了我认为什么可以被称为“解释”：那一章以一段格言开头，整章的内容就是对那段格言的解释。当然，如果能把阅读当成**艺术**，有一种技巧是必备的，而这一技巧如今又不幸失传了，因此我的文章在很长时间内还很难被消化。若要消化它们，人们必须像奶牛一样，而不是像现代人那样，学会**反刍**。（*G* 23；267—268）*

我想在这一章中探讨和辩护的假设是，《谱系》应该被理解为对于“超越善与恶”一语的反刍。大概是这个表达对我们来说已经太过熟悉，因而丧失了冲击力。现今很多关于《谱系》的评论都围绕尼采第一篇文章中讨论的一些尖锐对立展开：“善与恶”、“好与坏”。但是，尼采不仅探索了上述对立的意义和谱系，他也处理了上述对立之间的**冲突**。我希望表明，如果我们严肃对待这一冲突，我们就会对尼采笔下的“恶”（威胁着现代人的恶）获得更深入和精微的理解。我们将看到，恶是如何由憎恨体现出来的。

但是，如何理解“超越”（Jenseits）这个貌似单纯的词呢？尼采在第一篇文章的结尾部分提出了一系列问题，可以视作对此问题留下的线索。

> 到此为止了吗？那些重大的理想对抗就这样被永久地搁置起来了吗？还是只不过推迟了，长时间地推迟了？
>
> 是否有朝一日那古老的、憋闷已久的火势必会复燃成可怕得多的烈焰？不仅如此，这难道不正是有人全心全力渴望的吗？甚

* 引文根据周红译文，参见尼采：《论道德的谱系》，生活·读书·新知三联书店1992年版，略有改动，下同。

> 至意愿它？甚至促使这一天快快到来？
>
> 如果此时此刻有谁像我的读者一样刚刚开始思考，开始拓展思维，他还很难迅速地得出结论，而我则有足够的理由做出结论，因为还是在很早以前我就很清楚我的**目的**是什么，我提出那句危险的口号的**目的**是什么，那句口号写在我上一本书的扉页上："超越善与恶"。——至少这意思**不是**"超好坏"。（*G* 55；302）

尼采的目的是什么？那句危险的口号"超善恶"的目的是什么？如果我们考虑到尼采在《瞧！这个人》中有关"超越"的论述，这些问题会变得愈发复杂。[2] 在那里，尼采公开嘲笑了"超越"的理念。他在"我为什么如此聪慧"这一部分强调指出，"'上帝'、'灵魂不朽'、'拯救'、'超越'——无一例外，这些概念都从未进入过我的视线，从未占用过我的时间；自打我还是儿童的时候就是如此"。（*EH* 236）又说："人类迄今严肃考虑的事物都不是现实，而仅仅是些想象之物——更准确地说，104
是一些被病态天性的坏本能所激发的**谎言**，十分有害——所有这些概念都是如此：'上帝'、'灵魂'、'德性'、'原罪'、'超越'、'真理'、'永生'。"（*EH* 256）

如果我们要解释"超越善与恶"中的"超越"，那么首要任务就是考察"好坏"与"善恶"的对比。尼采的种种叙述要点已经被人反反复复提及，以至于人们很容易忽略他的要点，以及他为什么要说。虽然如此，在阐明这一叙述的精微和复杂之处以前，我想先简单说明一下尼采的主张。

"好坏"对峙"善恶"

与误入歧途的英国心理学家（他们试图通过诉诸道德区分的功用来解释道德区分的起源）的道德谱系相反，尼采声称（处于"坏"的对立面的）“好”起源于“高贵、强大、稳重与高尚的人，他们感到自己是好的，也就是上等的，并以此确立自身及其行为；与此相对的是所有低下、卑鄙、平庸和粗俗的人。正是出于这种**距离之惆怅**（pathos of distance），他们首先掌握了创造价值并为其命名的权利”。（*G* 26；273）这些贵族式的高贵之人用“好”一词指他们自己和他们与众不同的行为。他们首先掌握了创造价值的权利。“坏”一词被用于指那些缺乏此类高贵品质的人；也用于指好的事物之外、比好的事物低的事物。诸如“功用”、“自我中心”或“非自我中心”等现代概念，与这一“好坏”对比毫无关系。把上述范畴套进高贵与粗俗的贵族式对比，相当于时代错乱——或如尼采所说，这是“非历史”的。相反，尼采写道：

> 有个问题为我指出了通向**正确**道路的方向，这个问题的提出本来是因为在词源学中出现了各种不同的表述“好”的文字：在这里我发现所有这些名称都把我们引回到**同一个概念转化**——“高贵”（含有“贵族”的社会意义）在各处都是基本概念，由此必然发展出含有“精神高尚”、“高贵”意思的“好”，含有“精神崇高”、“精神特权”意思的“好”；这一发展又总是伴随以另外那种发展，“卑
> 105 鄙的”、“粗俗的”、“低贱的”终于被转化成“坏”的概念。（*G* 27—28；275）

这些贵族式的人宣称自己真实、勇敢、有力、高贵。他们是纯洁的人，将自己区别于不纯洁和不净之人。尼采提醒他的读者不要把这些格言理解为仅仅是象征。“‘纯洁的人’的最初的意思不过是洗澡的人，拒绝吃某种感染肤疾的食品的人，不和肮脏的下层妇女睡觉的人，厌恶流血的人——只此而已，岂有它哉！”（*G* 32；279）

如果这种事态一直延续，很有可能善恶的对立价值将永远不会出现。这一对立后来被创造出来，是作为好坏对立的**反应**。随着尼采论

述的展开,我们发现另一阶层的人开始出现:教士贵族。与健康的贵族不同,有“某种**不健康**的因素蕴含在这种教士贵族中,蕴含在统治着他们的习惯中——使他们远离行动,并在思考与感情爆发间摇摆不定,其结果是各个时期的教士们都不可避免地感染上肠道疾病和神经衰弱”(*G* 32;279)。(尼采在《谱系》中始终强调心理特性与伦理评估的身体和生理基础。)

但是,教士的评估方式是如何从骑士与贵族的评估方式中分离出来,并发展成其对立面的?尼采通过很多方式进行解释。在教士阶层与战士阶层之间,出现了一种激烈的、出于嫉妒的对立。当遇到战事时,教士阶层根本不配与贵族相比。教士在生理和心理上都虚弱无能。

> 众所周知,教士是**最凶恶的敌人**——为什么这么说?因为他们最无能,从无能中生长出来的仇恨既暴烈又可怕,既最具精神性又最为阴毒。世界历史上最伟大的仇恨者总是教士,最富有才智的仇恨者也总是教士——在教士的报复精神面前,其他所有的精神都黯然失色。没有这种无能者提供的精神,人类历史将会过于乏味。(*G* 33;280—281)

“没有这种无能者提供的精神,人类历史将会过于乏味”——尼采这句看来反常的话是什么意思?(我们将会看到,此处和其他类似的论点对于我的解释来说非常关键。)此处只是起步阶段,我仅仅想指出,在这里,尼采第一次引入了作为教士阶层典范的犹太人。他们是具有“创造性”的伟大仇恨者(这些仇恨者创造了一个新的价值体系)的首 106
要范例。[3]

> 在世界上,所有反对“高贵者”、“有力者”、“主人”、“权力拥有者”的行动都不能和犹太人在这方面的所作所为同日而语:犹太

> 人，那个教士民族，深知只需彻底地重新评估他们的敌人和压迫者的价值，也就是说，以一种**最具精神性的行为进行报复**。这正适合于教士民族，这个有着最深沉的教士报复心理的民族。正是犹太人敢于坚持不懈地颠倒贵族的价值观念（好＝高贵＝有力＝美丽＝幸福＝上帝宠儿），而且咬紧了深不可测的仇恨（无能的仇恨）的牙关坚持这一颠倒，声称“只有苦难者才是好人，只有贫穷者、无能者、卑贱者才是好人，只有忍受折磨者、遭受贫困者、病患者、丑陋者才是唯一善良的、唯一虔诚的，只有他们才能享受天国的幸福——相反，你们这些永久凶恶的人、残酷的人、贪婪的人、不知足的人、不信神的人，你们将遭受永久的不幸、诅咒，并且被判入地狱！”（*G* 33—34；281）

这一段落（戏仿《新约》结尾*）清楚表明，尼采论辩的首要对象并非唯有犹太人，而是犹太—基督传统。“人们知道是**谁**继承了这种犹太人对价值的重估。”（*G* 34；281）这一部分的总结说得很明白（其中提到《超越善与恶》的第195节）：

> 犹太人——一个“为奴隶制而生的”民族，正如塔西佗（Tacitus）和整个古代世界所说的那样：“在诸多民族中被选的民族”，像他们对自己所说和所信的那样——犹太人曾成功实现了价值颠倒的奇迹，由于这个奇迹，在大地上的生活在几千年内得到了一种新的危险的魅力：他们的先知糅合“富有的”、“无神的”、“恶的”、“暴力的”、“肉欲的”，并第一次把“世界”这个词改铸成卑鄙之词。价值的这种颠倒（这个颠倒还包括把“贫穷”作为“神圣”

* 例如，见《路加福音》6：20—21：“耶稣举目看着门徒说，你们贫穷的人有福了，因为神的国是你们的。你们饥饿的人有福了，因为你们将要饱足。你们哀哭的人有福了，因为你们将要喜笑。”

> 和“朋友”的同义词)构成了犹太民族的重要意义:他们标志着道德领域的奴隶革命。(*BGE* 108;118—119)*

总而言之,历史过程中发生了一次巨大的颠倒。好与坏的“原初”价值被倒转了,教士仇恨者们伟大的“创造性”行为扭转了他们对于贵族的劣势——贵族他们及贵族的行为,认为这些都是恶,并且宣称:报复性仇恨者、无能者、虚弱者是真正善的。“以色列以其对一切价值的报复和重估,迄今一次又一次地践踏了其他一切价值、一切**更高贵**的理想。”(*G* 35;283)尼采以一种夸张的说法,结束了关于“善恶”胜过“好 107
坏”的叙述。

> 这场战斗在所有人类历史上垂训千古,这就是“罗马人对犹太人,犹太人对罗马人”。迄今为止,还没有比**这**更重大的战斗,更严峻的问题,更根本的对抗……
>
> **目前**他们之中谁取胜了,是罗马人还是犹太人?可是这里已没有疑问:想想看,在罗马本土,人们把谁当作至高无上的价值的化身,向之鞠躬礼拜——而且不仅在罗马,在差不多整整半个地球上,哪儿的人们变得驯服了,或者将要变得驯服了,那儿的人们就向**三个犹太男人**和**一个犹太女人**鞠躬(向拿撒勒斯的耶稣、渔夫彼得、地毯匠保罗、玛丽亚——那个起初被称为耶稣的人的母亲)。这一点非常显然:罗马人毫无疑问战败了。(*G* 52—53;300—301)

为完成对于两套价值(“好坏”对“善恶”)之间争斗的初步勾勒,我要提出一个概念,我们将看到,它是《谱系》中最重要的概念,也是对

* 引文根据程志民译文,参见尼采:《善恶之彼岸》,华夏出版社 1999 年版,略有改动。

于理解尼采所说的“恶”而言至关重要的概念——憎恨。[4] 尼采以如下段落开始第十节：

> 奴隶在道德上进行反抗的伊始，**憎恨**本身变得富有创造性并且分娩出价值：这种**憎恨**发自一些人，他们不能通过采取行动做出直接的反应，而只能以一种想象中的报复得到补偿。所有高贵的道德都产生于一种凯旋式的自我肯定，而奴隶道德则起始于对“外界”，对“他人”，对“非我”的否定：**这种**否定就是奴隶道德的创造性行动。这种从反方向寻求价值确立的行动——这种将自己的注意力投向外部而非内部的**需求**——就是**憎恨**的本质：奴隶道德的形成总是先需要一个对立的外部环境；从生理学的角度讲，它需要外界刺激才能出场，这种行动从本质上说是对外界的反应。（*G* 36—37；284—285）

虽然带有尼采的反讽，但我们要注意的是他把这场反抗描述为“创造性”。我们在之后考察尼采所谓的价值重估时，不应忘记他就此种重估所给出的一个“历史”范例就是奴隶的反抗。

我到目前为止一直紧跟着尼采自己的论述，呈现他对于好坏与善恶区分之起源的解释，以及发生于上述竞争性价值定位之间的斗争的解释。但是，上述勾勒在一个重要方面存在误导，并且可能导致对尼采目标的严重误解，似乎我们面对的是一组彻底的对立，其中“好坏”之分完全是正面的，而“善恶”之分完全是负面的。我们或许会认为尼采
108 是在暗示奴隶反抗以及犹太人对罗马人的胜利是彻头彻尾的灾难。但这样一种解释有严重错误；它没有考虑到以下事实，即尼采是辩证法的大师和辩证反讽家。要充分理解尼采对于“好坏对善恶”这场斗争的描绘，我们需要回过头重新思考。尼采在《谱系》中到底是在谈什么？事实上，甚至要问的是，尼采的“谱系学”一词是什么意思？它的目的

是什么,他又是如何实现这一目的?为了回答这些问题,我们必须回到开头——不仅是回到第一篇文章的开头,而且要回到尼采挑衅性的简短序言。

辩证反讽家

尼采的序言开头如下:"我们这些认知者却不曾认知我们自己。原因很清楚:我们从来就没有试图找寻过我们自己,怎么可能有一天突然**找到**我们自己呢?"(*G* 15;259)这种说法没什么特别惊人之处,从苏格拉底开始的许多哲学家都表示过我们对自身的无知。但尼采的主张远为激进和吊诡。"我们对自己必定是陌生的,我们不理解自己,我们**必定**误解自己,因为我们的永恒定理是'每个人都最不了解自己'——对于我们自身来说我们不是'认知者'。"(*G* 15;259)尼采是第一个(但不是最后一个)这样的思想家,他斩钉截铁地认为我们对自己**必定**陌生,认为我们不仅误解而且**必然**误解我们自己。为什么会这样?尼采在序言里没有清楚回答这个问题(虽然我们会看到,如果随着后文的展开重新阅读序言,就可以发现答案已蕴含其中)。他接着提出了一类新的问题。他不仅发问道,在什么条件下人们发明了善恶价值判断;他还想就这一区分的**价值**探个究竟。

> 值得庆幸的是我逐渐学会了区别神学偏见和道德偏见,而且我不再在世界的**背后**寻找恶的根源,少许历史和哲学方面的训练,加上一种在一般心理问题上天生的挑剔意识,在很短的时间内就把我的问题变成了另外一个问题,即人在什么样的条件下形成了善与恶的价值判断,**这些价值判断本身的价值又是什么**?到目前为止,它们对于人类繁荣是起阻碍作用还是起推动作用?它们是不是生命的困苦、贫弱、退化的标志?抑或是相反,它们显示了生命的充实、

109 力量和意志，显示了生命的勇气、信心和未来？（*G* 17；261—262）[5]

尼采所吁求的（也是他所需要的）是一种道德批判，这种批判将各种善恶价值的**价值**打上问号，这种批判揭示各种善恶价值得以发生发展的条件与环境。但是，如果我们停下来反思一下，就会看到这一新的要求极其吊诡。它引发了尼采的阐释者们争论不休的议题中最为棘手的难题。尼采所说的道德价值批判是什么意思？批判的语义本质上似乎需要某种标准、评判法则、基本规范，借之我们可以展开批判。但接着问题马上就来了（尤其是对哲学家来说），这种为展开批判所预设的标准或规范（本身）有没有问题？哲学家尼采想要知道，这一标准是否可以被**证明**。他说“证明”的意思是，采取这样一种标准有没有理由——很好的理由？他怀疑，如果好的理由并不十分明显的话，批判就是武断并因此是无效的。这种思路尤其对哲学家而言显得非常合理和自明，以至于很难想象还有别的思考方式。可是尼采非但没有试图为其道德批判寻求这样一种基础，他还对寻求理性道德根基的努力不屑一顾。他在《超越善与恶》中写道：

> 我们所有的哲学家们都带着一种引人发笑的刻板的严肃，一旦他们开始道德研究，就要求某种远比他们自己更为高尚、专断与庄严的东西：他们想要为道德提供**理性基础**——迄今为止的所有哲学家都相信，他们已经提供了这样的基础。（*BGE* 9；107）

正是在这一点上，许多尼采的批评者咬住不放（声称尼采陷入了自我指涉的悖论，或陷入了述行矛盾*），并且武断地认为他跌进了自我挫

* performative contradiction，又译“践履性矛盾”、“内在矛盾”、“施为矛盾”等，哈贝马斯曾对此做过阐述并指责利奥塔尔、福柯等思想家陷入了这种矛盾。简单来说，“述行矛盾”指的是陈述的“真理内容（truthfulness）”与陈述的言语行为本身相冲突，或者说，

败的相对主义陷阱。但是,尼采很清楚人们可能以这些方式来反对他。并且我想表明,尼采试图通过质疑和挑战其立足点,来挫败这些明显的反对。因此,我认为这些批评并没有击中它们的目标。为了证实我的说法,我想提出一系列相关的问题。

尼采在《谱系》中到底是在做什么?我已经给出了大致的回答。他在从事一种道德批判——意在揭示我们的善恶区分,我们的道德偏见。为什么是这些?因为它们是盛行于现代性(尤其是在现代欧洲)的首要价值。虽然这一点看上去直接明了,但有着重要后果。尼采主要 110
的兴趣并不在于给出一种我们或许会称之为“客观”或“中立”的道德历史叙述。他精心利用“历史”材料以完成具体的论辩目的——揭示“不诚实的谎言”,在他看来它位于这种道德、**我们的**道德的核心。如果我们将他的第一篇文章(误)读作旨在提供各种“好坏”与“善恶”价值之起源的平实而准确的历史叙述,那么我们肯定可以下结论说,这是一次可悲的失败,尼采为证明其雄心勃勃的概括所提供的证据少得可怜。他关于起源的故事看起来更像是他所创作的虚构或神话。他甚至可以承认,关于奴隶反抗的叙述本身就是一个“高贵的谎言”。但这一“高贵的谎言”(这一虚构)的目的是迫使我们质疑我们的道德,提出关于我们“道德偏见”的问题,这些问题未被提起,事实上反而被压抑了。尼采的论辩意在表明,我们认定为普遍性道德的东西出于历史的偶然,并且本身就是由**憎恨**所推动的反应性和负面性道德。如果这就是尼采所做的事情,如果他的目标是自觉而精心的论辩,如果他自由运用历史材料来编织高贵的谎言,那么我们必须考察的是,他所说的谱系学是什么意思,而后者又是如何帮助他完成任务的。

什么是谱系学?为得到这个问题的充分答案,需要仔细分析尼采著名的篇章《历史的用途与滥用》。[6] 这篇文章是对历史价值的沉思,尼

陈述的内容与陈述得以做出的根本假定相矛盾。“所有陈述都必然是错的”就是一个述行矛盾的例子。

采在其中描绘了其著名的三类历史：纪念的、怀古的和批判的。纪念的历史由伦理推动力掌管，反对卑下和琐碎的事物。怀古的历史（在最好的情况下）教导人们尊敬人民或民族的过去。批判的历史无情地揭示历史的偶然性，揭示历史中展现的暴力和虚弱。[7] 所有三类历史都可以被运用和滥用，它们可以促进更高的、增强生命的活动，也可以使创造性行动瘫痪并以此促成人类生命的退化。

“真正的历史学家”十分稀有，他们知道如何调和并运用几种历史，以促成更高的生命形式。这种真正的历史的价值“在于，通过将通俗的曲调升华为一种普遍的象征，通过展示出其中包含有怎样的一个深刻有力而美丽的世界，在一个很可能十分平庸的主题之上，创造出不同凡响的变奏曲”（UD 93）[*]。波考维茨对于真正的历史学家的艺术性工作给
111 出了简洁的描述。

> 真正的历史学家既是一个求知者也是一个创造者，其艺术的完整制作基于他的普遍性知识。他“必须能够将已知的东西融入一个从未听说过的东西之中，并极其简单而又极其深刻地宣称这一普遍法则，以至简单化于深刻，深刻化于简单”（UD 6，p.94）。“伟大的历史学家”富有伟大而高尚的经验，他们通过对历史的正确阐释和优美表达，重新揭示了“历史中伟大和高尚的事物”（UD 6，p.94）。[8]

真正的历史学家创造性地重塑历史，为的是满足当下的需求并为未来指明方向。谱系学是由真正的历史学家所展现的**艺术**，他们知道如何以一种富于想象力的方式调和纪念的历史、怀古的历史与批判的历史，为的是促进更高的生命形式。这正是尼采在《谱系》中展现的艺

---

* 引文根据陈涛、周辉荣译文，参见尼采：《历史的用途与滥用》，上海人民出版社2005年版，下同。

术。他唤起高贵和荣耀的历史形象，就此而言他所从事的是纪念的历史；他运用其语文学知识探究好 / 坏、高贵 / 卑下等价值术语，就此而言他运用了怀古的历史；他揭露了奴隶反抗所包含的暴力、残忍和无能，就此而言他利用了批判的历史。这样一种谱系学“接近于自由的诗性创造”（UD 70）。因此，声称尼采关于各种“好坏”与“善恶”价值之起源的叙述是虚构，这并非批评尼采；相反，这是重述尼采的意图和目的。而且，认识到其谱系学的暂时性至关重要，它并不是真的关于历史的谱系，其首要关切是当下与未来可能性。（《超越善与恶》的副标题是“未来哲学序曲”。）对我们当下道德的批判，是通过洞悉内在于其中的自我克服（überwindung）的可能性而展开的。但“证明”的幽灵依然纠缠着我们。即便我们承认尼采的叙述是一种“诗性虚构”，一种将不同种类的“历史”以艺术性和富于想象力的方式进行调和的行为，目的是批判当下并展开未来的可能性，我们仍然希望知道我们如何评判这一行为，我们如何确定其批判的有效性。因此，我们被带回到如下问题上来：尼采如何“证明”他对我们当下道德的批判？

要回答这个问题，我们需要回到我们关于尼采下述叙述的简单说明，即尼采叙述了善恶对比的起源，将其说成是对贵族式的好坏区分的反应。初看起来，上述两组评价的对比如此鲜明，以至于我们会认为尼采毫不含糊地称赞骑士的贵族式评价，无条件地谴责作为反应的善恶
道德。但是，如果我们再看得仔细一些，就会看到他的评估更为复杂和 112
辩证。当他第一次引入教士贵族的观念时，他告诉我们“无论如何还应当加上一句：只有在这块土地上，在这块对人类和教士的生存来说**基本上是危险的**土地上，人才能够发展成为**一种有趣的动物**，只有在这里，人的精神才更**高深**，同时也变得**凶恶**了——正是这两个原因使得人迄今为止优越于其他的动物！”（*G* 33；280）此处的强调字体是尼采自己标的，按照其修辞法来看，这些词句都具有正面的价值。它们提升了生命。我们也可以再看看之前引用过的一个段落：“没有这种无能者提供

的精神，人类历史将会过于乏味。”（*G* 33；281）当尼采描绘犹太人（是他们发动了奴隶反抗）的仇恨时，他将其说成是“世界上从未有过的最深刻、最极端的仇恨，它能创造理想、颠倒价值”（*G* 34；282）。

尼采并没有简单称赞高尚的贵族价值而谴责作为反应的教士价值。而且，他肯定不赞成任何想要回到一个纯洁贵族的神话历史的乡愁。他的谱系学是**辩证的**——在这个词非常精确的意义上。尼采的辩证思考模式与形而上学家的“偏见”形成尖锐对比。“形而上学家的根本信念是**相信对立价值**”（*BGE* 10；10）。[9] 他对善恶道德的批判试图同时揭示其**危险**及其**创造性**可能。在所有三篇文章中，尼采巧妙地带领他的读者瞥见下述可能性：一种更高、更有创造性、肯定生命的伦理，**尚有可能**（起码对一些出色的个体而言）诞生于其对立面的灰烬之中——也就是至今占得上风并到处盛行的奴隶道德。[10] 我们还可以把握到尼采“超越”一词的准确意义。这一超越是对善恶道德的克服，这种克服只有通过**经验**了善恶价值的全部力量、强度和危险，并穿透和超越它，才有可能实现。因此，用矛盾修辞来说，这种超越就是**内在**超越，而非超验的超越。尼采在《瞧！这个人》中告诉我们他在超越这个概念上从未花任何时间和精力，指的就是超验的超越。但是，尼采《谱系》的根本目的就是展开一种更高的、肯定生命的伦理，其可能性出于善恶道德的土壤。

将一种更高的价值评估赋予尼采所说的肯定生命，其基础何在？“证明”的问题再一次困扰我们。尼采或明或暗总是在评估他所描述的竞争性模式，他的语言隐匿了**他的**价值偏见。当尼采瓦解了所有道德批判（包括他自己的批判）的理性基础的时候，他难道没有陷入述行矛
113 盾吗（正如尼采的许多批评者所指出的那样）？我认为尼采没有跌入这一陷阱，尽管这是哲学家们很想为他设置的一个陷阱。相反，尼采迫使我们搁置“证明”的问题——迫使我们拒绝最初看起来特别合理的事情。为了表明这一点，我想挪用并修正一些由理查德·罗蒂在其对“反

讽家”的概括中所作的区分。[11]

为解释“反讽家”一词的意思,罗蒂引入了“终极词汇(final vocabulary)”的观念。终极词汇包括“我们从中称赞朋友和鄙视敌人的词汇,我们的长期计划,我们最强烈的自我怀疑和最高的希望”。说这样一种词汇是终极的,并非因为它依靠坚实的理性基础,而是出于这样一层意思:“如果质疑这些词语的价值,它们的使用者就没有非循环的论证依据”可以用来捍卫它们。罗蒂特别区分了这种终极词汇的两个方面。它一部分是由“薄的、灵活的、无所不在的词语”构成的,“例如‘真实’、‘好’、‘正确’和‘美’。”但更重要的是那些“更厚、更坚实、更狭窄的词语”。[12] 如果我们将这一区分运用到尼采身上,那么其更厚的词语包括“健康”、“增强生命”和“肯定生命”。罗蒂接着具体指出了反讽家的三个条件。虽然尼采很可能会拒绝前两个条件,但他可能会接受第三个(如果解释恰当的话)。[13] 就反讽哲学家而言,她“并不认为她的词汇比别人的词汇更接近实在,不认为这些语词与一种她本身之外的力量有联系”。反讽家认为,“词汇之间的选择既不是在一种中立而普遍的元词汇之中做出的,也不是通过奋力透过表象达到真实而做出的,而只是通过运用新的来对抗旧的来做出选择。”[14] 如果第三个条件显出尼采的回声,那是因为罗蒂正是从尼采这里得出了这个条件。

反讽的对立面是常识——也就是不带任何真正的批判性反思去接受日常信念,似乎这些信念就是自明的。这是善恶奴隶道德的鼓吹者借以判断其自身道德的方式。他们认为自己的价值模式是普遍的,是每个合理的人(也就是好的基督徒)相信的东西。尼采的道德批判意在揭示这个自我欺骗的假象:善恶道德是**唯一**普遍的、**唯一**真正的道德。他还想要表明,看起来如此合理的善恶道德,实则建立在**憎恨**的基础上。

然而,当常识受到严肃挑战的时候会发生什么?根据罗蒂的看法,第一道防线是“变成苏格拉底式的”。“这时‘什么是 x?’的问题就以这样一种方式呈现出来:回答不能只是列举 x 的典型例证;需要一个定

义或本质。”[15] 对于认为可能为终极词汇找到理性根基的哲学家，罗蒂
114 给他贴上了“形而上学家”的标签。

> 所谓的形而上学家，完全接受“什么是 x（例如：正义、科学、知识、存有、信仰、道德、哲学）的内在本质？”这一问题的表面意义。他完全相信，一个词语在他自己的终极词汇中出现，就表示该词语必然指涉某个**确有**真实本质的东西。形而上学家仍然固执于常识，因为他不去质疑代表既有终极词汇之使用的那些俗见，尤其是下面这个俗见——相信在许许多多暂时的表象背后，可以发现一个永恒不变的实在。[16]

这种对形而上学家的描绘，接近于尼采在《谱系》第三篇文章中对于哲学家的描绘，他在那里表明哲学家如何体现了禁欲理想。但是，即便承认形而上学家或哲学家由于认为自己能够为终极词汇提供非常坚实的理由而欺骗了自己，反讽家如何“证明”自己的终极词汇？关键在于，他**并不这么做**——他甚至不假装这么做。他嘲笑那些认为自己可以挣脱这一诡计的人们。寻找此类根基就是寻找形而上学的慰藉。但是，除此之外还能怎么做呢？尼采可能憎恶价值相对主义，因为一切价值都就此被拉平并变得乏味；但他如何避免这个后果？形而上学家/哲学家肯定会反驳说，任何不以非常坚实的理由证明自己基本信念的人，以及任何甚至不认为这么做有**可能性**的人，都是相对主义者。罗蒂自己便这么说：

> 面对这类说法，形而上学家的反应是将它称为“相对主义”，并且坚称重要的不是使用什么语言，而是什么是真的。形而上学家认为，人类天生就有求知的欲望。形而上学家之所以如此认为，是因为他们所继承的词汇、他们的常识，给了他们一幅知识图像，

> 相信知识是人类和“实在”之间的一种关系，而且我们有需要和义务，进入这种关系之中。常识还告诉我们，只要以适当的方式叩问，“实在”就会帮助我们决定什么才是我们的终极词汇。所以，形而上学家相信，外在的世界中存在着真实的本质，而我们有义务去发现这些本质，这些本质也倾向于协助我们去发现它们。[17]

考虑到罗蒂讨论形而上学家 / 哲学家时的内容和口吻，尼采或许会把他当作自己真正的信徒！

可是，如果反讽家自己的终极词汇地位受到挑战，他能诉诸什么来回答呢？如果我们问道，称赞肯定生命的价值并谴责使生命退化的价值，其基础何在，那么尼采会如何回答呢？罗蒂将替代性回答称为“再描述”（redescription）。再描述涵盖一系列修辞性、诗性、隐喻性的技巧——包括讲故事、生动的范例、创造性虚构，还有神话——所有这些 115
技巧都被用来制造一组特殊的词汇、一种尽可能生动且有说服力的看待世界的方式。借用哈罗德·布鲁姆的话来说，罗蒂所偏爱的那种反讽家是“强力的诗人”——他拥有极富想象力的创造能力，能够打破陈规陋见，冲破种种“常规”的描述方式，为的是发明出惊人、崭新而创造性的理解方式、感受方式和评价方式。[18] 尼采没有通过诉诸理性基础或形而上学根基来证明他的道德批判；他“证明”的方式是通过富有想象力的再描述，通过展开新的可能性——只有强力的诗人才有能力创造的可能性。我给“证明”打上引号，是因为按照形而上学家 / 哲学家的标准，这根本**不算**证明。它太相对主义了。但是，这种标准质疑（standard objection）的说服力所预设的前提是，有可能为终极词汇奠定基础，认为提供一种非循环论证就能证明它。这是尼采和罗蒂所挑战的事情，是形而上学家自我欺骗的假象。形而上学家认为确实存在比再描述“更好”、“更坚实”、“更牢靠”的东西。但尼采和罗蒂的主张是并不存在这种东西。

我们可以认为尼采从事的是一种两阶段策略(虽然这些阶段时常混在一起)。第一阶段是:质疑传统哲学对于基础和理性论证的理解,以及对于坚实基础的寻求。对于认为这样做具有可能性的看法,尼采抱以奚落和“嘲笑”。尼采相当狡猾老道,他意识到上述问题也适用于自己关于“知识”、“实在”和“道德”的惊人主张。他想要揭示有关理性根基的自我欺骗的**偏见**,这种偏见位于哲学的核心。尼采策略的这一方面便意在消除这种虚构。但尼采甚至更激进,他策略的第二阶段是挑战暗含于形而上学家 / 哲学家思想之中,并发挥着重要作用的“非此即彼”,因为形而上学家坚信只存在两个选择:要么是“严肃的”理性基础,要么是自我挫败的相对主义。这是危害最大的偏见——它使哲学处于不断的摇摆中。[19] 这种思考方式需要被抛弃,取而代之的是坦率认识到不存在比想象性和诗性再描述更根本的东西。或者用尼采自己的话说:我们需要发明并尝试多重风格与视角,以便显示哪些虚构具有创造性并能增强生命,而哪些具有毁灭性并且是危险的自我欺骗。关于尼采的道德批判所能提出的恰当问题**并不是**这种批判是否依靠稳固的“理性根基”,而是它是否以其生动的细节使得我们能够揭示一直被掩盖和包裹在道德陈词中的东西——也就是说,它是否能使我们**以不同**
116 **的方式认知和观看**。

以这种方式解释尼采,可以使我们确定人们所谓尼采的“视角主义”和“风格多元论”。[20] 最近,出现了许多关于尼采“视角主义”的讨论(从正反两方面)。这场争论中存在某些过度和偏离中心的方面,因为它试图表明尼采的首要兴趣在于为认识论议题做出贡献,这些议题吸引了当时许多哲学家。尼采关于视角所给出的最清晰、最有力的陈述之一,出现在《谱系》之中。由于这对于理解尼采的道德批判和他对恶的反思非常重要,我不惜大段引述如下。

但正因为我们寻求知识,我们不能不感谢这种全盘推倒常规观念和常规价值的行动,精神借助于这些观念和价值对自己发怒的时间已经太长了,而且显然这种发怒是有害和无效的,因此,智能为了恢复其旧有的“客观性”而改变并**希望**改变观察问题的角度,这不是微不足道的培植和准备工作——“客观性”在此不能理解为“不考虑利益的沉思”(那是一种毫无疑义的荒谬之辞)。客观性应当被理解为有能力**支配**自己的赞成与反对意见,有能力摆布自己的意见,这样就可以使人知道如何利用**各种**不同的视角和情绪性阐释来认知。

哲学家先生们,让我们从现在起更注意提防那种设计出一个“纯粹、无欲、无痛、永恒的认知主体”的危险而又古老的观念虚构,让我们提防那些诸如“纯粹理性”、“绝对精神”、“本质知识”一类的自相矛盾的概念的陷阱,这些虚构和概念总是要求有一只常人无法想象的眼睛,这只眼睛没有特定的方向感,没有主动性和解释力,可是没有这种力量,看就无所谓之“**看见**”;因此,这些对眼睛的要求都是些荒谬的要求。**只有**视角才能观看,**只有**视角才能“认知”;我们越是允许**更多**的对于事物的情感暴露,我们越是善于让**更多**的眼睛、各种各样的眼睛去看同一事物,我们关于此事物的“概念”,我们的“客观性”就越加全面。但是如果要削除意志、扼制甚至排除情感——假若这是可能做到的话——这难道不意味着**阉割**智能吗?(*G* 119;382—383)

在这个内涵丰富的段落中,我想强调几点。考虑一下它的开头方式:“但正因为我们寻求知识。”尼采当然没有否认知识的可能性;他完全肯定这种可能性。而且,他还提出了一系列他认为**正确**的主张。他所否认的是,认为有可能存在一种“永恒的认知主体”和“纯粹理性”。他挑战的是“先验”知识的根本可能性。如果我们对尼采所肯定的内容不加严肃考虑,或许就会对他的强主张不屑一顾。事实上,尼采关于 117

视角的主张（“**只有**视角才能观看，**只有**视角才能‘认知’”）本身就依赖于其断言的正确性。同样，当他说“我们越是善于让**更多**的眼睛、各种各样的眼睛去看同一事物，我们关于此事物的‘概念’，我们的‘客观性’就越加全面”的时候，他并没有质疑“客观性”的理念，而是提请关注一种对于“客观性”有更**充分**理解的观念。尼采的强硬批判针对的是他认为**错误**、误导、危险的知识概念、真理概念和客观性概念。他肯定不会推崇一种“相对主义”形式，那样的话我们会失去一切等级观念、价值观念和判断观念。[21]

我用了罗蒂的“再描述”一词来描绘尼采的道德批判，但这个词可能太过稀松平常而无法把握到尼采语言的丰富、生动和力量。更具启发性的做法是将尼采与另一位诗人 / 哲学家相比较，而尼采对这个人的态度有些矛盾——他就是柏拉图的苏格拉底。在尼采对苏格拉底的严厉批判中，有一条一贯的线索。他把苏格拉底描绘为发起了以下这种哲学探究的人，即总是试图寻找本质与理性证明；尼采还认为，苏格拉底设法用新的逻各斯之神取代希腊旧有的诸神。这就是柏拉图的苏格拉底，他与荷马为敌，与悲剧家为敌，与诗人为敌。但是，对于柏拉图对话录的读解还存在**另一种**方式，一种颠覆性的方式。恰恰在我们期待苏格拉底提供某种确定性的“理性解释”的地方，我们得到的却是神话、寓言、比喻和隐喻。（考虑一下《理想国》的核心几卷，或神话在《斐德若》中扮演的角色。）这些神话与虚构比苏格拉底所提供的悬而未决的论证更加具有说服的力量。尽管这些诗性设置具有蛊惑性的魅力，但柏拉图的苏格拉底始终告诉我们它们只不过是一些近似（approximations），次于根本上能被理性解释所把握的东西。似乎神话次于“更高的”逻各斯。这就是尼采严厉批评的苏格拉底。但是，在尼采自己的英勇角逐中，在他与柏拉图的苏格拉底的**对抗**中，他试图完成一次戏剧性的颠倒——试图表明神话巧妙地战胜了逻各斯。我们在忘却了苏格拉底那蹩脚的、缺乏说服力的论证很久之后，仍然会记得苏格拉底的故事和神话的力量、丰富性和启发性。尼采推崇的正是反讽的、嬉戏的、颠覆性的苏格拉底。正是出于这种精神，尼采将自己对于神话的独特而具有创造性的使用，应用于"证明"其道德批判。尼采是一位辩证反讽家，因为他避开了形而上学家的根本信念——相信对立价值。相反，他设法表明某物如何起源于其对立面。他的道德批判旨在表明一种"更高的伦理"如何可能诞生于其对立面——"善恶"道德。我们现在必须要 118
更加细致探讨的，正是这种辩证转化，这种**超越**善与恶的运动。

恶与憎恨

让我们回到我所给出的关于"善恶"作为对于"好坏"伦理之反应的解释。起初，我们或许会认为"恶"就是由教士阶层发明的表述，用于命名和谴责任何被贵族认为是好的事物。但是，其方式并不那么直截了当。我已经引用过尼采第一次讨论教士阶层的段落："众所周知，教士是**最凶恶的敌人**——为什么这么说？因为他们最无能，从无能中生长出来的仇恨既暴烈又可怕，既最具精神性又最为阴毒。"（*G* 33；280）而在教士的嘴里，"恶"被用来指贵族认为是好的事物。从尼采的视角看来，教士就是"最凶恶的敌人"。尼采（或者更准确地说是《谱系》的叙述）所理解的"恶"，与教士诋毁贵族为恶时所谓的"恶"，意义相当不同。那么，尼采称之为"恶"的教士阶层的特点是什么？尼采提到的"无能"和不断增长的"仇恨"预示了他有关憎恨的讨论，而尼采对待憎恨的方式是辩证的。这是一种有毒的危险，但变得"具有创造性并产生了价值"。我们不能够低估憎恨的力量，因为正是出于这种力量，无能者才战胜了高尚的贵族。

> 高贵的人生活中充满自信和坦率……而憎恨的人既不真诚也不天真，甚至对自己都不诚实和直率，他的心灵是**偏斜的**，他的精

> 神喜欢隐蔽的角落、秘密的路径和后门；任何隐晦的事情都能引起他的兴趣，成为**他的**世界、**他的**保障、**他的**安慰，他擅长沉默、记忆、等待，擅长暂时地卑躬屈膝、低声下气。这种憎恨的种族最终必然会比任何一个高贵的种族更加**聪明**。（*G* 38；286）[22]

虽然尼采首先把“**憎恨**的人”等同于发动奴隶反抗的教士，他还是承认这是一种更普遍的心理现象。甚至高贵的人也可能临时性地经验憎恨。“如果出现在高贵的人身上，憎恨本身就会爆发并消耗在一种瞬间的反应中，因此也就不会起毒化作用；另一方面，在许多场合下，高贵
119 者丝毫不感到怨恨，而所有的软弱者和无能者却会毫无例外地感到怨恨。”（*G* 39；287）

尼采在第二篇文章《“负罪”、“良心谴责”及其他》之中探讨了憎恨的心理动力。他在文章一开始询问“豢养一种**有权做出承诺**的动物”需要什么条件（*G* 57；307）。这预设了“人本身就得先**变得**有必然性，有统一性、有规律性、因此变得可估算”（*G* 58—59；309）。只有当人被强迫**变成**一种负责任的动物，负罪意识才是有可能的。这种意识是将一种先前属于外部关系的债权人与债务人之契约关系内在化。根据这种谱系学描述，正是在法律义务的范围内“开始出现了一批道德概念，如‘负罪’、‘良心’、‘义务’、‘义务的神圣’等等”（*G* 65；316）。这里所勾勒的发展过程是从外部的（法律）义务到以道德良心为形式的**内在化**的转变。这是一次从法律债务（Schülden）到道德负罪（Schüld）的转换。在尼采对于**憎恨**的分析（显然是发弗洛伊德之先声）中，最惊人的特征便是这个内在化假设。

> 所有未能向外发泄的本能**转向内在**，我称其为人的**内在化**：由于有了这种内在化，在人的身上才生长出了后来被称为人的“灵魂”的那种东西。整个的内在世界本来是像夹在两层皮中间那么

> 薄，而现在，当人的外部发泄受到了**抑制**的时候，那个内在世界就相应地向所有的方向发展，从而有了深度、宽度和高度。那个被国家组织用来保护自己免受古老的自由本能侵害的可怕的屏障（惩罚是这个屏障中最主要的部分），使得野蛮的、自由的、漫游着的人的所有本能都**转而反对人自己**。仇恨、残忍、迫害欲、攻击欲、猎奇欲、破坏欲——所有这一切都反过来对准这些本能的拥有者自己：**这**就是"良心谴责"的起源。（*G* 84—85；338—339）[23]

尼采思想的辩证特点鲜明地体现在他对于"良心谴责"的分析之中。他对良心谴责的描述当然语带批评，但同时他也认为良心谴责在人的发展过程中扮演了**建设性**的角色。

> 由于缺少外在的敌人和对抗，由于被禁锢在一种压抑的狭窄天地和道德规范中，人开始不耐烦地蹂躏自己，迫害自己，啃咬自己，吓唬自己，虐待自己，就像一只要被人"驯服"的野兽，在它的
> 牢笼里用它的身体猛撞栏杆。因为怀念荒野而憔悴的动物必须为 120
> 自己创造一种冒险生活，一个刑房，一种不安定的、危险的野蛮状态——这个傻瓜，这个渴望而又绝望的囚徒变成了"良心谴责"的发明者，却由此开始引发最严重、最可怕的疾病，人类至今尚未摆脱这种疾病：人**为了人**而受苦，**为了自身**而受苦——这是强迫和他的野兽的过去决裂的结果，是突然的一跳一冲就进入了新的环境和生存条件的结果，是向他过去的本能，向那迄今为止一直孕育着他的力量、快乐和威严的本能宣战的结果。（*G* 85；339）

在此，尼采确乎把人这个"良心谴责"的发明者描绘得好像最终是病态的，陷入到一种永无止境的自我憎恨、自我蹂躏、自我折磨的循环之中。但是，尼采对于那些主动动词形式（"蹂躏"、"迫害"、"强迫决裂"）

的使用提醒我们他在此所做的并非只是无条件地谴责。尼采在紧接着的一段里说得很清楚：

> 我们还须马上补充一点，另一方面，随着一个动物灵魂采取了反对自身的立场，世界上就出现了一些新奇的、深邃的、前所未闻的、神秘莫测的、自相矛盾的和**孕育着未来**的东西，从而使世界本身的面貌发生了重大的变化。当然，还需要有神圣的观众来给这场戏当裁判。戏已开场，结局尚未可逆料——这场戏太精巧、太神奇、太有争议，所以不可能悄然无声地在某个微不足道的小行星上演出！在赫拉克利特的“伟大的孩子”（别管他是叫做宙斯还是叫做机遇）玩的那些难以置信的惊心动魄的赌博游戏中，人也被**包含**其中了。人给自己造就了一种兴趣、一种焦虑、一种希望甚至于一种信念，就好像人预示且准备着什么，好像人不是一种目的，而是一种方式、一段序曲、一座桥梁、一个伟大的承诺。（*G* 85；339—340）

如果我们陷进了形而上学家的“相信对立价值”的陷阱，那么上述主张似乎就是难以索解的。但是，尼采的辩证思想使我们清楚看到憎恨与“良心谴责”具有**双重意义**。如果放任憎恨滋长，它就会变成一种有害的阴毒并且导致一种将瓦解**一切**价值评估的虚无主义。但是，尼采所描述的疾病却“**孕育着未来**”。良心谴责是一种疾病，“不过是像妊娠那样的病”（*G* 88；343）。在这种疾病的缝隙内，还有一个“伟大的承诺”、一种希望、一座桥梁，“好像人预示且准备着什么”。尼采尚未告诉我们这是什么，但越来越明显的是，这种东西将**超越**善与恶，将是憎恨的自我克服。

正是在这一点上，《谱系》的审美自洽性和反讽辩证力量充分呈现
121 出来。如果我们回到序言（再读一遍），会看到尼采已经暗示了他的思

考方向——他要带领有洞察力的读者去向哪里。善恶道德是最大的危险（Gefahr）。如果不加遏制，它将必然导向欧洲文化最险恶的征兆——由《查拉图斯特拉如是说》中描绘的“末人”的胜利所展现的虚无主义。尼采对此极为憎恶与恐惧；倘若对此不加反对，这就非常有可能成为以“欧洲文化”为典型的现代性的后果。《谱系》核心处的最根本的战争并非介于好坏伦理与善恶道德之间，**而是尼采与“末人”的虚无主义展开鏖战**。道德具有双重意义，因此必须以辩证的方式看待它。道德表达了一种**意志**——哪怕这种意志最终是对虚无的意志——就此而言，它既是一种疾病也是一种孕育、一种承诺、一种希望。具体来说，它承诺了对虚无主义的克服。序言里已经明确说出了这个主题，而尼采在其最后一篇文章的最后一节对此进行了明确确认。但是，尼采在第二篇文章中就已经预示了这一终奏：

> 我们现代人继承了数千年良心解剖和动物式自我折磨的传统：在这方面我们具有长期的训练，也许这是我们独特的技艺，并且我们始终精于此道，从中获得精致的品位。人长久以来用一种“罪恶的目光”对待他的自然倾向，结果这些自然倾向终于和“良心谴责”密切地联系在一起了。逆转这一方向的努力**本身**是可能的——但是有谁强大到去做这件事？那需要把所有的**非自然**的倾向，把所有那些向往彼岸世界的努力，那些违抗感觉、违抗本能、违抗自然、违抗动物性的努力，简言之，把迄今为止的理想，全部敌视生活的理想、诋毁尘世的理想，总之，需要把所有这些同良心谴责联系起来。如今，**这些**期望和要求能对谁去说呢？（*G* 95；351）

尼采充分意识到这种针对现代人的抨击令人震惊且出语冒犯。但是，为了清扫道路以便产生建立新理想的可能性，这种夸张的批判是必要的。“你们曾否多次地问过自己，在世界上**每一种**理想的建立需要付出多么昂贵的代价？”（*G* 95；351）但最后还有一个问题：新理想真的可能吗？是否真有可能克服普遍存在且根深蒂固的善恶道德，设想**超越**善恶？尼采在另一个段落中模仿、恶意戏仿“福音”的另一个来源——《新约》，他宣称：

> 这在今天具有可能性吗——但是在未来的某个时候，在一个比我们这个腐朽的、自我怀疑的现时代更为强盛的时代，那个怀有伟大的爱和蔑视的人，那个**拯救世界**的人，那种创造精神，还是会
> 122 来临的；他那逼人的力量使他无处苟且歇息；他的孤独被人误解为**逃避**现实——而实际上孤独正是因为他**投身**现实、埋头现实、思索现实，因而一旦他重见光明，就能够把现实从所有理想加给它的诅咒中**拯救**出来。这个未来的人就这样把我们从迄今所有的理想中拯救出来了，就这样把我们从理想的衍生物中、从巨大的厌恶中、从虚无意志中、从虚无主义中拯救出来了。这一正午的报时钟声，这一使意志重获自由、使世界重获目标、使人重获希望的伟大决定——**他总有一天会到来**。（*G* 96；352）

超越善与恶

《谱系》应该被读成对于那句“危险的口号”（“超越善与恶”）的注释和反思。《谱系》中的每一篇文章都致力于对道德进行辩证批判。随着各篇文章的递进，我们对于这个口号的理解开始愈发深刻。这三篇文章是以视角认知的技艺（以不同方式观看的技艺）进行的实验。每一篇文章都深化了尼采“怀疑的解释学”，即这样一种揭露行为，它使我们能够洞察与批评我们的道德基础。[24] 第一篇文章提供了善恶价值起源的初步解释；第二篇文章探讨了这一道德的心理条件和动力，集中关注憎恨的作用以及良心谴责的形成；第三篇文章考察了禁欲理想的意义，

善恶道德的拥护者忠于这种理想并且是其典范。这第三篇文章罗列着种种由禁欲理想所统治的性格类型，但其主要目标是那些认为（也就是自我欺骗）自己比宗教教士高明的哲学家和学者。他们同样表现出源自憎恨的疾病，只不过是以一种世俗的形式。但是，这种禁欲理想发挥了什么**作用**呢？这种极端的自我蹂躏实现了什么**目标**呢？

> 肯定是一种第一流的需要使这种**敌视生命**的物种不断生长繁衍——肯定是**生命本身的利益**所在使得这类自相矛盾不致销声匿迹。禁欲主义者的生命就是一种自相矛盾：在这里占统治地位的是一种空前的憎恨，这憎恨产生于不知餍足的本能和强力意志，后者不是想要统治生命中的某种东西，而是要统治生命本身，要统治生命的最深刻、最强健、最基本的生存条件。在这里，我们看到一种利用精力来堵塞精力之源泉的尝试。在这里，嫉妒和仇恨的目光总是盯着生理健康，特别是生理健康的外在表现：美和快乐；与
> 此同时，快乐的感受和**追求**却在于病态、衰落、痛苦、灾难、丑陋、自 123
> 愿丧失、自我伤害和自我牺牲。这一切都是极端自相矛盾的：我们面对着一种**要求**变得不和谐的不和，还在这种受苦中乐此不疲；他的生物生命力愈发**减退**（作为不和者的前提条件），他就愈能在不和中获得自信和成功。（*G* 117—118；381）

这种悖论性的、自我矛盾的、自我蹂躏的现象还不算最糟；它仍然属于**力量**的反常形式。当这种意志的反常形式（一种转而反对自身的意志）消散的时候，最终的堕落就产生了：虚无主义的灾难，其中不再有恐惧而仅剩下厌恶和怜悯。[25]“最令人恐惧、造成最大的灾祸的事情在于，人激起的将不是深刻的恐惧而是深刻的**厌恶**，不是巨大的恐惧而是巨大的**怜悯**。这两种情感一旦合二为一就势不可免地立即产生世上最大的灾难：即人的‘最后意志’，他的虚无意志，他的虚无主义。”（*G*

122；386）尼采强调他对人们的警醒：这种毫无意义的虚无主义将不仅是最大的灾难，而且**正是**欧洲文化最有可能的命运。尼采在健康的生命肯定与禁欲教士（他们照看着病态的畜群）的自我矛盾的分裂之间所做的夸张对比，在他的第三篇文章中达到了近乎震耳欲聋的高潮。

我已经指出了尼采的尾声所在。他第三篇文章的最后一节不仅直接回答了“禁欲理想的意义是什么”这个问题，而且是《谱系》三幕或三乐章的高潮性结尾——这个收尾的高潮整合了前两篇文章的母题，并将我们带回到序言 / 序曲部分。为详细说明这一点，我想在此完整地引用这个尾声并加以逐段评论。[26]

> 除去禁欲主义理想，那么人这个人性**动物**，迄今为止尚未有什么意义。他在世界上的存在不包含目标：“人究竟是为了什么？”这是一种没有答案的问题。人和世界缺乏**意志**；在每一个伟大人物的命运背后都重复震响着一个更大的声音：“徒劳！”禁欲主义理想**恰恰**意味着**缺少**了点什么，意味着有一片可怕的**空白**地段环绕着人——他不知道该怎样为自己正名，不知道该怎样解释自己、肯定自己，他为了没有解决他的存在意义这个难题而**受苦**，他也为其他问题而受苦，他基本上是一个患病的动物，可是他的问题**并不在于**痛苦本身，而在于对“**为什么**我要受苦？”这类大声提问无从对答。（*G* 162；429）

我们最终可以把握禁欲理想的意义——也就是其隐含的、**潜在的**意义。尼采的诠释，他在“怀疑的解释学”方面的实验，将迄今为止依
124 然隐含着的东西展现出来。禁欲理想所发挥的作用是为人的受苦提供意义；它们使人在面对“可怕的**空白**”时能够拥有目标，这是人为了忍受痛苦而亟需的东西，因为人所无法忍受的不是受苦，而是**毫无意义**的受苦。禁欲理想是反应性的“发明”，用于“证明”受苦。这一开头段落

(其实也包括整个最后一节)令人惊讶的地方在于,它完全没有提到高贵之人及其好坏伦理。尼采并不是在鼓吹一种乡愁般的向某个黄金时代的回归。这种想法会歪曲几乎充斥着《谱系》每一页的明显的时间指向——指向未来。尼采的首要目标是对**当下**道德进行批判,以便超越它——为我们打开**未来**的新可能性。

> 人,这最勇敢、最惯于忍受痛苦的动物,他**并不**否认痛苦本身:他**渴望**这种痛苦,他寻求痛苦,倘若有谁给他指示出一种受苦的**意义**和目的。是痛苦的无意义性而**不是**痛苦本身构成了长期压抑人类的灾难——**而禁欲主义理想给人类提供了一种意义!** 直到现在,这还是人类唯一的意义,任何一种意义都强似于毫无意义。无论从什么角度看,禁欲主义理想都是**有史以来最好的"权宜之计"**,它**解释**了痛苦,似乎填补了巨大的真空,特别是关闭了通往自杀性虚无主义的大门。无疑,解释也带来了新的痛苦,更加深刻、更加内向、毒素更多、更腐蚀生命的痛苦:它将所有的痛苦都归因于**罪过**。(*G* 162;429)

这个段落说明了为什么接近尼采的重要方式是将其视作一位辩证思想家,也说明了为什么尼采并不是一个"相信对立价值"的形而上学家。尼采反讽地将其批判对象的**积极**贡献呈现出来,这个段落显示了尼采经常提及的危险所具有的双重意义——危险既是**威胁**也是**机遇**。除非我们了解当下的道德(一种基于**憎恨**的道德)如何成为一种"创造性"力量——它如何把人从"自杀性虚无主义"中拯救出来,否则我们就无法理解当下的道德。只要能够解释并赋予受苦以意义(哪怕这一解释带有自我毁灭的性质),人就能够忍受痛苦。这是教士阶层的成就;这是**他们的**价值重估达到的结果。迄今为止,人所拥有的**唯一**可行的解释框架便是发明一位严厉的裁判,即犹太—基督教上帝,他也是宗教禁欲理想的基础。人由此被从自杀性虚无主义中拯救出来。

人是“最勇敢的动物”,这种主张看起来似乎与尼采在许多地方提
125 到的主张相冲突,即他对人感到厌恶。但这里并不存在真正的矛盾。尼采所蔑视的是人已经成为一种驯良的动物,并且提请警惕“末人”的胜利。但同时尼采又在设想一种未来的可能性,即人(至少是少数稀有的自由灵魂)之可能实现的理想,他作为堕落人性的“拯救者”的可能性。

> 可是,尽管如此,人由此而**得救**,他有了一种意义。从此他不再是风中飘零的一片叶,不再是荒唐戏、“无意义”的玩偶,他现在能够有所**意愿**了——至于他意愿的内容、目的、方法是什么,那都是无关紧要的了:**意志本身得到了解救**。(*G* 162;429)

反讽的是,这正是教士们一直在宣称的东西——他们(以及他们的上帝)**拯救**了人类。尼采并不反对这一点。他们对了,完全对了!事实上,他们伟大的积极贡献就在于拯救了**意志**——倘若没有意志的话,将不会存在克服善恶道德的可能性。但我们现在必须揭示出拯救意志之举背后所隐含的**目的**。

> 我们不能再缄口不谈那全部追求本来所要表达的**事情**:仇恨人类、甚而仇恨动物界,甚而仇恨物质;憎恶感官、憎恶理性本身;畏惧幸福和美丽;要求摆脱一切幻觉、变化、成长、死亡、愿望,甚至于摆脱追求本身。让我们鼓起勇气直面现实:这一切都意味着一种**虚无意志**、一种反生命的意志,意味着拒绝生命最基本的生存条件。但是,它的确是,而且还仍将是一种**意志**……最后还是让我用开头的话来结尾:人们宁可意愿**虚无**,也不会**无所**意愿。(*G* 162—163;430)

尼采在最后一篇文章的上述结尾中，简洁表达了其总的辩证反转（dialectical inversion）。我希望强调这里包含的强认知主张。回想一下序言的开头几句话：“我们这些认知者却不曾认知我们自己。原因很清楚：我们从来就没有试图找寻过我们自己。”（*G* 15；259）《谱系》是一次视角主义**认知**实验，指向的是认知我们是谁。我们是由一种自我蹂躏、自我矛盾的道德（这种道德的基础是一种阴毒的憎恨）所塑造的生物。当尼采断言被拯救的意志是一种虚无意志的时候，他总结了自己的道德批判。现在，我们对于序言中提出的问题（我们的善恶道德的价值是什么？）已经有答案了。但是，我们发现这个答案具有双重意义。道德的价值在于它拯救了意志，但被拯救的意志是“一种虚无意志、一 126
种反生命的意志、意味着拒绝生命最基本的生存条件”。

然而，需要注意的是尼采马上加了一句：“但是，它的确是，而且还仍将是一种**意志**”。（*G* 163；430）这是整部《谱系》中最重要的一处“但是”，因为如果没有这种意志，我们或许已经陷入了“自杀性虚无主义”。一切都将丧失！如果没有这一意志拯救，**超越**善恶的可能性就将完全不存在，人性就彻底没有希望。尼采**并没有**断称这一可能性将会实现。在他的反讽辩证法中，并不存在总的辩证综合，不存在黑格尔式的**扬弃**。尼采仅仅给我们留下了一个**可能性**，但这种可能性伴随着更加深化的知识，而后者是为价值重估和超越善恶所需要的。他重复了自己在开端说的话：“人们宁可意愿虚无，也不会无所意愿。”我们也能听到这一声音出现在最后一个乐章（第三篇文章）的开端：“禁欲主义理想对人来说竟然意味了这么多的东西，这里显示出来的基本事实是人的意志，是它**对于空虚的恐惧：它需要一个目标**——意志宁可意愿**虚无**，也不会**无所**意愿。”（*G* 97；357）但是，我们第一次听到这个**母题**是在序言部分。

恰恰是在这里，我看到了人类的**巨大**危险，人类的最高超的

> 欺骗和诱惑——人类将被引向何方？将被引向虚无？恰恰是在这里，我看到了终结的开端，看到了停滞，看到了疲于怀旧的倾向，看到了意志**反抗**生活，看到了最后一场瘟疫那温柔的、忧伤的预兆：我理解了风靡一时的同情的道德，甚至连哲学家们都被这种道德传染了，弄病了，这不正是我们那变得可怕的欧洲文化的最可怕的病兆吗？这不是迂回地走向新佛教，走向一种欧洲人的佛教，走向**虚无主义**吗？（*G* 19；264）

我们从尼采那里学到的关于恶的教诲

我希望回到我探究的最初问题：我们从尼采的道德批判那里能够学到什么关于恶的教诲？让我们再次思考“超越善与恶”的意义。相当清楚（因为尼采明白无误地告诉我们），“这**并不**意味着‘超越好与坏’”（*G* 55；302）。但是，“超越善与恶”有一层意思**正是**“超越好与坏”。善/恶的价值对立的出现，是作为对于好/坏伦理的反应，并因此预设了好/坏的伦理。因此，超越善恶就需要超越一种天真的贵族式的高贵伦理形式。“超越善与恶”中的“超越”并不是一种**超验**的超越，
127 而是一种**内在**超越，只有少数天赋卓越和健康的个体才能实现这种超越。超验的超越是禁欲教士的发明，用来证明人的受苦（也借此增强受苦），它是一种用于阻挡通向自杀性虚无主义之路的“发明”。尼采的“超越”只有通过辩证地穿透并超越善恶道德才能够实现；只有通过真诚地认识到被拯救的意志是一种自我矛盾的意志、一种虚无意志，才能够实现；并且，最终要将这一意志转变为创造性的、肯定生命的意志。奴隶的反抗（尼采详细考察的唯一一个价值重估的“历史”例证）显示了创造新的价值重估所需的生气、力量和暴力。

我们在此必须面对一个所有尼采阐释者都面临的问题，它有时还会带来灾难性后果。我们如何阐释这一超越的实质内容？这一超越是

否有意成为有关未来的预言？一个有关超人之来临的承诺？一个我们应该追求的目的？一个发明出来鼓励我们从事个人自我创造和自我克服事业的神话或高贵谎言？一种对主人种族的证明？一种表明尼采尚未脱离形而上学，而是最后一位形而上学家的迹象？（这些还没有穷尽所有可能性；上述问题也并不是相互排斥的选项。）不幸的是，凭借一些明智的（或恶意的）选择，人们可以从尼采著作中找到文本证据来支持或反对上述阐释中的任何一种。此外，关于超越善与恶的多种阐释如何与永恒复返的教诲相协调，人们也必须做出说明。在我的考察语境中，我只想坚持强调两点，这两点是任何对于尼采的充分阐释都必须考虑在内的。

第一，尼采将超越善恶的运动理解为仅仅是一种**可能性**——并且实际上还不是最有可能的可能性。更可能发生的是意志的彻底涣散——“末人”的胜利。就此而言，尼采可谓是那些悲观预言者的教父，这些人悲叹一切都在走下坡路，一切都在变得乏味、庸常、无意义。正因为尼采将此视为我们现代道德最有可能的结果，他的论辩才如此尖刻和夸张。但是，和其他悲观预言者不同，尼采拒绝宣称这一命运**不可避免**或**必然**发生。尼采的反讽辩证法避开了任何有关必然发展的看法；只存在**偶然的**可能性。

第二，虽然我已经强调了《谱系》的未来时间指向，这一对于未来可能性的强调却不能被误解：它并不是关于未来的预测或预言，相反，它是尼采在其对于我们**当下**善恶道德所做的论辩和批判过程中运用的修辞技巧，意在使得他对当下的批判显得尽可能尖锐、鲜明、有破坏力。 128
尼采让我们震惊地意识到，作为现代道德基础并弥漫其中的，是一种危险而阴毒的憎恨。（这也是尼采对民主进行批判的基础。）正如尼采创造性地虚构了一个高尚贵族的时代，以增强我们对于我们善恶道德之性质的意识，他也富有想象力地设想了一种理想化的未来可能性，以使我们洞察到位于我们当下道德核心的“自杀性虚无主义”。简言之，尼采运用其过去与未来的建构，目的是为了他对于**当下**的批判。

要回答我们能够从他的道德批判中学到什么关于恶的知识，我们需要寻找的方向，首先不是尼采关于恶对教士阶层和奴隶反抗所具有的意义的描述。如果我们认真对待尼采的“视角主义认知”主张，会发现恶的观念诞生并来自伟大仇恨者（禁欲教士）的视角。但是，从尼采自己的视角出发，从尼采的终极词汇及其介乎肯定生命与否定生命之间的对立视角出发，什么是恶？或者，更确切地说，从《谱系》的辩证叙述者的视角来看，恶是什么样的？从这种视角所见的恶不应被混同于教士所使用的恶的意义。当《谱系》的叙述者宣称教士是最邪恶的敌人，因为他们虚弱无能，他所声称的是：恶是憎恨的暴力呈现——而憎恨是我们现代道德最普遍和危险的特征。即便在这里，我们也千万要意识到尼采是一位辩证反讽家。在宗教和世俗教士的禁欲理想中体现出来的憎恨，其作用是保存意志并借此阻挡通往自杀性虚无主义的道路。但是，正是这种憎恨（如果不加遏制）最终会变成有害的、自我毁灭的力量。

在第二篇文章中，尼采宣称如果心理学家“有兴趣对憎恨本身进行一番近距离的研究”（*G*73；325），那么他们就应该把注意力转向憎恨这株植物在今天开得最为繁盛的地方——反犹主义。这个段落绝不是尼采著作中的一个异数（虽然它被那些希望利用尼采来证明**自己的**反犹主义的人忽略或故意按下不表）。尼采用其最尖刻的修辞武器谴责这种有害的憎恨形式。我们来看一下他对反犹主义者的挖苦，尼采认为他们是憎恨的人：

> 甚至在科学的神圣殿堂里都能听得见这群疯狗沙哑愤怒的吠声，听得见这种“高尚的”伪善发出的刺耳的谎话和怒吼（我再次提请有耳朵的读者回忆一下那位柏林人，复仇信徒欧根·杜林，他
> 129 如今在德国把道德之鼓擂得极其伤风败俗、令人作呕。杜林，这个

天下第一道德吹鼓手，即使和他的同类，那一群反犹主义者比起来也堪称第一）。

这些都是憎恨的人，生理不健全的人，虫蛀的腐朽者，他们用于地下报复的整片土壤抖动着，他们永无休止、永不满足地对着幸福者发作，他们永不停顿、永不知足地为复仇化装、为复仇寻找借口——他们何时才能达到他们最后的、绝妙的、崇高的胜利？（*G* 123—124；388）

或者再看一下这段：

我也不喜欢那些新近出现的做理想投机的人，那些反犹主义者，他们现在正翻着基督徒—亚利安种—资产阶级的白眼，而且他们滥用最廉价的宣传伎俩、滥用道德姿态，试图用这些令任何人都不耐烦的方法唤起人民的各种野兽成分。（*G*158；425）[27]

考虑到尼采的姐姐伊丽莎白·福尔斯特—尼采* 对其文本所做的反犹主义歪曲以及纳粹对尼采的利用，尼采居然拈出反犹主义者作为最有害的憎恨形式的**典型**，这不啻是巨大的反讽。尼采对憎恨的心理动机有着深刻理解，知道它如何内在化、滋长、恶化，并以有害而毁灭性的方式爆发。憎恨是尼采道德心理学的基本概念。当然，尼采的确说过，如果憎恨出现在贵族那里的话，它就会以直接反应的方式达到顶点并消耗殆尽，并"因此不会产生毒害"（*G* 39；287）；尼采还指出，那些超越善恶的人将不再遭受到憎恨造成的有害结果。但是，比起尼采的如下描述，上述可能性就不怎么令人信服了：这种形式的恶的有害爆发经

* 伊丽莎白·福尔斯特—尼采（Elizabeth Frstör-Nietzsche，1846—1935），在尼采1889年精神失常后负责整理尼采的文稿，后以《权力意志》为名编辑出版，相当程度上导致尼采被认为与纳粹和反犹主义沾亲带故。

常带来危险。尼采关心的不仅仅是个人心理上的憎恨。憎恨是社会上、政治上和文化上的呈现。他对于社会和政治上所谓的现代化进程以及一切进步发展的言论深表怀疑。此外，他也洞察到现代民族主义所具有的剧烈危险。他对这些进程的阴暗面十分敏感——憎恨就在那里恶化，继而在一次恶性毁灭的高潮中爆发。

在我讨论谢林时，我曾表明他意识到了恶的心理力量，意识到这种力量如何一直保持潜伏并时刻有可能造成威胁。尼采探索了谢林开辟的路径。这并不是说，谢林直接影响了尼采；尼采强有力地提出了关于恶的新问题，并通过比之前的思想家更加深入地探索恶的道德心理的
130 复杂性，扭转了恶的话语。20 世纪的思想家们一次又一次回到尼采，因为他洞察到憎恨的心理动力，洞察到它如何与嫉妒、妒忌与仇恨联系在一起；洞察到憎恨所能采取的各种个体的、社会的、政治的和文化的形式；洞察到憎恨的毒性恶化，以及其**经常存在**的危险后果。我们或许不会全然信服尼采生动的“再描述”；我们可能会批评他过于夸张和过分的修辞；我们可能会质疑其虚构的历史；我们可能会质疑他创造的神话和面具；我们可能会认为，尼采把憎恨视为理解犹太—基督教道德的**唯一**基础和关键、视为其不懈批判现代欧洲文化的**唯一**基础和关键，不免有些过分。但是，如果我们把尼采理解为生动描绘了憎恨的心理动力与危险的人；如果我们把他理解为提出了棘手问题、警告我们注意现代道德和现代社会化进程的阴暗面的人，那么我想我们就必须总结说，尼
131 采对于我们正在进行的关于恶的讨论贡献良多。[28]

第五章

弗洛伊德：无法根除的恶与矛盾情感

实际上，不可能“根除”恶。

——弗洛伊德：《思索战争与死亡的时代》

如果我们紧跟康德的分析，并询问为什么（归根结底）一些人选择善的准则而另一些人选择恶的准则，我们被告知答案是“无法探究的”。对于客观道德法则的认识可以提供充分的推动力，促使我们选择善的准则。但是，如果我们真的是自由的，如果我们有能力在善恶之间做出选择，那么对意力来说就不存在最终的因果约束。约威尔把这称作“选择的‘黑洞’”。

> 选择的“黑洞”存在于康德的意志理论中。康德在谈论自由的“无法探究的”起源以及关于善恶的选择时，他本人就强调了这一点。然而，他并不把这一点当作失败，因为这乃是出于他的精心意图……（康德）有意让选择的权力保持其残存的非合理性，我们或许可以说，这是自由和个体人格的代价。就此而言，他不能也不愿把意志充分理性化。[1]

我同意这一点并非失败，事实上，我已经指出，这种对于自由选择的理解乃是康德对于自由、道德和责任之理解的必然结果。自由意味着拥有在善恶准则之间做出选择的能力。但是，即便我们承认康德的主要论点，我们还可以从另一个角度发问，为什么人们做出他们那些选
132 择。对于人性（尤其是人的“精神”），我们能否获得一种更深刻的理解，以使我们能够理解为什么人们做出他们那些选择？康德的道德哲学并没有排除进行这样一种探索的可能性，只要我们对其边界足够清楚。尤其是，如果我们把我们对康德的道德哲学的理解限制在《原理》和《实践理性批判》中，那么对自然（包括人的本性）的研究好像并不能在自由和道德方面教给我们什么。但这种推论或许是没根据的。我们已经看到，康德在《宗教》中引入了一种人性概念，既缓和了自然和自由之间的二元对立，也没有否认这一差别。当康德宣称人的天性就是邪恶的时候，他并不是在《纯粹理性批判》的意义上使用“天性（nature）”一词。严格说来，道德谓述（predicates）（善或恶，对或错）并不在严格意义上适用于天性自然——作为现象的天性自然。而且，将根本恶作为一种“品性”（Hang）引入，本身就意在表明我们如何受到我们人性的这一特点的影响。同样，我们也看到黑格尔、谢林和尼采质疑了自然与自由之间所有的截然对立（虽然三者方式非常不同）。尽管如此，他们并不认为自然和自由之间的连续性削弱了我们进行自由选择的能力。事实上，我们在三者身上都看到了一种更复杂和模糊的对于人性之理解的端倪——这种人性超越了康德在自爱与理性意志之间设置的截然对立。甚至黑格尔这个极为强调理性最终胜利的人，对于非理性的力量也有着敏锐的理解。《现象学》是一条“绝望的道路”。我们一次又一次地经受痛苦、沮丧和绝望，因为正当我们认为已经达到一种对于我们是谁和是什么的真正理性的理解时，我们发现我们错了，我们在自欺欺人。这是我们的经验所具有的重要特征，也内在于我们的自我塑造（Bildung）。谢林和尼采将这一点推向极致。回想尼采在《谱系》一开

始说的话，他说我们不仅不理解自己，而且我们**必定**误解自己。谢林和尼采通过探究人的心理复杂性、探究恶如何从人身上爆发出来，从而打开了这片领域。

弗洛伊德毫无疑问不是一位传统的道德哲学家。他关注的不是分析“善与恶”或“好与坏”的意义，他也不处理道德判断的证成问题。那些对于康德、黑格尔、谢林和尼采而言如此核心的哲学（或神学、反神学）问题并不在弗洛伊德的首要关注之列。众所周知，弗洛伊德对于哲学和传统的道德阐释抱有怀疑，虽然他无疑认为哲学家有时候在人的精神方面做出过洞见。不过，从弗洛伊德的考察中得出的有关人的精 133
神动力（dynamics）的图景，却根本扭转了我们对于下述问题的理解：我们为何做出选择和采取决定，道德良心如何产生与发展，理性在做出选择的过程中扮演了何种角色，以及恶是否无法根除。确如菲利普·里夫[*]已雄辩地指出的那样，弗洛伊德有着“道德家的心智”。他推崇（并且身体力行）一种严苛的“真诚伦理”（ethic of honesty）——类似于尼采这位极其蔑视道德的人所祈求的伦理。[2]

我在本章希望说明的是，虽然弗洛伊德对哲学（包括道德哲学）持有怀疑，他却点出了关于恶的一些问题，而这些问题尚没有被道德哲学家们充分处理过。通过探索已经由尼采所预示的主题，弗洛伊德使我们得以更好地理解恶在文明社会中强有力的爆发，它所带来的持续威胁，以及为什么恶是无法根除的。

我希望借助弗洛伊德最具争议和挑战性的一本书（《图腾与禁忌》）来开始对其道德心理学的考察；一直到弗洛伊德生命末期，这部著作对他都有着特殊意义。[3]他在致桑多·费伦齐[**]的一封信（1913 年 5 月 4

* 菲利普·里夫（Philip Rieff，1922—2006），美国社会学家和文化批评家，写有许多关于弗洛伊德的著作，包括 Freud: The Mind of the Moralist 和 The Triumph of the Therapeutic。

** 桑多·费伦齐（Sandor Ferenczi，1873—1933），匈牙利精神分析学家。

日）中说：“我正在写关于图腾的东西，我觉得这是我最伟大、最好、可能也是最后一件美好的事。我打心底里觉得我是对的。”几天后，他再次写道：“自从我写《梦的解析》以来，这还是头一次我对自己写的东西坚信不疑。”[4] 虽然弗洛伊德自己关于其推测性假设是否科学持有怀疑，虽然他对人类学和人种学证据的运用招来了尖锐而严酷的批评，弗洛伊德还是反复回到他在书中提出的种种假设。[5] 他在《集体心理学》（1921）中再次采用了原始群落（primal horde）与兄弟团体弑父的主题。在 1922 年的论文《17 世纪神鬼学神经症一例》中，他回溯到兄弟们谋杀原始父亲后体验到的矛盾情感，从而解释恶魔如何成为对于亲爱的父亲的替代。他写道：“不需要太多分析上的慧眼，就能猜到神与恶魔刚开始是等同的——它们曾经是一个形象，而后分裂成两个具有对立属性的形象……由此，父亲似乎既是神的原型又是恶魔的原型。但是，我们可以期待宗教在以下事实方面带上了不可磨灭的印记：远古的原始父亲曾是一个无限恶的存在——更像恶魔而不是神。”（*SE* XIX, 86）向《图腾与禁忌》的一次非常重要的回归体现在弗洛伊德出版的最后
134 一部著作《摩西与一神教》（1939）中。他公开说，这部著作延续了他“二十五年前在《图腾与禁忌》里”提出的主题（*SE* XXIII, 53）。弗洛伊德再次重复了兄弟团体谋杀原始父亲的故事，并且认为在荒漠里对摩西的谋杀是对“原初谋杀”的一次重复。而且，他还针对其批评者的“猛烈谴责”而为自己的诠释辩护。[6]

兄弟团体的矛盾情感

《图腾与禁忌》由四篇文章构成，但最有名的是最后一篇文章《图腾崇拜在童年期的再现》。弗洛伊德在这篇文章里探索图腾崇拜起源的精神分析解释，并讲述了原始群落的专制父亲如何将所有女性占为己有并放逐年轻男子——包括他自己的儿子。兄弟们对他们暴君般的

父亲有着强烈而又矛盾的心理;他既受爱戴和尊敬,又令他们恐惧和憎恨。兄弟们起而弑父,并在图腾餐上把他吃了。弗洛伊德的解释如下;

> 假设有一天,那些被父亲驱逐出来的兄弟们聚在了一起,联合杀死并分食了父亲,这样就终结了那种父权制的部落形式。通过联合,他们终于有勇气去做并做成了单凭他们个人的力量无法做成的事情。……对于同类相食的原始人来说,在杀死牺牲者之后将其分食是不言而喻的。那位暴虐的原始父亲无疑是兄弟们畏惧和嫉妒的对象:通过分食他的行动,他们也完成了对他的认同作用,而他们中的每一个也都获得了他的一部分力量。图腾餐(也许就是人类最早的节日)也因此成为对这种难以忘却的犯罪行为的重复和纪念,它也是人类许多事物的开端,像社会组织,道德律令以及宗教等。(*SE* XIII, 141—142)[7]

最后一句话表明为什么这一叙事(这一“科学神话”)对弗洛伊德来说如此重要。《图腾与禁忌》是弗洛伊德第一次尝试系统地将精神分析的种种发现运用到社会组织、道德、政治和宗教的起源方面。我们在此发现了弗洛伊德对道德律令的起源的解释:“不可杀人”,这个命令吊诡地建立在原始的暴力弑父的基础上。[8] 在这次谋杀以后,兄弟团结在一起确保生活的安全。

> 兄弟们以此保证彼此的生命,并宣称不能再用他们曾使用过
> 的联合起来对付其父亲的方式来对付他们中的任何一个人。这样 135
> 他们就排除了重蹈其父亲覆辙的可能性。在那以宗教为基础的禁止杀害图腾的禁忌之上,人们现在又添加了以社会为基础的禁止兄弟相残的禁忌。只是在过了很长一段时间之后,这种禁忌才不再局限于同一民族的成员之间并呈现为这样一种简洁形式:“不可

> 杀人。”父权制群落第一次被兄弟制氏族所取代，后者的存在是以血缘纽带来保证的。现在，社会是建立在共同犯罪的共谋之上；宗教是建立在罪感（悔恨之情附着其上）之上；而道德则是部分建立于这种社会的迫切需要之上，部分建立于这种罪感的悔罪要求之上。（*SE* XIII, 146）[9]

不过，原始群落的故事与恶的问题有什么关系？对此可以先这样说：弗洛伊德利用这个故事表明，人的精神具有深刻的矛盾情感——谋杀的冲动被内在化并压抑于这种矛盾情感之中，但永远无法彻底根除。为了考察其展开过程，考察原始群落的神话如何被用于解释社会组织、宗教和道德的起源，我们需要探究弗洛伊德关于禁忌和图腾崇拜提出的一些关键主张——而禁忌和图腾崇拜是他在前三篇文章中探讨的主题。

弗洛伊德诉诸精神分析关于强迫性神经症与儿童（我们的原始期）的理解，为的是帮助我们理解图腾崇拜、异族婚姻和禁忌等人类学现象。[10] 弗洛依德利用弗雷泽的《图腾崇拜与异族婚姻》（1910）和安德鲁·朗格*的《图腾的秘密》（1905），集中关注图腾崇拜和异族婚姻之间的密切关联。在原始社会中（弗洛伊德举的例子是澳大利亚原住民），整个社会组织的设计显得是意在避免乱伦性关系。弗洛伊德不认同拒斥乱伦是人的天性的观点。相反，乱伦关系的天然**诱惑**是理解禁忌在阻止乱伦方面所起作用的关键。我们从精神分析得知，“小男孩最早选择的恋爱对象是乱伦性的，而且是被禁止选择的，此即他的母亲和姐妹”。随着小孩成长，他会从乱伦的吸引中解放出来，但在神经症中“力比多的乱伦性固着（fixations）在无意识的精神活动中继续起着（或重

* 弗雷泽（J. G. Frazer, 1854—1941），英国人类学家，以神话学和比较宗教研究闻名，早期进化学派人类学代表人物之一，卷帙浩繁的《金枝》是其代表作。安德鲁·朗格（Andrew Lang, 1844—1912），苏格兰诗人和文学评论家。

新开始起到)主要作用”。(*SE* XIII, 17)事实上,人从来没有**彻底**从乱伦吸引中解放出来;这种吸引被压抑下去并成为无意识。弗洛伊德在第一篇文章《乱伦畏惧》的结尾说:“因此,如果我们能够证明这些后来注定要变成无意识的乱伦愿望和那仍被野蛮人视为直接的危险并需要运用最严厉的手段来防范的乱伦愿望是同一回事,那么,我们的研究就不是毫无意义的。”(*SE* XIII, 17)[11] 136

然而,这种乱伦畏惧及其严格的禁令如何帮助理解图腾崇拜现象?为了理解这一点,我们必须考虑禁忌的意义和功能。

> 在我们看来,“禁忌”一词具有两种相互对立的含义。我们认为:一方面,它意指“神圣的”、“被圣化的”;另一方面,它又具有“神秘的”、“危险的”、“禁止的”和“不洁的”含义。在波利尼西亚语中,“禁忌”的反义词是“诺亚(noa)”,其含义是“普通的”或“通常可接近的”。因此,“禁忌”就具有某种不可接近之物的含义,而且,这种含义主要是以各种禁止和限制的形式表现出来的。(*SE* XIII, 18)

比起宗教和道德的禁止,禁忌是更为原始的现象,因为它们看起来“没有什么基础,也没有明确的起源”(*SE* XIII, 18),但这些原始禁忌的**踪迹**使我们得以解释更加发达的宗教和道德禁止的精神力量。[12] 弗洛伊德的主要观点是,伴随着禁忌的持续存在,去做那些被禁止之事的原初欲望也持续存在。就此而言,禁忌类似于强迫性神经症的禁止。正是禁忌的持续存在,与被禁止的原初欲望的持续存在**一起**解释了对于禁忌的矛盾情感。“在他们的无意识中,没有什么比触犯禁忌更让他们高兴的了,但是他们惧怕真的这样去做;显然是因为他们想这么做故而才会惧怕,而且惧怕远远强于这样做的欲望。然而,在每一个群落成员身上,这种想触犯禁忌的欲望都是处于无意识中的;这和神经症患者的

情形是一样的。”（*SE* XIII, 31）

我们可以看到，弗洛伊德以精神分析解释禁忌起源的逻辑，尤其是将乱伦禁忌（一种基于俄狄浦斯情结的禁忌）解释为“神经症的核心情结”（*SE* XIII, 129）。与相信乱伦畏惧是某种自然本能的看法相反，弗洛伊德认为小男孩对母亲具有的乱伦欲望是心理上的原始状态。这一欲望不会彻底消失；它受到压抑并变成无意识。结果，对待禁忌就有了一种矛盾的态度，尤其是针对乱伦禁忌。既存在一种打破禁忌的强烈欲望，又害怕和畏惧这么做。

至此，我们讨论了对于母亲的乱伦欲望，但俄狄浦斯情结主要是关于小男孩和他父亲的关系。

> 我乐意坚持这种观点，即这种探讨的结果表明：宗教、道德、社
> 会及艺术的肇始都汇集于俄狄浦斯情结之中。这与精神分析学的
> 137 下述发现是完全一致的，即这种情结也构成了所有神经症的核心
> （就我们目前对其所了解的情况而言如此）。对我来说，一个最令
> 人惊奇的发现似乎是：在人与其父亲之关系这个单一的基础上，我
> 们将证明社会心理学的问题是可以得到解决的。（*SE* XIII, 156）

此外还有一处重要的关联需要澄清。对禁忌的这种分析（它将我们带向俄狄浦斯情结）如何使我们能够理解图腾崇拜现象？图腾动物最初是父亲的替代。当弗洛伊德在解释图腾崇拜的过程中谈到此关键之处时，他告诉我们，他是在重复初民自己说的话。他们“把图腾描绘为他们共同的祖先和原始父亲”（*SE* XIII, 131）。如果图腾动物是对父亲的替代，那么我们就可以理解对待图腾的矛盾情感，也能理解为什么它是禁忌的对象。图腾仪式重复了对父亲的吞食和认同。

> 精神分析已经揭示出：图腾动物实际上就是父亲的替代者。

> 而这与下述矛盾性事实是相一致的，即尽管宰杀图腾动物通常是被禁止的，但是对其宰杀却又变成了一种节日场景——这种事实简单说来就是：宰杀它，然后再哀悼它。这种矛盾情感在今天仍然构成了我们孩子身上的父亲情结的典型特征，它也经常保留在成人的生活中；它还似乎扩展到那作为父亲之替代者的图腾动物身上。（*SE* XIII, 141）

让我们停下来思考一下弗洛伊德所谓“奇幻的”（fantastic）故事。我们或许会赞叹（或批评）弗洛伊德的勇气，但我们如何严肃对待这种关于乱伦、禁忌、图腾崇拜和谋杀原始父亲的推测性阐释？我们如何严肃对待弗洛伊德的如下主张，即我们在此找到了社会组织、道德和宗教的起源？对我们来说，核心问题是：这一切和恶有什么关系？我想先简单提一下弗洛伊德的道德心理学说明了什么。人类生活的核心是矛盾情感——这种矛盾情感渗透到我们无意识的最深层面。在精神分析中，矛盾情感并不是一个用来表示对抗的含糊而概括的术语。它的含义相当清晰准确。正如拉普兰切和彭塔利斯所说：

> 与早先关于情感复杂性和态度起伏的提法相比，矛盾情感这一观念的新颖之处在于：一方面，它维持了一种是/非类型的对立，**其中肯定和否定既同时发生又不可分割**；另一方面，它承认精神生活的不同部分都能找到这一基本对立。[13] 138

他们还指出：“在其本能的根源，俄狄浦斯冲突被认为是一种矛盾情感的冲突（ambivalenz Konflict），它的主要层面之一是‘对同一个人持有坚定的爱和不那么合理的恨’。”[14] 这种精神上的矛盾不可根除而且普遍存在。“几乎在所有的病例中，我们都会发现这样的情形，即凡是对某一特殊之人存在着强烈的感情依恋的地方，在这种温柔之爱背后的潜意识中都存在着一种隐匿的敌意。这是一种典型例证,是人类情感矛盾的原型。这种矛盾性情感在每一个人的内在性情中都会或多或少地表现出来。”(*SE* XIII, 60)我们从未完全成功地克服这一矛盾情感。并且,由于它位于我们无意识的深处,我们从未完全控制住它。很可能“原始民族的心理冲动中的矛盾情感比人们在现代文明人身上所发现的要浓厚得多。据推测,当这种矛盾情感渐渐减弱时,禁忌——作为这种矛盾情感的一种症状表现以及两种冲突性冲动相互妥协的一种结果——也就慢慢地消失了”(*SE* XIII, 66)。但弗洛伊德强调说,这种矛盾情感以及禁忌的踪迹从未完全消失。原初禁忌的踪迹有助于理解良心的本性和起源。“不必对这些术语的含义作任何的延伸,我们就可以谈及‘禁忌良心’(taboo conscience),或者说是禁忌被触犯后产生的一种禁忌意义上的罪感。禁忌良心也许是人们所见到的良心现象的最古老形式。”(*SE* XIII, 67)

> 良心是一种内在知觉,它将对运行于我们内部的一种独特愿望予以回绝。然而需要强调的是,这种拒绝并不需要诉诸其他任何事物的支持,它“完全是自我确证”(certain of itself)的。这一点在内疚意识中体现得更加清楚,这种内疚意识是指我们对于那为了实现一种特殊的欲望而做出某种行为后产生的内部谴责的知觉。对此提出的任何理由都似乎是多余的:因为任何有良心的人在内心里都必然会觉得这种谴责是合理的,都必然会觉得应对那已经实施的行为进行自责。在野蛮人对待禁忌的态度中,我们也能发现与此相同的特征。那是一种由良心发出的命令;对它的任何违背都会产生出一种可怕的罪感,其产生是必然的,但其起源却是未知的。(*SE* XIII, 68)

如果恶被描述为违背道德禁令,违背道德良心的要求,那么为恶的

诱惑就是不可根除的。一种诚实的伦理要求我们承认,这是我们精神生活的基本特征。似乎弗洛伊德为霍布斯那种关于人处于自然状态的旧式观点披上了现代精神分析的时尚外衣。然而,弗洛伊德远比霍布斯激进和麻烦。对霍布斯而言,存在一种充分**理性**的回应,来应对我们发现(或假设)的自然状态下的人所具有的心理特征。但这是弗洛伊 139
德所拒绝的。我们不得不学着忍受这种深层的、不可根除的矛盾情感;我们无法遏制或充分理性地控制它。我们无法清除我们无意识中想要违背道德禁令的欲望。认为弗洛伊德的学说是基督教原罪教义的世俗版本,这同样是一种严重的歪曲。我们体验到的强大的精神矛盾并不是堕落的结果,也不是某个自由意志的行为。它肯定不是自由选择的。因此,谴责或从道德上判断人的这种无法根除且普遍存在的精神矛盾,就完全不合理。

在这个原始弑父的故事中,我们还要应对一种根本困惑。弗洛伊德的解释中似乎有一种奇怪的循环。乍看之下,似乎他提供了一种关于社会组织、宗教和道德之起源的历史解释,依照的是他有关神经症和儿童的精神分析经验。然而,我们越是仔细考察弗洛伊德的实际工作,就会越明显地发现这并不是其叙事结构的深层逻辑。让我们再温习一遍弗洛伊德的叙事。考虑一下在儿子们叛变并谋杀父亲**之前**是什么情况。父亲占有了群落中的妇女(包括他自己的女儿)以满足自己的性欲。但是,弗洛伊德的故事中并没有说父亲感受到"乱伦恐惧"。而且,父亲威胁说如果他的儿子们妨碍他占有妇女,就杀死或阉割他们,看起来就不存在什么针对谋杀的禁忌。这是否意味着父亲并不感受到"情感的矛盾"?可如果精神矛盾是普遍存在的,为什么父亲(他自己也曾是个儿子)感受不到它?弗洛伊德的原始群落故事可能意在对禁忌的起源做出解释。然而,要使这个"历史"解释生效,要使它**能够解释**它声称要解释的事情,弗洛伊德不得不**预设**儿子们感受到一种不曾被父亲感受的精神矛盾。但是,在父亲没有感受到精神矛盾的情况下,为什么儿子们感受到了？弗洛伊德的叙事存在着一处关键缝隙。

让我们暂时把这个困难搁置起来，考虑一下兄弟们杀死并吞食父亲**之后**发生了什么。弗洛伊德如此强调吞食父亲（图腾仪式的基础）这一同类相食之举，原因是他将此行为阐释为精神上对父亲的**认同**。可是这一推断本身基于弗洛伊德对于无意识动力的精神分析式理解。简言之，看起来弗洛伊德已经预设了他试图解释的事情。接下去的事情是什么？兄弟团体由于自己的“犯罪”行为，感到罪感和悔恨。但是，为什么？在什么意义上可以说这是一种“犯罪”行为，尤其是针对谋杀
140 的禁令尚不存在的话？弗洛伊德说：

> 我们只需假定：在那狂暴的兄弟团体中充满了矛盾情感，这种相同的情感，我们也可以在我们的孩子以及神经症患者身上存在着的矛盾性的父亲情结中发现其踪影。他们憎恨父亲，因为他扮演的是一个他们在渴望获得权利和性满足过程中的可怕阻碍者的角色；但是，他们同样爱戴和敬重他。在他们将其除掉之后，他们对他的憎恨情感得到了满足，想与之认同的愿望也实现了；但此时那曾被排斥在一边的爱戴之情又必然会在他们的心中浮现出来。这种爱之情感会以悔恨的形式表现出来。一种罪感也油然而生；在此例中，这种罪感与整个群体都感受到的那种悔恨是一致的。那死去的父亲反而变得比其生前更强大——因为，直到今天，我们仍可在人类事务中经常见到该事件所产生的影响。从那时起，父亲生前禁止他们做的事情，现在由儿子们自己予以禁止了，这和我们非常熟悉的、在精神分析学中称之为“延迟性服从”的心理过程是一致的。他们通过禁止杀害那作为其父亲替代者的图腾来消解其弑父行为；他们通过放弃对那些已获自由的女人的性权利来否认其弑父的成果。他们就这样从其带有罪感的孝敬中创立了图腾崇拜的两条最基本的禁忌；也正因为这种缘由，他们必然会与俄

狄浦斯情结中两种被压抑的愿望形成一种对应关系。不论谁背离了这些禁忌,谁就犯下了原始社会那仅有的两宗大罪。(*SE* XIII, 143)

我不惜花很长篇幅引用此段落,因为它特别清楚地表明:原始群落的故事并没有**解释**精神矛盾(它是禁忌、图腾崇拜和良心的特征)的起源。相反,弗洛伊德预设了初民与他在诊断过程中观察的儿童和神经症患者一样,体验到**相同的**精神动力。弗洛伊德实际所做的是创造一个历史神话,这个神话声称要解释社会组织、道德和宗教的起源,它预设了我们**当今**对于矛盾情感、认同、负罪、俄狄浦斯情结、压抑、无意识的精神动力的精神分析式理解。我们现在可以更充分地感到列维—施特劳斯如下评论相当敏锐:"弗洛伊德以《图腾与禁忌》建构了一个神话,当然是个非常美妙的神话。但是,和所有神话一样,它并没有告诉我们事情事实上是怎样发生的。它告诉我们人们该如何想象事情的发生,以试图克服种种矛盾。"[15]

我强调原始群落的故事是对于弗洛伊德视之为人类特征的心理事实的一种神话式再现,并不是想批评弗洛伊德,而是希望澄清:当他诉诸我们的远古传统之时,实际上做的是什么工作。在此,弗洛伊德对历 141
史的建构与尼采的谱系学之间有着惊人的相似。两位思想家都诉诸历史,目的是提供(用福柯的话说)"一种当代史"。并且,就像尼采及其谱系学对哲学的攻击那样,弗洛伊德试图帮助我们理解当今的道德禁令。弗洛伊德不同于尼采的地方在于,他坚信人的基本的精神动力是普遍和非历史的。矛盾情感、压抑、负罪、悔恨的动力并不改变;只有他们的**显现**随着人类历史的进程而改变。因此,精神分析总是诉诸过去婴儿和儿童的经验以解释当下的神经症。但甚至这种关于人的心理发展的观念,大概也是所有人都有的特征。

我们在《摩西与一神教》中也发现了类似的谱系学逻辑,弗洛伊德在那里引入一组区分，区别他所说的“实质真理（material truth）”与“历史真理（historical truth）”。他用“实质真理”一词指的是某种能够被客观证据支持的字面真理。作为不信神的犹太人，弗洛伊德对一切宗教明白提出的认知主张都持批判态度，坚决认为它们在实质上都是错的。但如果解释得当，也可能揭开宗教背后的“历史真理”。不过，弗洛伊德使用“历史真理”一词的意思**并不是**我们通常使用这个词时所理解的意思；它不是一种有关过去的实体性真理。相反，“历史真理”（更清晰的说法是“心理真理”或“精神分析真理”）指的是精神分析使我们在宗教的历史起源中揭示的真理。我运用弗洛伊德的实质真理和历史真理区分，希望表明（虽然偶尔出现与此相反的说法）：原始群落的故事没有表达关于远古历史的实质真理。它是一个被建构起来的神话，意在表达历史真理——也就是说，表达被掩盖和压抑的心理真理，通过精神分析式的探索能够重新得到这个真理。[16]

虽然弗洛伊德并不是（也不该被认为是）道德哲学家，因为他主要并不关注道德判断的意义和证明，但他仍是 20 世纪最重要和最棘手的**道德心理学家**。关于人的精神所具有的矛盾暧昧的无意识欲望（永远无法**完全**被理性控制的无意识欲望和动机），弗洛伊德提出的主张对于所有关于恶的充分解释来说都至关重要。弗洛伊德在谈论恶时毫不迟疑。他曾写过一篇《思索战争与死亡的时代》（1915），回应第一次世界大战带来的幻灭感；在这篇文章中，弗洛伊德应对的麻烦问题是“作为
142 人类最高文明成员的人表现出来的残忍，或许人们都无法想到”。他公开拒绝如下观念，即我们可以根除“人类恶的倾向，并且在教育影响和文明环境下，用好的倾向（替代）它们”（*SE* XIV，280—281）。

> 实际上，不可能“根除”恶。相反，心理学考察（或更严格地说，精神分析考察）表明，人性最深层的本质由本能的冲动构成，这些冲动有一种基本性质（elementary nature），在所有人身上都类似，

> 目标是满足某些原始需要。这些冲动本身无所谓好坏。我们以这种方式来对它们和它们的表现进行分类，根据是它们与人类共同体的需要和要求之间的关系。必须承认，所有被社会谴责为恶的冲动（比如我们可以把自私和残忍作为代表），都属于这种原初类型。（*SE* XIV，281）

弗洛伊德始终警惕被相反的极端吸引过去的诱惑：赋予人性的“固有部分”以过大的强度（rigidity），并且“相比于仍然处于原始状态的本能生活，过分估计文化的总体影响”（*SE* XIV, 283）。诚实伦理要求我们承认“对于人性‘善’的信念本身是一种**恶的幻象**，人类借由这些幻象期待他们的生活变好、更容易，而实际上它们只能带来破坏”（*SE* XXII, 104；强调字体为笔者所加）。这一伦理同样要求我们避免相反的极端：认为人性的堕落是固有的、不可挽救的。有些论者认为，弗洛伊德的基本信息是悲观的，并认为他彻底放弃了启蒙运动关于理性之效用的希望。但这种说法没有根据。弗洛伊德寻求一种关于理性自身的诚实的启蒙，并且促使我们对其脆弱性和局限性采取非常现实的态度。弗洛伊德的精神分析考察包含的主要信息并不是悲观主义，而是面对不可控制的偶然性时持有某种现实的态度，以及诚实地评价不可根除的恶。

本能理论

如果我们想要理解为什么弗洛伊德认为恶不可能被根除，我们就需要深入他**晚期**的关于本能的理论。1915 年，弗洛伊德写了讨论战争和死亡的文章，此时他还没有提出这一理论——关于生命本能（Triebe）和死亡本能之间的争斗：爱若斯（Eros）与桑纳托斯（Thanatos）之间的争斗。[17] 只有在《超越快乐原则》一书中（很多人相信这本书代表了弗 143

洛伊德思想发展中一个关键的转折点),这一论题才在推测的意义上被提出来了。但是,弗洛伊德笔下的本能是什么意思?[18] 在《本能及其变化》一书中,弗洛伊德将本能描述为"位于精神和肉体临界处的一个概念……(它)在精神上表征着发源于器官内部并达到头脑中的刺激因素,它是根据头脑与身体的联系而施加命令于头脑的一种手段"(*SE* XIV, 121—122)[19]

在另一层意义上,本能也可以是一个边界或临界概念。它不仅标志着肉体和精神之间的临界概念,而且标志着无意识和意识之间的边界。为表明这种"之间"的状态,弗洛伊德创造了表征(Repräsentanz/representation)这一技术性表述,并且谈到了"精神表征",建基于我们的生物本性之上的本能可以有不同的"精神表征",这就使得我们能够谈论本能的变化。[20] 实际上,对于理解生命本能和死亡本能何以具有各异的精神表征而言,这一点非常重要。[21]

弗洛伊德在《超越快乐原则》中推测性地提出生命本能与死亡本能的新二元论之前,曾在性本能和自我本能之间做出区分。但弗洛伊德告诉我们,他在临床诊断时,发现患有创伤性神经症的病人的梦中有着"重复"令人痛苦的创伤的"强迫(行为)",这迫使他修正自己对于快乐和现实原则的运作方式的理解,以及自己的本能理论。拉普兰切和彭塔利斯描述了弗洛伊德在1920年提出本能二元论时,有什么新的内容;而弗洛伊德一直坚决主张他后来提出的这种二元论,直至逝世。

> 《超越快乐原则》中提出的新的本能二元论将生命本能与死亡本能相对,调整位于冲突之中的种种本能的作用和位置。
>
> (1)地形学(topographical)冲突(位于防御性作用力和受压抑作用力之间)不再与本能冲突相吻合:本我(id)被描述为一个本能寄存器,同时包含两种本能。自我所运用的能量来自这一共同的来源,尤其是那种以"性退化(desexualized)和崇高化"形式

> 出现的能量。
>
> (2)在弗洛伊德的最后理论表述中,两大类本能与其说是器官实际运行情况的具体推动力,不如说是**最终**规范器官行为的根本原则:“我们假定存在于由本我的需要所造成的种种紧张背后的力量,叫做**本能**。”这次重心的转移,在弗洛伊德另一处为人熟知的表述中体现得尤为明显:“本能理论可谓我们的神话。本能是神话单位,这些神话单位极为不确定。”[22] 144

在《超越快乐原则》的结尾,弗洛伊德(在最后一个脚注里)描述了自己提出新的推测性假设的经过。[23]

> 我们一开始是从性本能与性的关系以及与生殖功能的关系来认识“性本能”的性质的。由于精神分析理论的某些发现,我们不得不使性本能与生殖功能之间的密切联系有所削弱,但我们仍然保留了性本能这个名称。由于提出了自恋性力比多的假说,由于将力比多概念引申到解释个体细胞,我们就把性本能转变成了爱若斯,这种爱的本能旨在迫使生物体的各部分趋向一体,并且结合起来。我们把人们通常称作性本能的东西看作是爱的本能的组成部分,而这一部分的目标是指向对象的。我们的看法是,爱的本能从生命一产生时便开始起作用了。它作为一种“生命本能”来对抗“死亡本能”,而后者是随着无机物质开始获得生命之时产生的。这些看法是想通过假定这两种本能一开始就相互斗争来解开生命之谜。(*SE* XVIII, 60—61)[*]

看起来,弗洛伊德似乎退回到了某种心理学版的摩尼教中,其中

* 引文根据林尘译文,参见弗洛伊德:《弗洛伊德后期著作选》,上海译文出版社2005年版,略有改动。

我们的生活被卷进两种对立的巨大力量的争斗和对抗中去。但是,任何将爱若斯等同于某种宇宙论式的善的原则,将死亡本能等同于恶的原则的做法,都过于简单,也是很大的误解。诚然,弗洛伊德在思考生命和死亡本能之间的争斗之时,确乎宣称其范围远远超过了人类精神。死亡本能的目标是回归到无机物(这一论题深深吸引了托马斯·曼),而生命本能的目标则是将越来越多活着的物质结合进更大的统一体。他把死亡本能与自我毁灭的倾向密切关联起来。在《精神分析引论新编》里,弗洛伊德做出了如下推测:

> 假定远在往古,生命以一种我们无法推知的方式起源于无机物,那么根据我们的假设,那时便已经有一种本能要以毁灭生命而重新回归到无机物状态为目的。又假定我们所称的自我毁灭起源于这种本能,那么这个冲动便可被视为任何生命历程所不能缺少的一种死亡本能的表现。我们相信本能可分为两类:爱欲本能常欲将越来越多活着的物质结合进更大的统一体,而死亡本能则反对这个趋势,它要将生命的物质重新回归到无机物状态。这两种本能势力的合作和反抗产生了生命现象,直到死亡终止这一过程。
145 (*SE* XXII, 107)*

弗洛伊德肯定意识到了下述反对意见,即他的推测不过是奇思异想,远远超出了临床观察所承认的范围。不过,他对此回应道:"你们也许会耸耸肩说:这不是自然科学,这只是叔本华的哲学。但是,诸君,一个大胆的思想家所想象的事,为什么不能为后人的苦心研究所证实呢?"(*SE* XXII, 107)[24]

虽然弗洛伊德在世时(直到今天),很多批评者、甚至包括他那些相

* 引文根据高觉敷译文,参见弗洛伊德:《精神分析引论新编》,商务印书馆 1987 年版,略有改动,下同。

当善意的辩护者，都强烈反对他所做的生命和死亡本能二元论假设，弗洛伊德本人还是坚决提出他晚期关于本能的理论。[25] 这一二元性最重要的特征在于，弗洛伊德坚称：相互对立的本能及其精神表征存在着不可解开的融合（Vermischung）与混合。我们永远无法遇到任何一种本能的“纯粹”形式，虽然我们出于分析目的进行的描绘，显得两种本能似乎是可以区别开的。在这个意义上，如果我们不同时揭示死亡本能的精神表征，我们就永远无法发现生命本能的精神表征。正是这些基本本能的**融合**，使弗洛伊德坚信恶是不可根除的。从弗洛伊德的精神分析角度看来，不可能存在爱若斯而没有桑纳托斯（或存在桑纳托斯而没有爱若斯）——虽然这些本能的精神表征和一方主导另一方的情况变化不定。

事实上，生命本能和死亡本能相互融合的程度，要比我们上面论述的情况更为错综复杂。如果我们仔细考察弗洛伊德一开始关于生命本能和死亡本能的描述，并把它们和他后来的表述联系起来，我们就会发现存在一种微妙但十分关键的重心转移。弗洛伊德在《超越快乐原则》中引入新的本能二元论时，他强调说爱若斯的目的是创造并维持更大的统一体；爱若斯是起到维系作用的本能。这就是为什么对文明共同体的创建而言，爱若斯相当重要。在《精神分析大纲》（写于 1938 年，但在弗洛伊德逝世后才于 1940 年出版）中，弗洛伊德提出了本能理论的最终表述，他说：

> 经过长期犹豫和变化后，我们决定假设仅只存在两种基本本能：**爱若斯**和**毁灭本能**……第一项本能的目的是建立更大的统一体，然后把这些统一体保持下来——简言之，就是将它们维系在一起；相反，第二项本能的目的是解开联系，并毁灭事物。在毁灭本能的情形中，我们可以设想它的最终目的是将生命体引向无机物状态。出于这个原因，我们也把它称为**死亡本能**。（*SE* XXIII，

146 148）

但是，弗洛伊德在很多地方、尤其是在《文明及其不满》中，同样描述了性欲之爱（爱若斯的具体表现之一）如何对文明进程的**维系**力量起到破坏作用。“一方面，爱与文明的利益形成对立；另一方面，文明以其大量限制威胁到爱。”（*SE* XXI, 103）爱若斯的精神表征之一是起到维系更大统一体的作用，而另一方面的精神表征则是对文明进程的暴力破坏。结果，不仅存在生命本能和死亡本能之间的二元论，而且爱若斯本身也有**内在的**二元性。这种基本本能可能有相互矛盾的精神表征。死亡本能亦是如此。正如爱若斯对创建文明至关重要，但却也可能起到破坏和分裂作用，死亡本能也不仅仅是破坏性的，而也可能是创造性的。死亡本能的攻击性能量的主要表现形式就是劳作。没有劳作，就不会有文明；人的劳作能够以一种不具破坏性的方式驾驭这种攻击性能量。如果人们使攻击倾向丧失其显现于“创造性”外界活动的可能，就会产生如下危险：这一攻击性能量将以神经症的、自我毁灭的方式转而攻击人自己。不过，死亡本能也给文明带来威胁。死亡本能会爆发出毁灭和自我毁灭的烈焰。死亡本能内部同样存在**内在的**二元性。因此，不仅爱若斯和桑纳托斯之间有着相互争斗的二元性，生命本能和死亡本能内部同样有内在的二元性（矛盾情感）。对于文明的创造和维持而言，**两者**都十分必要，并且**两者**都对文明造成了极大的威胁和危险。

我们对于恶的探究，需要注意到爱若斯和桑纳托斯这两种基本本能内在的矛盾情感；而要充分回答弗洛伊德自己对这种矛盾情感的理解具有何种意义，我希望转向弗洛伊德晚期本能理论中最为棘手、也最耐人寻味的讨论之一：《文明及其不满》中的讨论。他在此书第六章开篇时“坦白”，他强烈感到之前（这本书前五章）所说的都是常识和不言而喻的事情。他现在要转而探讨何以“一种特殊的、独立的攻击性本能，意味着关于本能的精神分析理论发生了改变”（*SE* XXI, 117）。他承认，自己关于生命本能和死亡本能二元性的说法哪怕在理论界内部也遇到了反对。但他告诉我们，在他首次提出生命本能和死亡本能二元性假设后的十年内，"这些概念已经完全占据了我的思想，以致我无法再以其他任何方式进行思考"（*SE* XXI,119）。早在晚期本能理论提出之前，施虐和受虐对精神分析来说就已是重要现象，但这些现象之前被和性 147
欲联系在一起。如今，弗洛伊德说："我无法理解，我们怎么能忽略了普遍存在的非性欲的攻击性和破坏性，又怎么能在解释生命时未能给它赋予适当的地位呢？……我记得，当有关破坏性本能的观念首次在精神分析的文献中出现时，我自己采取了防卫的态度，也记得我花了很长时间才接受了这个观点。"（*SE* XXI, 120）弗洛伊德公开嘲笑神学和宗教试图打发这种先天的进攻性和破坏性的做法。

> 因为，当人们谈及人类的邪恶、进攻、破坏和残忍等先天倾向时，（用歌德的话说）"儿童不喜欢听这种观点"。上帝以他自己完美的形象创造了儿童。没有人想重新记得这样的事实，即人类很难使不可否认的邪恶存在和上帝的全能和至善协调起来——尽管基督教科学派主张这种协调。上帝得以存在的最佳借口就是魔鬼的存在。魔鬼就像犹太人在雅利安人的理想世界里所起的作用一样，成为了有效发泄的动因。但是，即便如此，人们还是可以认为，上帝导致了魔鬼的存在，以及魔鬼所体现的邪恶。考虑到这些困难，我们每个人都应该在某些适当的场合向人类非常道德的本性表示恭顺的崇敬。这将有助于我们受到普遍的欢迎，而且我们的许多过错也会由此而受到宽恕。[26]

尽管语带嘲讽，弗洛伊德的论点还是很清晰的。弗洛伊德认为人类精神具有不可化约的进攻性、破坏性、暴力性冲动，他拒绝接受任何未能看到这一点的人性观，不管它是宗教的还是世俗的。弗洛伊德不仅强调“攻击性倾向是人类的一种原始的、自我持存的本能属性”,并且认为“它构成了文明的最大障碍”(*SE* XXI, 122)。这种原始的、自我持存的、攻击性的本能与爱若斯的整合作用相反,但它对于文明的发展也至关重要。而且,这种进攻性本能“正是死亡本能的派生物和主要表征,而且我们发现死亡本能是和爱若斯共存的,两者一起分享对世界的统治权”(*SE* XXI, 122)。正是这种对生命和死亡本能同样原始的性质的揭示,阐明了“文明进化的意义”。

> 现在,在我看来,文明进化的意义对我们来说不再模糊不清。它必须展现爱若斯和死亡之间、生存本能和破坏性本能之间的斗
> 148 争。在此过程中,人类文明才得以实现。这种斗争是一切生命的基本内容。因此,文明的进化过程可以被简单地描述为人类为生存所作的斗争。我们的保姆试图用关于天堂的催眠曲来平息的正是这场巨人之间的斗争。(*SE* XXI, 122)*

我希望说明这种关于爱若斯与桑纳托斯之争的理解对于恶的道德心理学有什么意义。虽然弗洛伊德间或谈到“善”与“恶”的冲动甚或本能,他在更为仔细的表述中清楚表明:本我(本能的最初来源)是无关乎道德的(nonmoral)。“从控制本能的角度、道德的角度来看,或许可以说本我彻底无关乎道德,自我(ego)努力追求道德,而超我(super-ego)则是超道德的(super-moral),并因而变得跟本我一样残酷。”(*SE* XIX, 54)道德谓述可以用于自我和超我,但不能用于本我。正如我们所见,道德本身是一种文化发明,它的产生源自兄弟团体谋杀并吞食原始父亲的“犯罪行为”。这不仅是说,本我是无关乎道德的本能的来源,而且这些本能是自相矛盾和模棱两可的:**不可能**满足我们所有的本能

* 引文根据张沫译文,参见弗洛伊德:《一种幻想的未来文明及其不满》,上海人民出版社 2007 年版,略有改动。

欲望。我们的本能冲动既是道德禁令的来源，同时也时刻打算破坏道德禁令。文明是爱若斯和桑纳托斯永无止息的争斗场所。在此，关键词是**争斗**——这场争斗可以采取许多不同形式，但终归没有最终的、永久的协调或稳定。弗洛伊德有时候认为我们有可能平息我们与生俱来的攻击性。事实上，如果文明要想存在的话，我们必须能够控制并重新定向我们的攻击性，以使它不至于完全是破坏性的。不过，这一尝试从来没有完全成功或保持稳定。即使存在许多复杂的精神机制来压抑和升华我们的基本本能，它们的原始能量其实从未消减。在个体或文明的发展过程中，基本本能会在非常突然的场合以更新的力量爆发出来。没有办法消除内在于我们人性的精神矛盾，它显现于我们基本本能的争斗之中。

弗洛伊德逝世于第二次世界大战前夕，但他已经见到了纳粹的残忍和野蛮。他肯定不会被接下去发生的种族屠杀和灭绝行为所震惊，也不会因为第二次世界大战结束后全世界不同地区发生的（以及还在发生的）大屠杀而感到震惊。我们看到，弗洛伊德在《思索战争与死亡的时代》中注意到，高度文明的社会有可能退回极端残忍和不加限制肆
意破坏的状态。有人认为：通过铭记野蛮恐怖的记忆，我们能防止这些 149
事情再次发生。弗洛伊德会赞同说铭记这些记忆很重要，但不是因为这样做可以防止此类恐怖不再发生；更为重要的是，我们要记住：我们本能天性的破坏性力量**从未**被消除。一切关于某种最终协调或和谐的说法，都过于天真烂漫。我们最为残暴的原初本能冲动，与道德规范以及道德禁令的发展共同存在。我们或许会急切地相信自己可以做些什么，可以通过制度化把恐怖的记忆固定下来，可以进行某些政治安排，等等——最终将**成功**遏制人类的进攻和破坏能力。沉浸在这样一种愿景里，就是沉浸在一种危险的幻象里。弗洛伊德最好地继承了启蒙传统，因为他的诚实伦理要求“如实道出”——哪怕这一要求质疑了启蒙关于人性善好、可塑性或理性的种种谓述。我们必须牢记，我们所谓的

原初本能冲动（包括我们的攻击性和破坏性冲动）伴随着道德规定和道德禁令的发展共同存在，也伴随着文明的发展共同存在。

> 早先的精神状态或许不会经年累月地显现出来，但尽管如此，它还是一直存在着的；它会在任何时候再次成为心智力量的表达方式，并且是唯一的表达方式，哪怕其后来的所有发展都已经被消除了。精神发展的惊人可塑性，在发展方向上并非毫无限制；或许，它可以被称为一种特殊的内卷能力（倒退能力），因为很可能一个更晚、更高的发展阶段一旦被舍弃就无法再次达到了。不过，原初的阶段却总是能够重新建立起来；原初的心智（在这个词最完全的意义上）是不朽的。（*SE* XIV，285—286）

弗洛伊德的道德心理学与恶的问题有重要相关性，为了完成我的分析，我希望考察他关于良心和罪感、人类责任的性质、理性的脆弱性的发生学解释。在此过程中，我们将会看到弗洛伊德和尼采的相似和显著差异。让我们先回想一下弗洛伊德在《图腾与禁忌》中怎样谈论良心的起源。禁忌良心是良心的最初形式，并且它是宗教和道德良心这些更加高度发展形式的基础。“良心是一种内在知觉，它将对活动于我们内部的一种独特愿望予以回绝。”（*SE* XIII，68）它与罪感以及兄
150 弟团体（当他们谋杀其崇敬又惧恨的残暴父亲之后）感受到的懊悔密切相连。我们在文明的道德良心中找到了禁忌良心的踪迹。因此，弗洛伊德总结道：“良心似乎很可能产生于矛盾情感的基础上……它是在下述条件中（我们曾经将这些条件应用于对禁忌和强迫性神经症的研究中）产生的，即在相关联的对立情感中，有一方是无意识的并处于另外那具有强迫性、占据支配地位的一方的压抑之下。”（*SE* XIII，68）弗洛伊德不断推敲他关于良心起源的观点。他在 1923 年引入本我、自我和超我的模型之后，丰富并修正了自己关于良心的起源和形成的理解。[27]

在相对晚一些的《精神分析学引论新编》（1933）中，弗洛伊德认为良心诞生于自我的分裂，一部分对另一部分进行观察和判断。正如自我诞生于本我，超我便诞生于自我的分裂。弗洛伊德将良心等同于超我——或更准确地说，等同于自我和超我之间的**紧张关系**。他甚至提到了康德的《实践理性批判》中关于道德律的著名陈述（弗洛伊德把道德律和道德良心联系起来）。

> 哲学家康德曾宣称神之伟大只有繁星的天空及道德的良心最足以证明。星斗无疑是美丽的，但就良心而言，神却未免有不均匀而粗心的毛病，因为大多数人的良心都仅有少许或者微不足道。……良心虽存在于我们内心无疑，但绝非在生命开始时便已存在。（*SE* XXII, 61）[28]

正如弗洛伊德否认存在先天或原始的乱伦憎恶或谋杀憎恶，他也不认为存在任何原始或先天的良心。这就是为什么，我们必须为禁止乱伦、谋杀和良心的起源给出发生学解释。让我们看看这一解释是如何进行的。

思维的逻辑法则（包括矛盾律）无法用于"本我"这一精神区域。"矛盾的冲动往往并存而不相互抵消，也不相互削弱……在本我中，没有什么能与否定相提并论……本我无所谓时间的观念，也无时间流逝的意识，而且……没有随时间的流逝而发生精神历程的变迁……本我对判断一无所知：没有善恶，没有道德。"（*SE* XXII, 73—74） 151

这段关于本我的论述中有一些含混之处，弗洛伊德在别的地方予以澄清。人们或许想知道，如果在本我中没有什么能与否定相提并论，谈论**矛盾**冲动并存是否还有意义。当弗洛伊德说到本我中存在矛盾冲动的时候，他**已经**是站在"自我"的角度上了，对自我来说否定的概念和"矛盾冲突"的概念才有意义。在《外行分析的问题》（1926）中，弗洛伊德如是论述本我："本我中不存在冲突；矛盾和对立在其中漠然共存，并且经常被种种妥协所调节。自我在类似的情境下就会感到冲突，必须做出决定；而决定就在于偏向一种冲动而舍弃另一种冲动。'自我'这种组织的特点就在于，它相当显著地趋向统一、综合。本我缺乏这种特点；我们或许会说，本我是'四分五裂'的；它的不同冲动独立追求自身的目标，彼此各不相干。"（*SE* XX, 196）如果我们将讨论限制在本我（或者可以说，限制在本我**自身**），严格来说，就不存在冲突、暧昧、矛盾或否定。冲突和矛盾情感只有随着自我的发展才会出现，也只有随着种种冲突在自我中显现后才会出现（这些冲突最初的位置是在本我里面）。随着自我的形成，冲突和矛盾情感就不可避免了。

虽然弗洛伊德很推崇康德，他还是在根本上远离了康德。与康德不同，弗洛伊德不认为道德律和道德良心的来源可以从实践理性那里找到。对康德而言，谈论道德律的心理起源毫无意义，只有谈论我们逐渐**意识到**道德律（这一过程）的心理起源才是有意义的。然而，在弗洛伊德看来，道德律和道德良心的起源要追溯到作为禁忌之基础的精神矛盾。道德良心诞生于超我和自我之间的紧张关系。弗洛伊德之所以对原始禁忌感兴趣，是因为似乎找不到任何对这些禁忌之所以存在的解释。对于经历着禁忌的初民来说，禁忌的"证成"问题甚至都没有出现过。这就是为什么弗洛伊德试图为禁忌的起源寻找精神分析的解释。正如他认为图腾良心的起源与理性无关，他也认为图腾良心的更加文明的派生物（道德良心）与理性无关。为了对道德作用做出充分解释，我们必须诉诸本我、自我和超我之间相互作用的动力。但是，超我的严厉和残酷的来源是什么——这种严厉和残酷可能变得过度，并使超我变得病态而紊乱（pathologically dysfunctional）？最初，超我代表着家长
152 权威的内在化。但良心和罪感的发展比这更为复杂。根植于本我的攻击性，变成超我的能量和严厉性的来源，而且是一种额外的、更具威胁性的来源。

弗洛伊德在《文明及其不满》中解释了为什么这种**内摄**（introjection）是超我的严厉和威胁力量的来源。

> 人的攻击性是内摄的，经过了内在化；事实上，攻击性被发送回了它的起源地，即它被指向了个体自己的自我。在那里，攻击性被一部分自我所接管，而这部分自我则以超我自居而凌驾并对立于自我的其他部分。现在，这部分自我又以良心的形式，准备采取同样严厉的攻击性来反对自我，而自我本来打算在其他的、外部的个体身上满足这种攻击性。在严厉的超我和附属于超我的自我之间形成的紧张关系，被我们称为罪感，它将自己表现为一种对惩罚的需要。因此，文明控制了个体危险的攻击欲望，其手段在于弱化或消除这种欲望，在于在他内部建立一种代理力量来监视它，就像在被征服的城市里驻扎军队一样。（*SE* XXI，123—124）[29]

因此，道德良心的起源包含一个三阶段模型。“首先，本能的克制是因为惧怕**外部**权威的进攻。”然后，“出现了**内部**权威的树立，以及由于对内部权威的恐惧而出现的本能克制——也是由于对良心（Gewissenangst）的恐惧”。最终，良心的“双重束缚”形成了。

> 这里，最终出现了一个完全属于精神分析的、与人们普通的思维方式相异的观点。这种观点使我们能够理解，为什么对我们而言这个主题必定显得如此混乱和模糊。因为这个观点告诉我们，良心（或者更准确地说，是后来变成良心的焦虑）一开始的确是造成本能克制的原因，但是，后来这种关系被颠倒了。现在，每一种本能克制都变成了良心的动力源，而且每一次新的克制都增加了它的严厉和苛刻。（*SE* XXI，128—129）

弗洛伊德关于良心形成的发生学解释，还有另一个极为重要的结果。良心的形成固然对于道德发展至关重要，没有良心就没有道德，也没有对“恶的冲动”的控制。但是，没有什么能够确保良心以正常方式运作。弗洛伊德假定，存在这样一些社会环境，良心在其中可能消失。
153 在《集体心理学和自我的分析》中，弗洛伊德阐述了这种可能性。

> 我们只需指出，个人在集体中获得了某些条件，它们使他能够摆脱对自己的无意识本能冲动的压抑。只需指出这一点也就足够了。至于他因此而表现出来的那些表面看来是新的性格，实际上不过是这种无意识冲动的种种表现形式罢了。人心的所有恶都作为一种禀赋而包含在无意识之中。要理解良心和责任感在这些环境下的消失，是绝对没有什么困难的。（*SE* XVIII，74）

在此，弗洛伊德提出了一个令人恐惧的可能性，而他从未系统地加以探讨：存在这样一些社会环境，其中“良心消失”而“人心的所有恶”都不受压抑。尽管汉娜·阿伦特相当怀疑精神分析，也很少提到弗洛伊德，她还是关注到极权主义政体下良心消失的现象——或不如说，关注到良心何以如此简单地受操控。这成为《艾希曼在耶路撒冷》的主要议题：

> 正如文明国家的法律假定良心的声音告诉每个人“不可杀人”，即使人的自然欲望和倾向可能在有些时候非常凶恶，因而希特勒手里的法律就要求良心的声音告诉人们“你可杀人”，尽管大屠杀的组织者清楚知道杀人违反大多数人正常的欲望和倾向。第三帝国的恶已经失去了其人所共识的性质——诱惑。[30]

我猜想，弗洛伊德很可能会同意阿伦特的说法，但除了一处关键问题。只是在非常表面的意义上，"杀人违反大多数人正常的欲望和倾向"。精神分析教导我们，杀人欲望是"正常的"和不可根除的。这正是为什么对于文明发展而言，克制本能、尤其是压抑攻击性本能至为关键。这也是为什么，良心和道德的发展对于维系文明来说非常重要。最终，这也是为什么"良心消失"是如此可怕（尽管十分现实）的可能性，它会爆发出肆意的进攻和毁灭，危及文明。

尼采与弗洛伊德

初看起来，尼采关于良心形成的谱系学解释与弗洛伊德的发生学解释之间有着惊人的相似。尼采的《谱系》的逻辑似乎是弗洛伊德的先声。在尼采对道德良心所做的解释中，存在着**外部**社会环境**内在化**的 154
变动过程。不过，更仔细地比较尼采和弗洛伊德的话，就会发现他们之间存在根本差异。在他的谱系学叙述中，尼采将良心谴责的起源描述为一种辩证发展，即一个介乎贵族式高贵伦理（好坏）的神话与（**可能发生的**）**超越**善恶的运动之间的阶段。但弗洛伊德思想的主要推动力正是反对辩证地阐释对本能的克制，也反对辩证地阐释使得良心得以产生的内在化过程。弗洛伊德关于谋杀原始父亲的神话叙述，其作用恰与尼采的谱系学解释相反。弗洛伊德的神话叙述意在表明，自从兄弟们最初杀害并吞食原始父亲之后，良心形成的精神动力也好，罪感和懊恼的体验也好，都**没有**发生过根本改变。不可根除的矛盾情感并不是人性发展的一个辩证阶段：**它是人的精神生活的永久特征**。从一种深层心理学（或精神分析学）的角度来看，在所谓初民的情感生活与当代文明人的情感生活之间，**没有**根本差异。而且，认为我们能够克服或改变这种矛盾情感，这种想法只不过是幻觉。我们的精神动力（包括压抑、罪感、良心）只是在非常有限的范围内变动。[31] 诚实伦理要求我们能够适应这种状况。弗洛伊德会对如下假设持怀疑态度：曾经有这样一个时刻,贵族式的高尚之人并不体验到罪感、懊悔和良心谴责。尽管弗洛伊德断言攻击性本能能够以创造性方式表现出来,而这样的表现方式又与文明休戚相关(例如生产工作),他仍是会质疑如下主张:这些本能的外部释放可以**根除**精神矛盾。他可能也会对如下想法不屑一顾,即有关价值重估、超越善与恶——认为人(即便仅仅是少数天赋异禀的灵魂)可以达到一种审美和谐状态,以此改变或调和这些根本本能的冲突。弗洛伊德甚至会指责尼采这位伟大的道德批判者受到了他自己唏嘘不已的道德主义(moralism)的感染。尼采对道德的批判,是从要求一种更高伦理的角度出发进行的。尼采道德批判的激情和强度,他对于"意愿虚无"的分析,以及对此最终的谴责,来自他对一种新的价值
155 重估的要求,来自他对一种新的更高伦理的要求。但对弗洛伊德来说,这一"更高伦理"是一种危险的幻觉,因为它诱使我们想到有可能改变不可改变的事情——我们的无意识本能生活,而它的标志就是生命本能和死亡本能的永恒冲突。

诚然,尼采和弗洛伊德都警示我们,当攻击性本能被堵住并内在化,从而爆发出毁灭的烈焰时,会产生什么样的局面。事实上,他们都预见了一种可能性,这种可能性在20世纪变成了**千真万确**之事。尼采和弗洛伊德都不会因我们时代的大屠杀、施虐狂式的毁灭、种族屠杀而感到吃惊。不过,他们有关恶的问题的思考结果却大相径庭。尼采最关心的恶是憎恨的盛行所带来的虚无主义,它是对虚无的意愿造成的结果。只有靠尼采的超人来完成价值重估,才能"拯救"人性。但弗洛伊德的目标要远为谨慎和温和。我们必须学会接受下述事实:没有任何最终方案可以解决生命本能和死亡本能之间的冲突,没有办法根除潜在的人的攻击性和矛盾情感。它们的后果只能在一个非常有限的范围内进行微调。我们无法消除我们"恶的冲动"。弗洛伊德告诉我们的首要信息是让乌托邦希望泄气的,但它并不是一种悲观主义学说;毋宁说它是一种**心理现实主义**学说,意在纠正我们有关自己是什么人、自己

将成为什么人的错误幻觉。诚实伦理要求的是时刻警惕不受约束的攻击性爆发出来。

对恶负责

在结束我对弗洛伊德道德心理学的考察之前,我还想探讨一下人们对于恶的责任,以及理性所发挥的温和却关键的作用。由于"本我"是那些超越于我们的意识理性控制之外的本能所在地,"道德责任"的理念似乎就被瓦解了。而且,有很多信口开河之语谈论弗洛伊德的心理决定论(psychological determinism),似乎弗洛伊德要瓦解一切关于人类自由和责任的正面观念。但是,这是一种对于弗洛伊德(和精神分析)的错误的、歪曲的描绘,因为弗洛伊德给我们的是一种更复杂和精微的关于人类责任的解释。诚然,我们并不为自己与生俱来的本能负责,也不为我们体验到的精神矛盾负责。此外,我们也不为许多不可预知的偶然情况负责,这些偶然情况可能会对良心的形成和良心的严厉 156
性造成决定性影响。"自我"是责任的第一所在,它却总是处在危险的立场上,因为它自身必须抵御来自三方的冲击——本我、超我以及外在现实。菲利普·里夫精炼地提到了这一点,他指出弗洛伊德想把自我设想为始终处于危机中的境地,它"受到本我的激励,又受到超我的限制和现实的阻挠"[32]。诚实伦理需要我们考虑到各种影响人类责任的不同因素,但并非放弃责任。弗洛伊德对此说得很明白。在他想为《梦的解析》后来几版添加的一条不太为人所知的注释中,他提出了我们对于梦的隐含内容负责的问题。[33] 他说:"人们必须自己为梦中那些恶的冲动负责。除此之外,人们还能怎么做呢?……如果我试图根据社会标准而将我的那些冲动归为好与坏,我就必须同时为好的和坏的冲动承担责任;并且,如果我要辩解说,那些无意识的、我不知道的、被压抑的内容并不是我的'自我',那么我就不会把我的立场建立在精神分析的基础上。”（*SE* XIX, 133）弗洛伊德意识到有人会反对说“这种坏的、被压抑的内容”属于本我而不属于自我，但他提醒我们，“这个‘自我’是从‘本我’发展而来的，它相伴形成了一个单一的生理单位，这个单位仅仅是一个经过特殊调整的、‘自我’的边缘部分，这个单位受到发自‘本我’的意见的影响，也听从‘本我’的意见。不管处于何种重要目的，试图分离自我与本我总是徒劳无功的。”（*SE* XIX, 133）为澄清自己关于责任的看法，他说：

> 而且，如果我屈服于自己的道德倨傲感（moral pride），试图认定：出于道德评估的目的，我将忽视“本我”内的恶，也无须让我的“自我”为之负责，这样做对我有什么好处？经验告诉我，尽管如此，我还是**会**承担责任，我似乎是被迫得承担责任。（*SE* XIX, 133）

有人或许会反对说，弗洛伊德在此处理的问题是一个心理事实，即个体**感到**需要为他们的“恶的冲动”负责，但这一心理观察不应与**道德**问题（他们是否**应当**为这些冲动负责）相混淆。这种反对没有注意到，弗洛伊德在相当程度上正是对一种“是”与“应当”的绝对区分提出质疑。弗洛伊德的确注意到，存在种种病理学状况，其中个体痛苦地对无法控制的事情负有罪感。但他同样坚称，良心、罪感、责任感有着一种
157 恰当而关键的作用。在我刚才引用的段落之后，弗洛伊德接着说：

> 精神分析使我们能熟悉一种病理学状况：强迫性神经症，患病的“自我”感到自己要为各种各样恶的冲动负责，而他对这些冲动一无所知；这些冲动在意识层面与“自我”遭遇，但它们又是“自我”没有办法确认的。**这种情况或多或少会在每个普通人身上发生**。值得注意的是，一个人越是道德，他的“良心”就越敏感。这就好像我们会说，一个人越是健康，他就越容易受到传染病影响和

> 受伤后果的影响。这一点毫无疑问，因为良心本身就是一个反应模式，针对在本我中察觉到的恶做出反应。后者被压抑得越强烈，良心就越活跃。（*SE* XIX，133—134；强调字体为笔者所加）

我们现在可以了解弗洛伊德一句经常被引用（也经常被误解）的著名陈述的意义所在："本我曾在之处，便是自我将在之处。"弗洛伊德在《精神分析引论新编》（1933）中做出这一陈述，他在那里提醒我们注意不要过于严格地区分本我、自我和超我。我们必须允许它们相互融合，就好像"现代艺术家将不同色域相互融合"一样（*SE* XXII，79）。弗洛伊德宣称，精神分析疗法的目的是**强化**自我。他写道："这种治疗的目的是强化自我，使其脱离超我而独立，增大视觉的范围，扩大其组织，以至于它能认识到本我的新部分。本我曾在之处，便是自我将在之处。这是教化的工作，如为荷兰须德海排水一样。"（*SE* XXII，80）

如果我们考虑到弗洛伊德对良心、罪感、超我、道德和责任的分析，就会意识到他距离康德式传统（事实上将道德等同于实践理性）多么远。良心（日常道德的核心）与理性没什么关系。正如里夫所说："理性的目的要么是（1）为效用目的而引入或加固超我的控制，要么是（2）摧毁顽固但多余的道德控制……良心而非激情才是理性的最终敌人。在道德说教的声音受到限制或控制之前，真正的自我意识是不可能的。"[34] 弗洛伊德既没有轻视、也没有夸大理性在我们生活中扮演的角色。与一些夸张断言理性的力量和自律性的人相反，弗洛伊德是一位伟大的揭穿者。他斩钉截铁地揭示了他认为具有误导性的主张，即认为理性是道德和道德良心的基础。但是，认为弗洛伊德嘲笑或看轻理性的自我所发挥的重要作用，就大错特错了。只有通过强化理性的自我的作用，我们才有希望限制我们"恶的冲动"可能造成的潜在灾难 158
性后果。弗洛伊德有时对于"强化自我"到底能有多大成效流露出怀疑态度，也怀疑培育一种对待道德责任的健康态度能取得多少成绩。[35]

但在另一些时候,弗洛伊德又持有谨慎的乐观。他在《一种幻觉的未来》中写道:“我们或许常会随心所欲地认为,与本能生活相比,人类的智力是软弱无力的,而且我们这样说也可能是正确的。然而,这种弱点是有特殊性的。智力的声音是软弱的,但是如果不被人听见,它是不会停歇的。最后,在遭到无数的、接二连三的回绝之后,这种声音终于成功了。”(*SE* XXI,53)[36] 当弗洛伊德以这种方式进行言说的时候(他经常如此),他明确地将自己认同于启蒙对于理性和科学的承诺——致力于**逻各斯**。[37] 但是,他也坚持以下传统:要求启蒙本身必须受到批判,我们必须诚实对待理性的脆弱和不稳定性。这些相互对立的强调之中不存在任何不连贯;它们显示了弗洛伊德立场的精细之处。我们必须对理性的脆弱和限度保持敏感,但也要注意强化自我发挥理性的作用。我们必须以现实的态度对待我们基本本能的冲突本性和动力;但是,当我们允许自己的攻击性本能以破坏性的方式呈现出来时,我们也要意识到我们承担的责任。

不过,尽管弗洛伊德怀疑康德式的主张——强调实践理性对于道德的重要性和作用——但在一个方面,弗洛伊德证实了康德关于根本恶的学说。我们回想一下,“根本”在康德那里首先是认识论意义上的,它照字面意思指向事物的根。当康德断言“人依其本性是恶的”时,他的论断是人在其根本处是恶的。反讽的是,正是弗洛伊德在自己的道德心理学中为这一说法提供了基础。在其对于精神矛盾的分析中,在其原始群落的神话中,在其关于本能的晚期理论中,弗洛伊德教导我们:存在强大的恶的自然品性。他提供的精神分析证据确证了康德的核心主张,康德本人对此从未进行充分证成。

最近,弗洛伊德遭受到很多批评。事实上,“抨击弗洛伊德”已经成为一项产业了。作为一项治愈或缓解病理状况方法的精神分析遭到严厉批评,并且正在迅速地被其他治疗方法取代。但与此同时,精神分析作为洞察和思考的源泉,正在多个领域蓬勃发展,其中包括电影研

究、女性主义、文化批评甚至大屠杀研究。我已经表明，即便是最同情
弗洛伊德的辩护者也不接受他有关死亡本能的推测。而有关精神分析
作为一门科学学科的认识论地位的争论依然持续不断，与弗洛伊德在
世时的情形别无二致。但是，即便我们对弗洛伊德进行最严格的批判， 159
并拒绝他的很多具体观点，我还是相信弗洛伊德相当关键地改变了我
们对于人性和精神动力的理解。这对于我们理解人的作恶能力具有至
关重要的意义。弗洛伊德教导我们“实际上，不可能根除恶”。我们永
远不要低估我们基本冲动和本能的力量和能量，也不要低估精神矛盾
的深度。我们永远不要自欺欺人地认为我们的本能性破坏能力可以被
完全驯服或控制住。我们永远不要忘了，所有不可预期的偶然状况都
可能释放“野蛮的”攻击性和毁灭性能量。不论是个体、集体还是社会，
都是如此。不幸的是，20 世纪发生于不同条件下的大屠杀和种族灭绝
“证实”了弗洛伊德的警告。弗洛伊德的诚实伦理要求我们学会认识并
忍受这一现实，同时又不屈从于无效的道德说教。倒退和野蛮永远不
会停歇；这并不意味着我们就得萎靡不振、俯首称臣。在认识到理性的
脆弱和限度的同时，我们必须设法强化自我的理性作用，以使我们能够
缓和我们攻击性冲动造成的破坏性后果。我们从弗洛伊德那里得出的
冷静的教训是，对于恶的问题不存在（也不可能存在）任何“最终解答”。
我们个人和集体生活的戏剧总是以无法根除的精神矛盾作为背景；在
这个舞台上，“恶的冲动”可能暂时受到遏制、镇压和压抑，但不可能被
永久性地消除。 160

第三部分

奥斯维辛之后

开场白

阿伦特：要知道，起码对我来说，1933 年并不是决定性的日子；具有决定性的日子是我们得知奥斯维辛事件那天。

高斯：那是在什么时候？

阿伦特：1943 年。起初我们不敢相信——虽然我的丈夫和我总会说，那些日子出什么事都不让人意外。但我们不相信这件事，因为从军事上说这样做没必要也不恰当……半年以后，我们还是相信了，因为我们有了证据。这太让人震惊了。在此之前我们曾说：好吧，人会有敌人？那再自然不过了。为什么人们不该有敌人？但这件事情与此不同，真的像是一个深渊打开了裂口。因为我们认为其他任何事情都可以进行改良修正，正如在某种程度上政治中的一切都可以进行改良。但这件事不行。这件事本就不应该发生。我指的不只是受害者的数量，而是手段、对尸体的加工，等等——我无需追究太细。这件事不该发生。在这件事情上，我们都无法理解；我们没有一个人能理解。[1]

这次谈话是 1964 年 10 月 28 日西德电视台播出的君特·高斯与阿伦特的电视访谈。不过，许多经历大屠杀的幸存者和目击者都已经反复谈及阿伦特如此直接表达出来的情绪——像是一个深渊打开了裂口，发生了某件我们无法理解的事情。人们对于大屠杀时期，事实上是对于整个纳粹时代，已经以前所未有的强度和学术上的细致程度做了
163 研究。人们执着于（有时候几乎是迷恋于）探究所发生事情（以及并未发生之事）的细枝末节，这势头迄今没有消减的迹象。但阿伦特最初的震惊和判断还在。研究纳粹和犹太人历史的杰出以色列历史学家索尔·弗里德兰德，以及德国出色的哲学家和社会理论家之一哈贝马斯，也表达过同样的判断。

> 使“最终解决”变成一件极端事件的是以下事实：它是历史上人们经历过的大屠杀的最极端形式：心血来潮、系统化、工业化的组织，相当成功地试图将一整个在20世纪西方社会内部的群体消灭殆尽。用哈贝马斯的话说：“发生在奥斯维辛的事情，迄今为止所有人都觉得不可思议。在那里，人们触及到了某种深层的东西，它代表着但凡是个人就都会有的团结：虽然人类历史上的野蛮行径所在多有，但人们还是认为，这一普通层面的正直是理所应当的……奥斯维辛改变了历史长河中生活状况的连续性基础。”[2]

在本书这一部分，我想考察三位受到大屠杀极大影响的思想家们的反思，他们将大屠杀视为最根本之恶的典范。他们都经历了阿伦特所描绘的震惊。他们努力尝试理解其重要性和后果，努力尝试面对它所提出的根本的哲学问题和宗教问题。这三位思想家分别是伊曼努尔·列维纳斯、汉斯·约纳斯和汉娜·阿伦特。他们之间有着很多相同处，虽然（我们会看到）他们也有很多根本差异。由于他们的生活都被纳粹时期发生的事情所塑造和改变，他们的经历便都与他们遭遇的恶休戚相关。三个人年纪都差不多，列维纳斯和阿伦特都出生于1906年，约纳斯出生于1903年；三个人都是犹太人，阿伦特和约纳斯出生在

德国，列维纳斯在立陶宛的科夫诺长大。三个人是大学同学，起初都参加了胡塞尔现象学运动，随海德格尔学习，后者对三个人的思想生活起到了深远影响。阿伦特和约纳斯初识海德格尔是在1920年代初后者赴马堡之前，那时他还未发表《存在与时间》。1923年，列维纳斯离开科夫诺，去斯特拉斯堡大学研究哲学，并于1928—1929年赴弗莱堡继续他的现象学研究，聆听海德格尔的教诲。他最终成为一名法国公民并参加了第二次世界大战。由于他是法国士兵，德国人逮捕他后饶过了他的性命。他在一个德国战俘营里过了几年。 164

阿伦特和约纳斯均于1933年逃离德国。阿伦特去向巴黎并在那里待到1941年，届时她成功逃往纽约。约纳斯当时已经是个犹太复国主义者，他在1935年逃往巴勒斯坦。随后，他参加了英国军队著名的犹太旅。对于列维纳斯和约纳斯来说，奥斯维辛不仅象征着纳粹的恐怖；他们的至亲在奥斯维辛惨遭屠杀。尽管阿伦特和她母亲成功逃离德国，她本人差点被渡往奥斯维辛。就在纳粹入侵法国前夕，她（作为德国移民）被囚禁在法国居尔的拘留营内。在德军进军法国之际，她趁乱成功逃脱。但是，相当多仍然留在居尔的妇女最终被运往奥斯维辛并遭杀害。约纳斯于1945年回到巴勒斯坦，在以色列独立战争中再次见识了斗争冲突。但在1949年，为继续他的哲学生涯，约纳斯接受了加拿大麦吉尔大学的教席。1955年，他被邀请加入社会研究新学院担任研究生教师；十年后，阿伦特成为他在新学院的同事。约纳斯和阿伦特非常熟悉彼此的著作，但很少有证据表明他们两个人对列维纳斯的著作有多少深入了解。虽然列维纳斯有时候会提到阿伦特，但他从未严肃地与阿伦特或约纳斯的著作交锋。

在这项研究的最后部分，我计划采取一种稍稍不同于前两部分的方式进行论述。我想比较和比对列维纳斯、约纳斯和阿伦特见证了恶之后，具有怎样的不同理解和反应。他们三者都试图面对20世纪的恶，而他们集体的努力要比他们单独的声音强有力得多。他们每个人都再次提出了如下问题:责任在今天意味着什么?我的探讨将从列维纳斯开始,因为他呈现了三位思想家都要应对的根本问题——当我们不再对传统神义论抱有丝毫信心,当试图"证成"恶的观念变得可耻,当我
165 们不可能理解粗暴存在着的恶,我们如何对恶进行思考?

第六章

列维纳斯:恶与神义论的诱惑

德里达给出了把握列维纳斯思想的运动方式的最佳隐喻,他将其比作一波不断冲击海岸的浪潮:总是"同样的"浪潮在往复,执着地重复着自身的运动。[1]不论我们考察什么主题——伦理的意义、责任、他者的他异性(alterity)、主体性、替代——总是有一个强烈的感觉,即"同样的"浪潮在重复冲击。这一感觉同样出现于下述情形:当我们强调,哲学中的某些时刻表明,有些"东西"越出了存在和本体论(而且比存在和本体论更重要)。列维纳斯不断回到柏拉图的观点,即善是超越于存在的;他也不断回到笛卡尔的《沉思集》中的那个时刻,即当笛卡尔发现无限对象(ideatum)积极逾越出它的理念,无限超越了任何有限物的理念。或者我们可以调整一下隐喻。不论我们采取哪一条道路(这些道路的指向显得截然不同),我们总会到达"同样的"地方、"同样的"澄明之地。但这并不是**存在**的澄明之地,而是伦理与存在**断裂**之处。但是,即便列维纳斯的思考轮廓的聚焦点更为精细,我们却反而感到愈发困惑。我们想知道,他是如何得出那些极端而惊人的主张的。出于什么考虑,列维纳斯坚持我们与他者(l'autrui)之间不对称的、单向的关系,并坚持认为我们对他者有着**无限的**责任?有人认为,讨论的出发点要放在海德格尔对列维纳斯思想的影响上,将列维纳斯视为不断地与海德格尔进行批判性对话。另一些人主张我们必须回到罗森茨威格[*]的《救赎之星》,尤其是回到罗森茨威格的哲学批判(《从爱纳到耶拿》)和
166 总体性理念——这一理念遍布西方哲学。也有人提出,列维纳斯的伦理理解的主要来源是他对希伯莱圣经的阐释和犹太拉比解经传统。所有这些观点(它们并非互不兼容)都有一定道理,但坦白说,都还不够深入。它们没有回答一个问题:为什么列维纳斯要以这样一种独特的方式进行阐释和运用这些材料? 我要提出并捍卫的论点是:列维纳斯思想的首要推动力,应该被理解为他对20世纪爆发的恶之恐怖所做的回应。列维纳斯的全部哲学计划可以被恰如其分地理解为一种对恶做出的**伦理**反应——也是对如下情形的反应,即我们在“神义论终结”后必须面对恶的问题。

乍看之下,这种论点似乎有些吊诡,因为列维纳斯并没有在他的主要著作中把恶作为讨论主题。在讨论列维纳斯的大量二手文献中,恶(mal)甚至很少被提到。但是,就像一个无处不在的幽灵,恶的问题萦绕在列维纳斯写下的每一页纸上。可以不夸张地说,列维纳斯与20世纪“无以言表”之恶(奥斯维辛是这种恶的典型)的对峙,不仅使他做出了根本的**伦理**反应,而且直接将他带到了他独特的伦理理解。

为表明我的意思,我们可以看一下《总体性与无限性》[2]那句挑衅性的开头语:“每个人都会轻易承认,了解我们是否受了道德的骗,乃是头等大事。”(*TI* 21; p. ix)“受了道德的骗”是什么意思? [3]紧接着这一戏剧性的开头,列维纳斯谈到政治、战争和暴力,并提出了“总体性”主题。“战争并不显示外在性,也不将他者作为他者显示出来;它破坏

---

* 罗森茨威格(Franz Rosenzweig,1887—1929),德国犹太哲学家,《救赎之星》是其代表作,其中作者提出一幅由创世(上帝—世界)、启示(上帝—人类)、救赎(自我—宇宙)相互联结构成的六芒星图景。另外,作者对西方哲学试图消除死亡恐惧以及以理想(Ideal)取代人的现实存在持批判态度。

相同之物的同一性。在战争中展现的存在的外表,位于总体性概念之中——总体性概念统治着西方哲学。”(*TI* 21 ; p.ix)但是,被道德欺骗的可能性,意义不止于此。让我们看一下列维纳斯在一次访谈中针对一个问题的回答,这个问题问的是其思想中的希腊和犹太元素。[4] 他坚持认为自己的思想是希腊的(也就是说,是哲学的):“我关于正义所说的一切都来自希腊思想和希腊政治。但简单地说,我的意思是,我所说的一切根本上基于与他者的关系,基于一种伦理——没有它我便不会追索正义。正义是我回应下述事实的方式:在这个世界上,我并非孤身一人与他者共存。”(PM 174)但他思想中的犹太时刻又怎么说呢?他告诉我们: 167

> 如果我思想中有一个明确的犹太时刻,那就是指向奥斯维辛的;在那里,上帝让纳粹恣意妄为。结果,留下的是什么呢?这要么意味着没有理由谈道德,因而可以下结论认为任何人都能像纳粹那样行事;要么意味着道德法依然保持自身的权威。自由便在于此;这一选择就是自由的时刻。
>
> 我们也不能下结论认为,奥斯维辛之后道德法就不复存在,似乎道德或伦理的法都是不可能的、没有前景的。20 世纪以前,所有宗教都始于这一前景:始于“幸福的结局”。(PM 175—176)

追问我们在奥斯维辛之后能否仍然相信道德,这并不是一个修辞性的问题。这是一个极为严肃的问题。“核心问题是:奥斯维辛之后我们能否谈论绝对戒律?道德失败之后,我们能否谈论道德?”(PM 176)我们可能真的受了道德的骗。阿伦特和约纳斯均提出了类似的问题,并且因相同的焦虑而困惑。虚无主义(这种虚无主义质疑伦理和道德的可能性本身)不再仅仅是一个哲学或理论问题。奥斯维辛使得虚无主义的问题变得非常真实而具体。阿伦特(和列维纳斯一样)相信，纳粹时期爆发的恶显示出与传统的断裂，揭示了传统的道德和伦理解释在处理恶的问题时捉襟见肘。她宣称："在 30 年代和 40 年代，我们已经目睹了一切在公共生活和私人生活中建立起来的道德标准彻底崩塌"；"一切都在不经意间瞬时倒塌，道德突然间变得……像是一套风俗、习惯或行为举止，似乎可以被轻易地改变，就像是改变一个人或一个民族的餐桌礼仪那样轻而易举。"[5] 在其身后出版的《心智生活》中，阿伦特说："我们通常将善恶的问题放在'道德'和'伦理'的范畴中，这个事实表明我们对善恶问题知之甚少，因为道德来源于 mores，而伦理来源于 ethos，分别是习俗（customs）和习惯（habit）的拉丁词和希腊词，拉丁词与行为规范相联，而希腊词则由生活环境（habitat）而来，就像我们的习性。"[6]

神义论的终结

列维纳斯提出的问题不仅关乎道德，而且关乎宗教——尤其是神义论问题。在《无意义的受难》一文中，列维纳斯明确提出神义论问题；
168 也正是在此，他宣称我们如今生活在"神义论终结"以后的时代。[7]"或许，我们 20 世纪意识中最具革命性的事实是……摧毁下述两者之间的一切平衡：一方是西方思想中或隐或显的神义论，另一方是这一世纪中展现的受难及其恶的形式。"（US 161）但是，列维纳斯的神义论是什么意思，我们又是在什么意义上生活在"神义论终结"之后的时代？当列维纳斯说到神义论的时候，他指的不仅是特定意义上的神义论，也就是 1710 年由莱布尼茨提出的神义论。广义上，神义论"与某种对于《圣经》的理解一样古老"。列维纳斯将神义论说成是一种**诱惑**。这种吸引人的诱惑在于"使上帝显得无辜，或以信仰的名义拯救道德，或使得受难变得可以忍受——这是思想寻求神义论帮助的真正意图"（US 161）。

在这种广泛意义上，神义论不仅在基督教原罪教义中得到证明，而且也已隐含在犹太《圣经》之中:"其中大流散场面反映了以色列人的罪。"(US 161)为避免我们认为神义论仅限于宗教信仰,列维纳斯强调指出,在一个世俗时代,神义论依然"以一种淡化的形式留存于无神论进步主义的核心;尽管如此,神义论依然确信善的效力即将来临,其胜利的显形正是借由不义、战争、苦难、疾病的自然法则和历史法则得以实现"(US 161)。简言之,不论是神学形式或世俗形式,神义论都引诱人们去寻找某种证明合理性的方式,寻找某种途径使我们理解无意义的、无法忍受的受难和邪恶。但思想的诚实要求我们认识到,广义上的神义论已经终结了。"无意义的苦难所具有的恶意,在 20 世纪种种事件中体现得淋漓尽致;由此提出的哲学问题便是:神义论终结之后,宗教狂热和善的人性道德还有什么意义?"(US 163)

我们把列维纳斯的说法和康德比较一下,就能看出他的激进之处。康德批判神义论,认为它是一个**理论**问题,因为它预设了我们能够知道(不论知道得多么片面和不充分)上帝的性质(例如,上帝是不是全知全能,是不是仁慈)。但这样一种理论知识是不可能的。此外,康德在《宗教》中开篇就断然认为,道德"既不需要另一种在人之上的存在者的理念,以此让人知道他的义务;也不需要一种法律本身之外的动机,以使人履行他的义务……因此,道德就其本身而言根本不需要宗教"。[8]不过,从列维纳斯的角度看,康德并没有抵制神义论的诱惑。他肯定了有设想一个仁慈上帝的**实际**需要。在此,潜藏在背后的仍然是一种协调的理念;一种期待自己配得上列维纳斯所谓"幸福结局"的"许诺"。这 169
是我们如今必须放弃的想法。奥斯维辛现象要求(倘若我们没有受道德的骗)我们"摆脱幸福结局而独立思考道德法"。

奥斯维辛(列维纳斯的大部分家庭成员在那里遭到杀害)是"毫无意义的人类受难的典型,恶在那里显现出恶魔般的可怕"(US 162)。但列维纳斯举出的不仅仅是犹太人灾难,他在这一点上说得很清楚。

> 这个世纪在三十年内见证了两次世界大战，见证了左翼和右翼的极权主义——希特勒主义和斯大林主义，见证了广岛事件，见证了古拉格事件，见证了奥斯维辛和柬埔寨的种族灭绝。这个世纪在挥之不去的记忆中走向尾声，所有那些野蛮名称指涉的事情都在这些记忆中复归了：精心策划的受难与邪恶，而没有理性来为一种变得具有政治性、变得脱离一切伦理的理性的激化（exasperation）设置界限。（US 162）

他还说："我认为，当人们说起奥斯维辛时，我们这个政治世纪中所有古拉格事件的死者和所有其他受难地的死者也都在场。"（US 167）他强调奥斯维辛是20世纪爆发之恶的典型，这一强调使我们能够更好地理解列维纳斯思想中相互缠绕的希腊因素和犹太因素。有时希腊和犹太的对比被说得过于尖锐（甚至列维纳斯本人也如此）。在我已经引用过的段落中，列维纳斯坚称自己的哲学思想根本上是希腊式的。（声称哲学思想是希腊式的有点多余。）但是，同样重要的是认识到，当列维纳斯将"犹太"元素编织进自己的思想中时，他首先考虑的是突出这些元素的**普遍**意义。

> 我并不祈求犹太宗教。我一直在谈论《圣经》，但不谈论犹太宗教。《圣经》（包括《旧约》）对我来说是人的事实，属于人的秩序，并且完全是**普遍的**。关于伦理、关于当面的戒律的**普遍性**，关于这样一种戒律的**普遍性**——即便它并不带来拯救，即便没有回报，它也仍然有效——我所谈论的一切，其有效性都与任何宗教无关。（PM 177；强调字体为笔者所加）

有关发生在20世纪的恶的特殊性，我们同样能够听到尼采和陀思妥耶夫斯基的声音透过列维纳斯而说话。尼采非常出色地诊断出人需要"证成"受难。尼采对神义论的激烈批判，其意义正与列维纳斯的想法若合符节——即神义论的目标是"证成"无法忍受的受难。 170

> 真正引起对受难的愤慨的并非受难本身，而是受难的无谓：但是，不论是对于把受难解释成整个神秘的拯救机制的基督徒来说，还是对于那些惯于从观望者、或者受难制造者的角度理解所有受难的天真的古代人来说，一种**无谓的**受难都是根本不存在的。为了在世界上废除并诚实地否定那些隐蔽的、没有揭露的、无法证明的受难，于是当时的人就几乎是被迫发明鬼神等高高在上或深不可测的东西……借助于这种发明，生命在当时和以后就一直被理解为造物；生命本身得到了证成，它的"恶"也得到了证成。[9]

陀思妥耶夫斯基那里也有类似的主题。列维纳斯告诉我们，当他年纪尚轻、住在科夫诺的时候，正是阅读俄国小说的经历将他第一次引向哲学。当谈到我们与他者之间根本上的不对称关系，以及我们对他者的责任，他经常引用阿辽沙·卡拉马佐夫的话："'每个人在其他人面前都是有罪的（要承担责任的），而我比他人尤甚。'这就是不对称理念。我与他者之间的关系是无法逾越的。"（PM 179）但我们也能够听到伊万·卡拉马佐夫抨击无辜儿童之受难的声音。当列维纳斯谈到无意义的受难这一耻辱之事时，他听起来就像是在重复伊万的话。

> 尽管如此，西方人性还是在为这种耻辱寻找意义，通过唤起形而上学秩序的恰切含义、伦理的恰切含义——这含义在道德意识的直接教训那里是看不到的。这是超验目的的王国，仁慈的智慧欲求它，上帝绝对的善欲求它（在某种意义上，正是这一超凡的善规定了这位上帝）；或是一种存在于自然和历史之中的广阔而不

> 可见的善，通往善的道路就在那里，虽然不免痛苦。苦难因此是有意义的，以种种方式服从于由信仰或进步信念拟定的形而上学结果。神义论预设了这些信念！……充斥大地的恶可以被解释进一种"整体的规划"之中：它可以被认为是对罪的补偿，或者，对本体论意义上的有限意识来说，它可以宣称在时间的终结处得到弥补或报偿。（US 160—161）

列维纳斯对无意义的受难的回答，既不是尼采式的要求"价值重估"，也不是伊万·卡拉马佐夫式的自我分裂——拒绝接受一个让无辜儿童遭受无意义的苦难的世界。列维纳斯给出了一种**伦理**回答——这一回答通向他对责任的独特理解，即对于他人的责任是不对称的、单向
171 的，这是对于他者、我的邻人的受苦的回答。

> 但是，面对20世纪太多的不幸，从更大的意义上说，这一横亘在前的神义论目的难道不同时也揭露了他者的受苦是无法证成的；而正是通过我证成邻人的受苦，耻辱也就发生了？因此，在原则上，受苦现象的无意义性质就体现在他者的痛苦。对一种伦理敏感而言——在我们时代的非人性中，通过反对非人性而确认自身——证成邻人的痛苦确乎是一切不道德的根源。（US 163）

我们看到，为什么列维纳斯所理解的我们对他者的伦理关系和责任如此严苛，却也相当吸引人。当我们面对20世纪那些典型的极端恶行时，我们往往会关注作恶者的行为和受难者的苦难。我们对于所谓旁观者的责任感到相当不自在且态度暧昧，这些人容许此类行为发生，他们将自己开脱于任何直接责任之外，此举证明他们恰恰是共谋者。虽然关于纳粹时期的文献卷帙浩繁，解释层出不穷，但上面这个问题依然是个未解的难题。我们如何解释下述事实：有那么多人（其中大多数

是遵纪守法的正派人),在他们邻人甚至朋友遭受苦难、消失、遭驱逐、虐待和谋杀的时候,他们竟无动于衷?当然,人们不能低估明显的反犹主义以及纳粹恐怖和宣传的有效性。哪怕表露出一丝对于受难者的支持,都可能导致监禁、折磨或死亡。尽管声称"证成邻人的痛苦确乎是一切不道德的根源"有点危言耸听,但想想看,如果更多的人对于他们邻人和人类同伴的受难感到自己负有责任,20世纪历史将会多么不同。列维纳斯对于伦理的理解,以及他所理解的我们**对于**他人和**为了**他人的"无限责任",很好地表现在阿伦特《艾希曼在耶路撒冷》的一个段落中。阿伦特讲述了安顿·施密特的故事,他的名字是在审讯过程中被提到的。安顿·施密特是一名德国士兵,负责指挥一支由德国掉队士兵组成的在波兰境内巡逻的巡逻队。从1941年10月至1942年3月的五个月里,施密特帮助了犹太人游击队,给他们提供假钞和卡车。他因此被德国人逮捕并迅速处死。这几乎是我们所知道的关于施密特的一切,除了还有"他并不是为了钱而这么做的"。当安顿·施密特的故事在耶路撒冷法庭上被讲述的时候,在场的人们似乎都保持了两分钟的沉默以缅怀这位救助犹太生命的德国士兵。阿伦特的评论相当符合 172
列维纳斯的精神,符合他所理解的伦理和对受难同伴的责任。

> 这两分钟就像是深不可测的黑暗中突然落下的闪电,在此期间一种念头清晰地呈现出来,不可辩驳也确切无疑——倘若这样的故事多一些的话,今天发生在这个法庭里、发生在以色列、德国、全欧洲或许是全世界的一切事情,将会多么的不同。[10]

汉斯·约纳斯讲述了一个非常不同的故事,但这个故事也符合列维纳斯所强调的内容。1933年1月30日,就在距离约纳斯逝世六天前,他在意大利城市乌迪内做了一次报告。他是去那里接受 Premio Nonino 奖的,颁给意大利文版的《责任律令》。乌迪内对约纳斯来说具有特殊意义，这个城市“标志着我生命中的一个转折点，那里藏着我一生中最难忘的记忆之一。”[11]1945年初夏，当时仍然是一名士兵的约纳斯来到乌迪内。在之前五年里，约纳斯已经在犹太旅参加过战斗。在反抗纳粹的过程中，犹太旅自豪地在制服上展现了“大卫王之星”。因此，在他们行军经过意大利的时候，幸存的犹太人常常能找到他们。有一天，在乌迪内，两个来自的里雅斯特的犹太裔澳大利亚姐妹找到约纳斯，讲述她们的故事。当德国人包围的里雅斯特的犹太人并要将他们运走的时候，这对姐妹成功逃脱，并逃往乌迪内寻求避难，“那里谁也不认识她们，她们也不认识任何人”。在她们到达后不久，一辆卡车停在她们房子门前（她们当时住在阁楼），送来两张床和一封来自当地主教的信，主教此前听闻她们的情况，希望她们能过得更好些。到达后的几个月里，她们靠变卖珠宝维持生计，用换来的钱去黑市买食物——因为她们是非法外来人员，没有定量供给卡。她们向约纳斯讲述了一件就发生在她们从黑市以高昂价格买了一公斤猪油回来后的事情。接下来发生的事情让约纳斯动容。

> 同一天晚上，有人敲她们的门。她们惊恐地打开门——门外站着一位面无表情的黑市商人，他说：“请原谅。我今早卖给你们猪油的时候，还不知道你们的身份。后来我得知了情况，过来赔礼道歉。我不收你们一分钱。”他将一个装有她们钞票的信封塞到她们手里，转身下楼。[12]

约纳斯终身都记得这个故事，“像是神圣的信任”，他以此结束他
173 的故事：“顺便一说，你们肯定会发现那句话（‘这里谁也不认识我们’）里面带着有趣的反讽。看来很多人都认识她们，而她们却不知道这一点，而这正是乌迪内的永恒荣耀：这非但没有伤害她们，相反却保护了她们。”[13]这个故事极佳地表现出列维纳斯所理解的一个人对于他者

的责任。

恶的现象学

但是,让我们回到这个问题:列维纳斯如何理解"神义论终结之后"的恶?列维纳斯直接处理恶的问题的地方很少,其中之一是其《超验与恶》一文。[14]写作此文的机缘是菲利普·尼摩的《约伯与过度的恶》一书,对《约伯记》中恶的问题进行哲学思考。列维纳斯首先关注的是"这部著作开启的哲学视角"(TE 157)。他集中考察恶的现象学的三个时刻:作为过度的恶、作为意向的恶,以及对恶的憎恨或恐怖。

作为过度的恶最初表现的是一种数量强度的过度,"达到超越度量范围的程度"。但列维纳斯强调的是,恶如何"在其本质上是一种过度"(TE 158)。恶是一种过度,这样说并不是因为苦难是可怕而不可忍受的。"与正常、规范、秩序、综合、世界的断裂,已然构成了其性质的核心。"(TE 158)列维纳斯不仅仅提请人们注意恶行所施加的不可忍受的折磨和苦难,他希望强调的是,我们不能"综合"恶;它无法被整合进我们的理解范畴或理性范畴之中。

> 看起来,凡是综合(哪怕是康德式的"我思"那种纯粹形式综合,那种能够将无论多么异质的因素都统一起来的综合)都会在恶的形式中找到其对立面,即不可综合的东西,这些不可综合的东西的异质性,远甚于所有能够被形式所把握的异质因素,并且这种异质性体现于恶意之中……通过恶的表象、其原初的现象显现、其**性质**,一种**形态**和方式突显出来:拒绝占据一个位置、拒绝一切调合——一种反自然、畸形之物,令人不安,而且与自身疏离。**它在这个意义上是超验!**(TE 158)

我想揭示出，在列维纳斯谈到恶的“超验”以及它无法被综合的意思时，他的理解有何微妙之处。他试图描述恶是如何被**经验**的。但这样表述问题或许表明，恶的过度和超验有些悖论色彩。如果我们以一
174 种康德式的方式思考**经验**，它恰恰是**能够**被综合的东西。没有综合就没有经验。并且，如果“某物”严格意义上位于经验之外或超越了经验，那么我们就无法理解它。但与这种对于经验和超验的康德式理解不同，列维纳斯指出，恶的恶意被**经验**为“某种”无法被综合的东西，它既被**经验**到，同时也排斥归类，它比那种能够被形式综合所把握的异质性更具异质性。如果我们认为列维纳斯的主张是我们**不可能**有关于恶的知识和理解，那就误解他了。毕竟，对于他所理解的恶的显著标志，他说了很多话。但与此同时，他希望强调，恶的某些方面无法被**总体性**理解所把握。他还想提出，这种恶的超验性是被直接而切身地经验到的。尽管列维纳斯通过康德式的综合理念来提出自己的看法，对于过度之恶的超验的经验，也可以通过其他方式阐述。列维纳斯试图向我们表达的东西，与阿伦特在《极权主义的起源》一书开头处想表达的内容密切相关，她在那里谈到“理解”（comprehension）：

> 理解并不意味着否定暴乱，援引先例来演绎史无前例的事实，或者用类比和概括来解释现象，以致令人不再感到现实的冲击和体验的震惊。相反，理解意味着有意识地检视和承负起20世纪压给我们的重担——既不否定它的存在，也不在它的重压下卑躬屈膝。简言之，理解意味着无论面对何种现实，总要坦然地、专心地面对它、抵抗它。[15]

反讽的是（可能也不是那么反讽），列维纳斯关于恶的过度及其超验性的说法，与康德在《判断力批判》中有关崇高的一些说法相匹配。康德也试图表述这样一种意识，即我们能够意识到“某物”拒斥我们的

理解和把握的范畴。列维纳斯或许会说,主要差别在于康德根本上似乎认为崇高可以与理性的理念相整合。但对列维纳斯来说,"恶不仅是无法整合的,而且是无法整合之物的'无法整合性'所在。"(TE 158)我们可以说,恶就是一种恶性崇高。

如果把恶理解为"在本质上是一种过度",那么我们就能更好地理解为什么恶不仅抵抗一切形式的神义论,而且与神义论**相对立**。不管是宗教形式或世俗形式,神义论基于如下前提:存在某种方式可以将恶的存在整合进一个自洽的、可以理解的善恶领域中。这是我们想要理解恶的呈现或存在所必需的。列维纳斯对恶的讨论(将恶看作无法整 175
合的过度)中令人惊讶的地方在于,他的论述方式与他批判总体性、批判同一与他者的辩证法的方式类似。正如无限性**断裂**了总体性,恶也同样如此。正如他者之"他异性"那种无法整合的过度**打断**了同一与他者的辩证法,理解和综合也同样被恶的超验性打断了。我认为这种形式上的类似并非偶然。相反,正是因为恶的超验性,因为它无法被整合或完全理解,因而对于恶之恶意的充分回应只能是一种与恶的超验性"相称"的回应。这恰恰是一种**伦理**回应,意识到他者永远也不会被完全理解,意识到我对他人负有无限的责任,他们的苦难在伦理上比我自己的苦难更重要。

恶的现象学的第二个时刻是恶的意向性。"恶影响到我,仿佛它是把我搜出来的;恶撞击到我,仿佛在那追逐我的不祥命数背后有一种目的,仿佛有人与我对立,仿佛有一种恶意,仿佛有人在那里。"(TE 159—160)恶不仅仅是发生在我身上的某种不幸。恶针对我,而我则是它的**受害人**。即便我们设想的是一次自然灾害(例如里斯本地震),地震本身不会被看作是恶。它被看作一个自然之恶的例子,是因为人们公开或不公开地假定,一种更高的存在允许它发生,或导致了它的发生。或者我们想想约伯的命运,他质疑上帝的正义,并不仅仅因为一些可怕的事情发生在他身上,而是因为他相信上帝有能力阻止这些事情发生。正是因为恶的**意向性**(假定恶影响到我,仿佛它是把我搜出来的;恶是某人恶意的结果),神义论的诱惑才得以产生。尼采对此相当清楚,他宣称:"真正引起对受苦的愤恨的事情,并不是受苦本身,而是毫无意义的受苦。"但我们必须抵制神义论的诱惑;我们必须抵制将无意义的受苦合法化的诱惑。正是恶的超验性使我们认识到,第一个形而上学问题(请莱布尼茨和海德格尔原谅)并不是"为什么'有'存在,'无'却不存在",而是"为什么'恶'存在,'善'却不存在?"(TE 160)恶的现象学的第二个时刻使我们窥视到超越存在、超越本体论的东西。"善恶差异先于本体论差异。"(TE 160)伦理**优先于**本体论;本体论以伦理为
176 前提。恶再次将我们引向作为第一哲学的伦理学,引向伦理的首要性。

列维纳斯讨论恶的现象学,其自始至终都有一个潜文本:他与海德格尔的持续论辩。正如列维纳斯自己时常承认的,如果没有海德格尔,他的思考是不可能的。正是海德格尔对于基本本体论的理解,成为列维纳斯的出发点。但是,当列维纳斯反对海德格尔将存在理解为根本视域,当他在《总体性与无限性》中宣称本体论本身依赖于作为第一哲学的伦理学并且以之为前提,列维纳斯便是在批评海德格尔未能应对恶,未能认识到对恶的伦理回应的独特之处。这一批评甚至反映在列维纳斯提出观点的用词上。海德格尔用"形而上学"一词(尤其是在他的后期哲学著作中)命名存在的遗忘,表明传统已经通过何种方式把存在者(ontic)和存在(ontological)搞混了。对海德格尔而言,形而上学同时预设和模糊了基本本体论。但是,列维纳斯把本体论与形而上学进行对举,并主张形而上学的首要性,以此表明有超越海德格尔的基本本体论、超越存在视域的"东西"。列维纳斯的伦理思想拒绝"本体论的帝国主义"(impérialisme ontologique)(*TI* 44; 15)。列维纳斯的根本主张是:"西方哲学(包括海德格尔的哲学)在大多数情况下是一种本体论:将他者化约为同一,方式是在中间插入一个中立的词项以确保理解存在。"(*TI* 43; 13)这一化约、这一将他者同化为同一的做法,其逻

辑和机制**就是**帝国主义的逻辑,即试图殖民他者的无法整合的整全性。当列维纳斯说到“本体论的帝国主义”时,他并不是在使用一个“僵死”的隐喻;因为在我们通常所说的“帝国主义”(不论是政治帝国主义还是经济帝国主义)的核心,运作的是相同的“逻辑”:即殖民那些外来的、差异性的、他异性的东西的逻辑。[16]“形而上学、超验,以同一来迎接他者,以自己来迎接大他者(the Other),这些都在被具体地生产出来,作为他者对同一的质疑,也就是作为伦理学而达致知识的批判本质。正如批判先于怀疑论,形而上学也先于本体论。”(*TI* 43；13)列维纳斯对海德格尔的批判首先是一种**哲学**批判。[17]海德格尔的本体论思想缺乏资源以应对恶,也无法对恶做出伦理回应。尽管海德格尔力图撇清自己的思考与前人的纠葛,他从未摆脱本体论的限制。

列维纳斯的第三个时刻是对恶的憎恨或恐怖。一方面,这导致了一个极大的诱惑,即将恶本体论化,寻找一种(不可能的)与恶的协调;
同时,这也向我们开启了一个机会,考虑与他人的伦理关系:“在恶的恐 177
怖中,恶击中了我,并由此揭示出(或这已经是)我与善的关联。恶的过度性(借此恶就是世界上的一种过剩)也是一种不可能性,即我们不可能接受它。”(TE 161)一切皆取决于人们如何阐释这种恶的恐怖。如果我将其阐释为意味着存在一种机制,借此恶**必然**被善平衡抵消,那么我等于又一次被神义论的诱惑吸引了。我依然处在一个包含有对称性关系机制的框架内。我依然认为善是对恶的辩证否定,并且/或者,恶是对善的辩证否定。但是,列维纳斯断然宣称:“恶通过对立面的吸引而过渡到善,没这回事。那将造成又一个神义论。”(TE 161)

不过,还有另一种方式(列维纳斯的方式)阐释“恶的恐怖”如何暗示着善——那种超越存在的善。恶的恐怖将我敞开,它要求对恶做出伦理回应。恶的过度性、它抵抗整合的恶意,产生了一种超验,它“面对他人显露它的光芒:一种无法整合的他异性,一种无法被包含进总体性之中的他异性”(TE 163)。下面这段话是对列维纳斯思想运动的极佳概括（“同样的”浪潮执着地反复冲击）。

> 这不再是一种为我的认知所吸收的超验性。其面容在我作为自我同一性的充分性上打上问号；它把我系在对他者的无限责任上。在具体性之中、从最初的伦理那里、在面容上，表现出原初的超验性。在追逐我的恶中，他人遭受的恶折磨着我；它触动了我，就好像从一开始他者便在责问我——凡此都在质疑我只顾自己，质疑我的“存在欲力”（conatus essendi），仿佛我在悲悼我在世的恶之前，就必须为他者负责——这难道不是一次对善的突破，而我的痛苦所指向的唯一“意图”不也在于此？……对于指向我的恶感到恐惧，变成对于他人那里的恶感到恐惧。在此，对善的突破不是简单地颠倒恶，而是一种提升。这种善并不愉悦人，却对人下命令和规范。（TE 163—164）

通过考察列维纳斯所说的“存在欲力”是什么意思，我们可以深入理解他关于恶的现象学描述。这一表述来自斯宾诺莎，但对列维纳斯来说它的含义更广。“存在欲力”是“存在的法则”。

> 一个存在者是某种附加于存在之上、附加于其自身存在之上的东西，它总是存在的持存。这是达尔文的观念。动物的存在是
> 178 为了生命而争斗。一场没有伦理标准的争斗；它关乎力量。海德格尔在《存在与时间》的开端说，此在（Dasein）是这样一种存在者，他在自己的存在之中关心这一存在本身。这是达尔文的观念：有生命的存在为生命而斗争。存在的目的是存在本身。（PM 172）

无论我们对于这种将海德格尔与达尔文联系起来的做法怎么看，列维纳斯的意思是清楚的。存在的法则，“存在欲力”，驱使着存在者保

存自我。我们作为人类当然是存在者。因此，作为存在者，这一法则也是我们的法则。但是（这是关键），我们并不是**唯一的**存在者。我们并不是唯一的海德格尔所说的此在。我们是**人类**。列维纳斯宣称："人与纯粹的存在相断裂，后者始终是存在的持存。这是我的主要论点。"（PM 172）列维纳斯告诉我们（这句话似乎是他对自己哲学的总结）："然而，随着人的显现（这是我的全部哲学），有某种比我的生命更重要的东西，而那就是他者的生命。"（PM 172）他充分意识到这种说法有些"不合理"，毕竟关心自我是合理的，因为这遵循个人存在的法则。"但我们不可不赞美圣洁；不是神圣（sacred），而是圣洁（saintliness）：也就是这样的人，他在自己的存在中挂怀他者的存在甚过自己的存在。我相信，人性正是发端于圣洁；不是在实现圣洁之中，而是在其价值中。它是第一价值，一种不可否认的价值。"（PM 172—173）

我们可以借助同康德的形式类比，澄清列维纳斯的意思。正如康德认为（与事实相违背）如果我们是唯一的**自然**存在者，那就不会有**绝对**律令，因此也就不会有道德，列维纳斯认为如果我们是唯一的**存在者**，那就不会有**伦理**律令。并且，正如康德宣称自然有其自身法则，列维纳斯宣称存在有其自身法则。对康德而言，关于自然法则不存在固有的善或恶；对列维纳斯而言，存在法则本身无所谓善恶。根据康德，认识道德法并不意味着我们总会遵循它。尽管如此，我们仍然**能够**遵守道德法；我们能够承认其权威并按照它的要求行事。同样，对列维纳斯来说，认识到至高的伦理律令并不意味着我们总是会遵守它；但我们**能够**遵守这一命令。伦理学预设的圣洁并不是一种成就，而是一种价值或理想。我总是能够如此行事：将伦理的首要性给予他者的生命。我强调这一类比是"形式"类比，因为列维纳斯不像康德，他并不认为道德"根植于"实践理性。康德式的自律和责任**预设**了一种更初始的异质性，我以此对他人负责。"大他者（一种享有特权的异质性）的在场并不与自由冲突，而是充盈了（invests）自由。"（*TI* 88；60） 179

但是，这些关于存在、存在法则、“存在欲力”的反思，如何推进我们对恶的理解？我们得知，“正是在人类这里产生了与存在的自身法则的断裂。恶的法则是存在的法则；在这个意义上，恶非常强大。”（PM 175）善恶范畴并不适用于所有存在者，只适用于人类——适用于那些**能够**对伦理律令做出回应的存在者。正是因为我们作为人类意识到了他人的苦难，我们才能以一种伦理的方式做出回应。如果我们没能回应他人的苦难，那么我们就臣服于恶的法则、存在的法则。对康德来说，当我们恣意蔑视道德法并屈服于自爱诱惑之时，恶就产生了。对列维纳斯来说，当我们有意违背将我们与他者系在一起的伦理律令之时，恶就产生了。

> 在存在欲力（为生存而做的努力）那里，生存是至高的法则。然而，随着面容在人际间的层面上显现，“不可杀人”这个命令就出现了，它是对存在欲力的限制。它不是一种理性的界限。因此，对它的阐释就需要在道德和伦理的意义上思考它。它必须被视作位于力量理念（the idea of force）之外。（PM 175）

在纯粹存在的世界中没有恶（亦没有善）。这就是为什么，在一种以存在为根本视域的哲学中，伦理学没有也不可能有一席之地。海德格尔认为人道主义局限于（海德格尔称之为）“形而上学”的视野之内——这种形而上学隐蔽了存在的视域。但从列维纳斯的观点看，海德格尔未能认识到，真正的人道主义（一种**伦理的人道主义**）要求与存在和存在法则（“存在欲力”）相断裂。成为人就是去超越自身的存在法则，在伦理的意义上对于折磨我邻人的恶做出回应。

无限责任

为完成我所讨论的恶的超验性以及对恶的伦理回应,我想考察列维纳斯诉诸“无限性”的独特方式,考察当他论及我们的无限责任时,他是什么意思。列维纳斯对待“无限性”观念的方式与康德和黑格尔迥然不同。康德和黑格尔(列维纳斯会说大多数西方哲学家)或隐或显地将无限性等同于总体性。在康德那里,无限性命名的是一种无条件的总体性,我们可以**思考**但不可能**认识**。这是黑格尔所说的坏的无 180
限性。真正的无限位于这种坏的无限之上;它克服了有限和坏的无限之间的二元对立。黑格尔带出了同一与他者的隐含辩证法,这一辩证法在将总体性等同于无限性时达到顶点。列维纳斯的哲学起点是,康德和黑格尔(甚或海德格尔)都没有充分意识到,无限性无法被整合进总体性或存在之中。关于康德式的无限性理念,列维纳斯说:“康德式的无限性观念扮演着理性之理想的角色,将其紧迫性投射到超越之物中,它是既有的未完成之物的理想的完成状态——但是,未完成的存在却没有与一种占据优势的无限性**经验**相对峙,没有从这样一种对峙中划定自身的有限性界限。”(*TI* 196;170)关于黑格尔式的无限性理念,列维纳斯说:“(黑格尔)对无限性的定位,排斥了每个可能与无限性保持关系并借此限制无限性的‘他者’。无限性只能包含一切关系。像亚里士多德的神那样,它只能指涉自身,尽管现在是以历史的名义。”(*TI* 196;170)

对列维纳斯来说,无限性是与总体性和存在的**断裂**;它**超越**总体性和存在,为与他者的伦理关系打开空间,这种伦理关系抵抗并反对被总体性和存在所同化。在列维纳斯看来,正是这种无法整合、极端异质的无限性确保他可以谈论我们对于他者、为了他者的“无限责任”。对于“无限责任”不应做一种康德式的理解,即将其理解为一种理性的理念,一种永远不会被充分实现的规范性理念。同样,也不能对它做一种黑格尔式的理解，即将其理解为一种在总体性中真正实现的无限性。相反，它是这样一种责任：它**先于**我自己的自律性自由，并且比后者更加原始。我永远也不可能充分履行我对他者的责任。但这既不是一种绝望的学说，也不是一种英雄主义伦理。它是一种日常生活的伦理，因为在最简单的欢迎动作或姿势中，我可能就在以伦理意义上负责任的方式行事。列维纳斯有一次被问及他会如何回应下述质疑，即这种无限伦理责任的观念是“彻头彻尾的乌托邦，不具现实意义”。他回答说：

> 这是对我思想的最大反对。人们跟我说：“你在哪里看到过这种伦理关系得到实行？”我的回答是，它具有乌托邦色彩并不妨碍它为我们的日常行为赋予慷慨或对他人的善意：哪怕最微小、最平常的举动（诸如在用餐时或进门时说“你先请”）都是伦理的证明。关心他者仍然是乌托邦的，因为它总是在这个世上格格不
> 181 入（u-topos），总是与“人情世故”不同；但在世上也有很多关心他者的例子。我记得有一次与一群拉丁美洲学生见面，他们对马克思主义式解放的术语很熟悉，相当关切他们阿根廷人民的苦难和不幸。他们非常不耐烦地问我，我是否真的见到过我的伦理哲学所说的那种与他者的乌托邦式的友好关系，我回答说：“当然，就在这间房间里。”[18]

在题为“签名”的文章中（开头一段话是对自己生活的简短说明），列维纳斯总结说，自己的生活“被纳粹恐怖的预感和记忆主宰着”。[19] 正如我先前指出，纳粹的恐怖（以奥斯维辛为象征）是20世纪特有之恶的典型或标志，这种恶割断了所有认知和理解的范畴。我们或许清楚记得列维纳斯的好友和敬慕者莫里斯·布朗肖* 在他的《灾难书写》

---

* 布朗肖（Maurice Blanchot，1907—2003），法国哲学家、文学评论家。

中说过的话。他讲述了一个奥斯维辛年轻囚犯的故事,他遭受了最恶劣的苦难,他的家人被投进焚尸炉;他试图吊死自己,但在最后一刻被“救”了。然后,纳粹强迫他负责行刑时提着受害者的头颅,以便党卫军开枪时子弹能容易地穿过他们的脖子。“当被问及他如何承受这一切时,据说他的回答是‘他观察到人们临死前的表情’。”但布朗肖断言:“我不相信这一点……他的回应……不是回应,他无法回应。”

> 在这一解释中我们还要意识到,当他面对一个不可能的问题时,他别无托辞而只得寻求知识,寻求所谓知识的尊严:我们相信这将是知识带给我们的根本礼节。事实上,人们如何能够拒绝了解?我们阅读关于奥斯维辛的书籍。集中营中所有人的愿望、最终的愿望:了解已经发生的事情,不要忘却;同时,你也永远不会了解。[20]

列维纳斯定会赞同这种感人而敏锐的说法。我们永远也不能充分了解或理解这一恶,即便我们不能放弃理解它的愿望和尝试。它超越并断裂了我们的理解范畴。但是,这不是一种意涵着某个“其他领域”的超验性。用矛盾修辞的方式说,它是一种**内在**超验(immanent transcendence)——我们在其极为可怕的具体性中与之遭遇。当布朗肖说幸存者的答案“不是回应”,列维纳斯会同意他的看法。它不是一种回应,因为一切能够被**言说**和**认知**的都不是充分的回应。认为这种恶能够被充分把握和认知,乃是欺骗我们自己——被神义论的诱惑吸引, 182
被寻找某种与这一恶相称的解释或证明的诱惑吸引。但是,我们**能够**回应——不是通过更精致的知识,不是通过找出有关奥斯维辛更具体的细节,不是通过阅读更多关于大屠杀的书籍,而是以唯一与我们所遭遇的恶的过度性**相称**的方式做出回应。这是一种**伦理回应**,我在其中认识到我对他者那种无法证成的苦难负有无限责任,我对他们遭受的恶负有无限责任。同样的浪潮重复着震耳欲聋的冲击。对于 20 世纪爆发的恶,仅有的回应是承认“我对他人的责任,不考虑互惠,这种责任在于我不计代价地给他人帮助,在于**一个人与他者**的不对称关系。”
183 (US 165)

第七章

约纳斯:一种新的责任伦理

汉斯·约纳斯与列维纳斯共有许多同样的关切和焦虑。他也师从海德格尔并受到他的巨大影响。与列维纳斯类似,约纳斯也认为海德格尔的巨大失败最明显地体现在他未能给伦理学提供任何基础。海德格尔不可避免地把我们引向伦理虚无主义的道路,瓦解所有道德标准的客观性。与列维纳斯类似,约纳斯设法依靠犹太传统来对抗以奥斯维辛为典型的恶。同样,与列维纳斯类似,约纳斯坚持认为有必要区分哲学论辩(甚至其思辨模式)与宗教信仰和神学信念。约纳斯也对从哲学或神学角度尝试解释或证成恶的做法颇不耐烦。

不过,如果我们考察约纳斯如何思考伦理学及其与本体论的关系,就会发现他的思考路径不仅与列维纳斯不同,而且显得与后者截然相反。约纳斯并不认为伦理学超越了本体论和存在,或**打断**了存在。相反,伦理学需要的是(他也致力于此)我们重新思考"存在"(尤其是生命体和人类)的意义,使我们能够在一种对于存在的恰当理解中**奠定**新的伦理。[1]尽管约纳斯构建了一种新的责任律令,但他没有谈及"先于人的自由的无限责任"之类的话。列维纳斯式的基本主题,比如"存在的断裂"为伦理和一种与他人之间不对称的、单向的伦理关系打开了空间等等,对约纳斯的哲学思考来说都很陌生。此外,尽管约纳斯和列维纳

斯一样怀疑传统神义论，他在处理恶的问题时并不彻底拒绝神义论框
184 架。他接受一种仁慈的、关怀世人的人格神理念，但他完全拒绝全能上帝的理念。正如我们将会看到的，约纳斯宣称“全能”这一理念本身就是不自洽的。在不致缩小列维纳斯和约纳斯之间的巨大差异的情况下，我想指出，当我们考察约纳斯的论述时，我们会看到他的哲学洞察如何完善了列维纳斯的洞察。将两者的哲学力量编织在一起，可以更丰富而精微地解释“奥斯维辛之后”的恶与责任。

让我们从约纳斯的哲学起点谈起——他与海德格尔的相遇。与列维纳斯类似，约纳斯证明了海德格尔作为教师所具有的催眠般魔力。他承认海德格尔“或许是 20 世纪最重要的哲学家”。[2] 不过，1933 年之后约纳斯开始对海德格尔产生幻灭，既是在人格的意义上也是在哲学家的意义上。海德格尔于 1933 年在纳粹统治下的弗莱堡所做的“臭名昭著”的校长就职演说令约纳斯感到震惊。汉娜・阿伦特认为海德格尔那十个月的校长任期是一个“错误”，而后他迅速改正过来了；但约纳斯得出了完全不同的结论。[3] 当被问及他是否认为“杰出思想家”海德格尔与那个积极支持纳粹的人之间有关联，约纳斯毫不犹豫地做出了肯定回答——尽管他承认，他花了很久才认识到这一点。

> 1933 年，当他做出那个臭名昭著的就职演说（可以合情合理地称之为哲学意义上的背叛，实际上这是对哲学的深深羞辱），我一下子震惊了，对朋友们说：“做出那种事的是我们时代最重要的思想家海德格尔。”我听到的回答是：“你为什么如此惊讶？做出这种事的端倪早就潜藏着了。或许早已能从他的思想中推断出来。”这是我第一次认识到海德格尔思想中包含着某些特质，我恍然大悟地说：“是啊，我之前有所失察了。”[4]

约纳斯得出的结论是，海德格尔关于决心（Entschlossenhei）和本

真性（Eigenlichheit）的种种概念非常抽象，使他能够热情支持纳粹政府。海德格尔将之区别于匿名“常人”（Das Man）的本真性，其特点就是决心。“决心本身（不是**为了什么或反对什么**的决心，而只是**下决心**这一事情）成为**本真性**此在的**本真性**标志。然而，下决心的机会却是由历史性提供的。”约纳斯接下去的话很沉重：

> 无论如何，1933年1月，当那一时刻来临之际，历史为决心提供了机会。人应该把自己投进这一新的命运里面。人应该最终完成一跃，从德国大学知识分子（尤其是在哲学领域，但也是一般而 185
> 言）的那种妥协、虚弱、温文尔雅、软弱的协商之中脱离出来，跃入一个新的开端。对我来说，海德格尔整个思考路径极为成问题的性质一下子清楚了……
>
> 但是，在希特勒和国家社会主义治下，在新的部门，在成为一个新帝国、甚至是一个千年帝国的意志中，他曾看到了某些他欢迎的东西……他将（领袖和党的）决断本身等同于决断的原则和决心本身。当我震惊地认识到这不仅是海德格尔的人格错误，而且还是他的思想构成时，存在主义本身的可疑性质对我而言就清晰起来：也就是，其中包含的虚无主义因素。这与我之前认识到的基督时代开端处的灵知主义冲动相配，灵知主义也包含着一种强烈的虚无主义因素。[5]

这些有关灵知主义和存在主义包含虚无主义的暗示，为我们理解约纳斯的哲学计划提供了基础。约纳斯不仅是海德格尔的学生，而且还是伟大神学家鲁道夫·布尔特曼[*]的学生。正是在他们的双重影响和鼓励下，他开始从事自己对灵知主义的开创性研究。约纳斯最终开

* 布尔特曼（Rudolf Bultmann，1884—1976），德国神学家，曾长期在马堡大学教授《新约》，提出历史与信仰的彻底断裂的观点。

始意识到，灵知主义传统的虚无主义二元论与存在主义（尤其是海德格尔）带有的强烈虚无主义色彩之间有着非常密切的关联。在《灵知主义，存在主义和虚无主义》一文中，约纳斯探究了这两股被历史上数个世纪隔开的不同思潮之间的关联。[6] 他告诉我们，在灵知主义那里，“对律法（nomos）理念的颠覆导致了种种伦理后果，其中灵知主义非宇宙论的虚无主义内涵……变得甚至比宇宙论方面的虚无主义还要明显。”（GEN 224）灵知主义和存在主义都否认存在任何客观的道德标准。当然，这种否定有相当不同的基础。“灵知主义与作为其现代对应物的概念精微性和历史反思相比，显得粗糙而天真。”（GEN 224）这种虚无主义与一种二元论密切相关，通过这种二元论，“人与**自然**”之间就产生了一种本体论断裂。“灵知的人是被扔到一个敌意的、反神明的，因而是反人性的自然之中，而现代人则是被扔到一个无动于衷的自然之中。”（GEN 233）现代虚无主义二元论比灵知主义二元论远为激进和绝望。根据灵知主义，自然是带有敌意的、恶魔一般的。但现代虚无主义不再认为自然是敌意的；相反，自然对人的关怀**无动于衷**。

> 因此，相比于灵知主义的虚无主义，现代虚无主义对这个世界
> 186 的恐惧、对其律法的违抗更加无限的极端和绝望。自然始终无动于衷，这是真正的深渊。只有人忧心忡忡，他的有限性只面对着死亡，他要孤零零地面对自己的偶然，他所投射的意义在客观上毫无意义，这实在是前所未有的处境。（GEN 233）

回应虚无主义

约纳斯与这种虚无主义进行搏斗——海德格尔的哲学必然产生的虚无主义。约纳斯的全部哲学，包括他对生命现象的反思和他对一种新的伦理和新的责任律令的辩护，以及他有关奥斯维辛之后上帝概念

的神学思辨，都是他对这一极端虚无主义做出的回应。[7] 当代哲学中存在着一种摇摆不定的趋势，一边是化约论自然主义，它废除人之为人的理念；一边则是孤独自我的观念，没有根基也没有任何道德基础。我们时代的首要哲学问题是避免这一两难之境的灾难——寻找"第三条道路"，借此"避免二元论断裂，但二元论的洞见也可以被保留下来以维持人的人性"（GEN 234）。

在讨论约纳斯所谓的"第三条道路"是什么之前，我想先探讨一下，在约纳斯和列维纳斯对我们当代困境的理解之间，有哪些相似之处。列维纳斯并不关注灵知主义和存在主义之间的密切关联。他也没有谈论"虚无主义二元论"。尽管如此，列维纳斯和约纳斯在理解我们的现代困境方面，还是有基本的一致性。他们都认为，我们时代最紧迫的哲学任务是：面对 20 世纪前所未有的恶，探索其中伦理和责任的意义。列维纳斯对局限于存在视域和本体论的哲学定位持有相当批判的态度，是因为他认为在那样一个世界上将找不到伦理的正当位置。正是隐含在本体论传统中的伦理虚无主义令他感到不安并激励他思考。断言"了解我们是否受了道德的骗乃是头等大事"相当于用另一种方式说：我们必须探索是否有办法避开伦理虚无主义。列维纳斯同意约纳斯的看法，即海德格尔的哲学中没有伦理学的位置。海德格尔的失败并不是具体的哲学失察。如果伦理虚无主义盛行的话，对恶进行谴责就将失去根基。对发生在奥斯维辛的事情进行谴责就将失去根基。

列维纳斯和约纳斯以不同方式对伦理虚无主义做出回应。我们已经看到，伦理虚无主义在列维纳斯看来是本体论的后果，是把存在作为 187
最终视域的后果，是未能认识到伦理学作为第一哲学所具有的超验性的后果。与他者的伦理关系要求与存在断裂。但是，约纳斯认为首要问题是以这样一种方式**重新思考**我们的本体论，以使我们能够最终为一种新的伦理律令、一种新的责任伦理提供形而上学基础。约纳斯关心的不仅是灵知主义和存在主义中蕴含的二元论，而且是主导现代哲学的二元论。他认为，一旦我们接受笛卡尔式的“我在”与“我思”的二分法，或肉体与心灵的二分法，那么我们就无法逃脱虚无主义。问题不只是二元论，而在于二元论所造成的一整套思维框架。甚至唯物论者和唯心论者也处于一个接受这种二元思考的框架之内，尽管他们在这一二元对立中否定哪一端有所不同。因此，如果人们想要面对伦理虚无主义提出的挑战，就必须批判它背后的本体论和认识论的二元论。

这正是约纳斯的《生命现象》一书所要做的事情，这本书是他对有机生命之意义的再思索。他认识到，他的哲学计划违背了当代哲学中许多根深蒂固的偏见和教条。他对两个根深蒂固的教条提出质疑：一是认为不存在形而上学真理，二是认为不存在从“是”通往“应该”的道路。为了避开伦理虚无主义，我们必须表明存在伦理的形而上学基础，存在本身之价值和目的的客观基础。这些都是强论断，而且毫无疑问会引发很大争议。要为约纳斯辩护的话，我们应该指出：他从事这一任务的方式既是大胆的，又具有思想上的审慎。他经常承认自己无法“证明”自己的论断，但他确信他的“假设”比盛行的二元论或化约论更加“公正对待人和总的存在的整体现象”。“不过，归根结底，我的论辩只能为一种**选项**提供理性基础，由慎思之人做出选择——当然，这一选项有其内在的说服力量。可惜的是，我只能做到这一步。或许一种未来的形而上学能够做得更多。”[8]

为了考察约纳斯的哲学计划如何展开，我们需要检验他对生命的哲学阐释。这是他为一种新的责任律令奠定基础的出发点。这种阐释也为他对恶进行思考提供了语境。约纳斯在《生命现象》的前言里简洁地陈述了自己的目的。

> 最简短地说，这本书给出了一种生物事实的“存在论”阐释。
> 188 当代存在主义关注的只有人，它往往把扎根于有机存在本身的东西当作人的独特优势和困境：因此，它拒绝将那些从自我意识那里

> 得到的洞见用于有机世界。就科学生物学而言,由于它的规则仅限于物理的外在事实,它必定忽略生命内在性的维度:因此,它浸淫于"生命"和"无生命"的区分之中。对于生物学记录的新解读,或许能够为理解有机物恢复内在维度(我们对此相当了解),从而为生命的心物统一重新获得其理论上的位置,而自笛卡尔的物质和心灵分离以来,这个位置就丧失了。(*PL*, p.ix)

在对生命进行存在论阐释时,约纳斯探究的是"所有生命发展过程(沿着有机力量和作用的上升秩序)背后的主题:新陈代谢、运动和渴望、知觉和感受、想象、艺术、心智——自由和危险的规模不断推进,在人这里达到顶峰;如果人不再以形而上学的孤立状态看待自己,他或许能重新理解自己的独特性"(*PL*, p.ix)。约纳斯表述这一主题的方式让人想起亚里士多德考察生物的方式,显然亚里士多德对约纳斯有重要影响。约纳斯的讨论甚至与谢林在19世纪阐述的自然哲学有着更为密切的关联。约纳斯问题背后的根本二分法,同样困扰着谢林(以及许多康德之后的德国思想家)。康德提出的"祛魅"的自然王国与自由王国之间的二分,导致了种种不牢靠的二律背反。约纳斯与亚里士多德和谢林不同的是,他把达尔文和当代科学生物学考虑进来。对生物学的恰当的哲学理解,必须与科学事实相符。但是,与此同时它也必须排除一些误导人的、关于生物事实的唯物论和化约论阐释。就此而言,约纳斯的自然论与皮尔斯和杜威的演化自然论之间有很强的联系。同时,对于所有提出神秘"生命力量"或忽视演化发展中的偶然性和危险性的演化生物学理论,约纳斯都持有强烈的怀疑。[9]

约纳斯试图表明,"正是在最原始的有机物质晦暗的激荡中,自由原则第一次在物质世界巨大的必然性中闪现其光芒。"(*PL* 3)这一广义的自由并不仅限于人的自由;它下抵有机生命的最初迹象,上达人类展现的自由。"'自由'必定指一种客观可察的生命模式,也即,一种

189 为有机物本身独有的实现存在的方式，它为一切有机物所有而为一切非有机物所无：在本体论意义上，它指一个最初仅能适用于有形迹像（physical evidence）的描述项。”（*PL* 3）自由的形成在此不只是一条成功之路。“自由的优越地位承载着需求的负担，而且意味着危险的存在。”（*PL* 4）随着生物的新陈代谢，自由原则第一次出现了。约纳斯甚至“认为**新陈代谢**这一所有有机生命的基本层面已经展现了自由——事实上，它是自由的第一种形式”。[10] 有了“新陈代谢（随着它的力量和需求），非存在就作为存在本身体现出来的一种另类而显现于世；由此，存在本身第一次获得了一种强调性的意义：由于内在受到其负面威胁的限制，存在必须确认自身，而（自我）确认了的存在就是一种作为关切的存在”（*PL* 4）。这一广义的、本体论的自由，作为**一切**有机生命的特征，对约纳斯来说是一条“阿里阿德涅之线，贯穿对生命的阐释”（*PL* 3）。

约纳斯借以扩大我们对于自由的理解的方式，反映了他的主要论辩策略。他将那些通常仅用于人类的范畴进行扩大和再阐释，从而我们发现它们等同于那些客观可察的、为一切生命共有的存在模式。甚至内在性以及自我的初级形式也能够延伸至最简单的有机生命形式。[11] 似乎约纳斯有拟人论的嫌疑，似乎他把独属于人类的特点投射到生命体整个领域了。他敏锐地意识到这种批评，但他认为甚至是拟人论的理念也必须被重新思考。[12] 如果我们认为约纳斯把人的特性投射到非人的生命界中，那就曲解了他的生命哲学。之前我引用过约纳斯谈及“第三条道路”的话——借此“避免二元论断裂，但二元论的洞见也足以被保留下来以维持人的人性”（GEN 234）。通过展现有机生命真正的连续性，展现自由、内在性和自我等范畴适用于任何生命，我们得以避免“二元论断裂”。这些范畴指的是客观存在模式。但当我们认识到自由、内在性和自我以一种独特的方式在人类身上呈现出来的时候，我们就保留了“二元论的洞见”。我不想说约纳斯成功完成了这一雄心勃勃的计划。他意识到自己论断的尝试性和出错性，但他向我们展现了一种对生命的理解,由此我们能够同时洞察到连续性和差异。[13]

现在应该清楚,约纳斯并没有局限于一种有关有机体的局部哲学,也没有局限于一种新的对生物事实做出“存在论”阐释的局部哲学。他的目标正是提供一种对于存在的新式形而上学理解,提供一种新的本体论。他对此说得很明白。 190

> 我们的反思意在表明,在什么意义上生命问题和身体的问题应处于本体论核心,并且在某种意义上也应处于认识论核心……生命问题的核心位置不仅意味着它是判断既有本体论的关键因素,还意味着处理这个问题必定涉及本体论整体。(*PL* 25)

看起来,列维纳斯和约纳斯之间的哲学分歧很大。对列维纳斯来说,只要我们还局限在存在视域和本体论(不管其含义有多广泛),就没有伦理学的位置,也没有对伦理虚无主义的回答。相反,对约纳斯来说,除非我们能够以这样一种方式扩大我们的本体论理解,以至于能够为自然内部的价值和目的提供客观基础,我们就无法回应伦理虚无主义的挑战。但是,尽管双方乍看之下极端对立,还是有一种阐释能够把他们的距离缩小。用列维纳斯的术语,我们可以说,约纳斯表明存在一种理解本体论和生命体的方式,能够公正对待他者之不可化约的他异性。[14]

不过,我们或许还是会问,约纳斯对生物学事实的“存在论”阐释及其提出的新本体论何以为一种新的伦理学提供形而上学基础?约纳斯批评下面这种哲学偏见,即认为价值、目标和目的在自然中没有地位。正如他坚称自由、内在性和自我都是客观的存在模式,他也认为价值和目的是客观的存在模式。有机存在有一种**固有的**基本价值,一种基本的肯定,“对生命说‘是’”(*IR* 81)。[15]“在生命与死亡的对立中,存在的自我肯定成为强音。生命是存在和非存在的明确对峙。……所有努力的‘是’,在积极地对非存在说‘不’的情况下,显得更加尖锐了。”(*IR* 81—82)而且(这一点对约纳斯而言很关键),这种一切有机存在皆有的对生命之肯定,在人类这里有着约束性的、**义务**的力量。

> 这种盲目地自我施加的“是”在人的自由那里获得了义务的力量,人作为自然的目的性劳作的至高产物,不再是自然的自动施动者,而是(以得自知识的力量)自然的破坏者。他必定把“是”纳入自己的意志,而把对非存在的“否定 / 不”加于他的力量。但是,正因为这种从意志到义务的转变是道德理论的关键,为其提供根基的种种尝试很容易便告失败。为什么过去一直是“存在”本
191 身通过一切个体意志而照料的事情,如今成了人的义务?(*IR* 82)

我们在此发现从“是”到“应当”的转换——从生命的自我肯定到人类为保存现在和未来的生命而负有约束性**义务**的转换。但为什么我们需要一种**新的**伦理学?《责任律令》的副标题“为技术时代寻求一种伦理学”提示我们为什么需要一种新的伦理学。现代技术已经极大地改变了人们行为的性质和结果,以至于传统伦理学背后的前提不再有效了。历史上第一次,人类拥有了足以摧毁这个星球所有生命(包括人的生命在内)的知识和力量。不仅出现了全面核灾难的新可能,甚至更糟糕而可怕的可能性是,不受约束地使用各种技术有可能摧毁生命所需的环境。现代技术带来的主要转变是,我们行为的结果常常极大地超出我们的意料。约纳斯和其他一些哲学家首先向我们提出警告:随着生物技术的发展,前所未有的伦理和政治问题正在出现。他宣称,这发生在一个“伦理真空”的时代,似乎没有任何有效的伦理原则去限制或指导我们的伦理决定。借着科学和技术“进步”的名义,无情的压力迫使人们采取这样一个立场:在此做什么都是被允许的,包括改变人类的遗传结构,只要它是“自由选择”的就行。约纳斯认为,我们需要一

种新的绝对律令，它或可表述如下：

> “如此行事：你的行为的结果能与人类生命的真正长久相符”；或者，换一种消极表达：“如此行事：你的行为的结果并不会破坏这种生命的未来可能性”；或者简单说：“不要破坏人性在世界上无限持续的条件”；或者，反过来积极地说：“在你当下的选择中，把人的未来的整体性包括进你的意志对象中。”（*IR* 11）

即使我们能够同情约纳斯所祈求的新律令，我们必须理解，对这样一种律令的**需求**并不意味着它能够被理性地证成。此外，我们必须理解，约纳斯所谓的**责任**律令是什么意思。

约纳斯区分了两种意义非常不同的责任：形式责任和实质责任。形式责任意思是“‘为’某人的行为负责的责任，不管是什么行为”；而实质责任意思是“‘为’特殊的对象负责，这些特殊对象使行为人做出与此相关的特殊行为”（*IR* 90）。实质责任以形式责任为前提，但约纳 192
斯伦理学的核心关心的是我们新的实质责任。像列维纳斯一样，约纳斯强调认为，实质责任包括一种“单向的关系”（*IR* 94）。家长和孩子之间的单向而“垂直”的关怀关系，就是一种实质责任的典范。家长有责任和义务去关心孩子的健康。我们新的技术处境要求我们扩展实质责任的范围。我们作为人类有责任保存生命（尤其是人的生命）的条件，有责任保存无限未来的条件。

> 人的独特之处——即只有他能够负有责任——也意味着他必须为其他同类负责，也就是说，为那些同样是潜在的责任承担者负责；并且，从某种意义上说，他事实上总是负有责任……在这个意义上，对于人的存在来说，“应当”就是具体地被给定的……用警句的方式说：“世界上存在责任”这一可能性（对人之存在而言必

然如此),乃是所有责任对象中的第一个。(*IR* 99)[16]

对于约纳斯所理解的我们之于保存那些能够负责的(人类)生命要负的集体责任,人们可以对他的论辩和充分性提出很多问题,但我们现在能够把握他的哲学计划的总体结构。[17] 虚无主义,尤其是当代世界盛行的伦理虚无主义,是约纳斯要处理的问题。它制造了一种"伦理真空"。约纳斯最关心的虚无主义并非哲学家的虚无主义,而是日常生活的虚无主义——这种虚无主义对存在**任何**可靠的客观标准来指导我们的决定和行为都不再抱有信心。新的技术时代使得这一处境带有潜在的灾难性。人的行动能够摧毁这个星球上使生命得以可能的根本条件。不是技术的失败,而是技术的不可思议的成功,使处境变得极其可怕。无情的压力迫使人们发展和应用日新月异的技术来影响生命本身的根本条件。(早在最近有关克隆和干细胞研究的争论以前,约纳斯就预示说,随着种种能够使我们急剧改变生命组织的条件的技术出现,种种棘手的伦理和政治难题也会诞生。)在这种潜在危险性的处境下,哲学的任务便是提供一种关于我们处境的生动清晰的理解。但这还不够。哲学还必须表明,一种关于生命现象的恰当理解何以能使我们发展并证成一种新的伦理学——它的出发点是生命本身的自我肯定。我们的第
193 一要务必须是以这样一种方式行事,以使我们保存人类借以持续生存的条件。由于对此新的责任不存在限制,约纳斯很可能会像列维纳斯那样说这是一种"无限责任"。责任理论必有其主观和客观方面。

但这两方面是相互补充的,并且两方面都是伦理学整体的一部分。如果我们(至少在性情上)不对情感意义上的义务的要求做出积极回应,义务之正当性的最令人信服的表现(哪怕有强有力的理论赞同)也会孱弱得无法使之成为激励人的力量。相反,如果没有义务之正当性的证明,我们实际上对此类诉求的积极响应会

依然听从偶然偏好的指使（这些偏好本身被种种不同的前提条件所决定），而由此做出的决定也将缺乏理由。（*IR* 85）

恶与我们的天启处境

恶的主题像幽灵一般盘旋在约纳斯寻求新伦理的背景中，而列维纳斯的著作中也有这样的情形。“我们将生活在一种天启的处境下，也就是，生活在世界性灾难的威胁下，如果我们放任事物按照目前的轨道进行的话。”（*IR* 140）如果约纳斯能和列维纳斯对话，他或许会说：“如果没有一种新的责任伦理，一种新的未来的伦理，我们对其负责的他者是否可能继续**存在**，这一可能性本身就要受到威胁。”约纳斯下面这段话仿佛呼应着列维纳斯对恶的现象学描绘：

> 对我们来说，觉察到**恶**远比觉察到**善**来得容易；恶更加直接而强烈，不太考虑意见和趣味的差异，并且最要紧的是，恶无需我们寻找它便突然闯入。仅仅是恶的存在就迫使我们感受到它，而善可能就很低调，不为人所察，除非我们对它进行反思……当恶临到我们头上时，我们不会茫然无知；但对于善的话，我们只有在体验到它的对立面时，才开始确知它。（*IR* 27）

这一观察（恶强加于我们身上）随即过渡到约纳斯与以“奥斯维辛”为典型的恶进行对峙。约纳斯下面这段谈论自己的话，几乎就是在重复列维纳斯：他说自己是“一个经历了30年代和40年代恐怖的人，他的余生不得不在奥斯维辛的阴影下度过”。[18]1984年，当约纳斯过了80岁生日后，他在图宾根大学做了一次著名演讲，题为“奥斯维辛之后的上帝观念：一个犹太人的声音”[19]。

约纳斯自始至终承认他无法就自己的形而上学思辨提供任何证 194

明，也无法为自己的以下尝试提供证明，即尝试将一种新的责任伦理奠基于对生命的存在论意义上的自我肯定。但是，作为一名哲学家，约纳斯力图给出最强的**理由**来支持自己的主张。当他思考神学时，他的尝试性态度显得更加突出。他描述自己的工作“坦白说是一种思辨性质的神学”。他接受了康德的提醒，即人们在这个领域不能宣称知识。[20] 但约纳斯提出了下述问题：

> 对于人们可能自远古时期以来就了解的关于人的知识，奥斯维辛增加了什么东西？尤其是，对于我们犹太人自从千年受难历史以来就非常熟悉的事情，并且是如此根本地构成了我们集体记忆的一部分的事情，奥斯维辛增加了什么东西？约伯的问题一直是神义论的主要问题——它是一般神义论的主要问题，因为恶本身在世界上的存在；它也是特殊神义论的问题，因为经由拣选和所谓以色列与其上帝之间的立约的难题，问题变得尖锐化了。（CGA 132）

我们不要被上文提到的神义论误导了，约纳斯在批判种种传统的（宗教的或世俗的）神义论方面不亚于列维纳斯。如果神义论试图否认、“搪塞”或证成奥斯维辛之恶的野蛮现实，那么任何神义论都是不够的。对犹太人来说，这些问题甚至比对基督徒而言更为尖锐，因为“犹太人在‘此’世看到了神的创造、正义和拯救，上帝对他们来说赫然是**历史**的主人，就此而言，哪怕对信徒来说‘奥斯维辛’也使得整个传统上帝观念成了问题……哪个上帝会允许这种事情发生？”（CGA 133）

为了应对这些相当情感化的问题，约纳斯自己编织了一个**神话**——“柏拉图允许在超越认知的领域那里运用这种想象性的、但却是可信的臆测”（CGA 134）。[21] 这一神话的细节动人且意味深长，但我在这里只能说得简练些。

太初,作为存在根基的神“选择将自己交付给机运、冒险和无尽的生成变化”。不过,一旦世界被创造出来,它的法则就“容不得干涉”,并且“任何超越人世的神意”也无法使之有所减轻。为了让世界变得自为、变成一个内在的领域,“上帝取消了自己的存在,取消了自己的神性——为的是在充满着机运的时间长河中重新获得神性,这一过程经历了无法预知的时间体验:(上帝的神性)被它改观甚或可能被它损毁。”在宇宙机运和可能性的万古进程中,发生了最初的生命之律动。这是“逐渐获得神性的上帝早就期待着的世界事件,而且,以此上帝的巨大赌注开始展现兑现 / 拯救的迹象”。生伴随着死,伴随着必朽性的 195
冒险,也伴随着演化过程的开始。“神圣的图景有了斑斓色彩,神性开始体验到自身。”最初,就最简单的有机形式而言,这是一个天真的世界。但随着人类的演化发展,有些新的东西开始产生。有了“知识和自由的降临,而随着这一双刃剑般的至高禀赋,仅仅是自我实现的生命的天真,让位于善恶之分的责任要求”。“随着人的出现,超验性开始觉醒,并从此伴随着他,带着疑虑屏息凝神地观察他的一举一动,既有希望又有示意,既有高兴又有难过,既有表扬又有皱眉——我敢说,就是使人感受到自己,同时又不干涉人的尘世生活的动力:因为,在它随着人的纪录而动时,通过反思自身的状态,超验者为人的图景投下了光亮和阴影,难道不是这样吗。”(这一神话的完整表述,见 CGA, 134—136。)

这是约纳斯的神话,他承认这个神话或许看起来像是“个人无端的奇思异想”。但他从中做出的结论表明,这个神话很显然既不是无端的也不是个人的。当约纳斯首次在《不朽与现代性情》一文中展现这个神话时,他写道:“这是一个尝试性的神话,我愿意相信它是‘真的’——在如下意义上:神话或许恰会预示一个真理,它必定是不可知的,甚至在直接的概念意义上是不可言说的,但通过与我们最深层的经验相联系,它又要求根据我们自己的力量为它做出间接的解释——以可废除的、拟人论的意象。”[22]

约纳斯试图传达的正是这个神话潜含的真理。他对这个神话的解释强调了几个重要特征。首先,他所谈论的上帝是一个**受难的上帝**,尽管不是基督教意义上让自己受十字架之难。从**创造**那一刻起,并且确然是从人的创生那一刻起,上帝就是受苦的。其次,约纳斯神话中的上帝是一位**生成中的上帝**。“它是一个逐渐从时间中诞生的上帝,而不是永远自我同一的、拥有完整存在的上帝。”(CGA 137)约纳斯承认,这一上帝观念在神学上悖离了希腊传统,后者认为永恒存在优越于变化生成,但他认为**神的生成**的观念更易于与希伯来圣经中描绘的上帝相契合。这个上帝受到世事的影响,而且事实上因之而**改变**。不但我们依赖于上帝,而且上帝**依赖于我们**,依赖于我们人类的所作所为。“上帝自身的命运,他的作为或不作为,与这个宇宙休戚相关——他把自己的实质交付给这个宇宙的种种未知行为;而人则最显赫地成为这一至
196 高的、并且是将会遭背叛的信任的领受者。简言之,人将神的命运掌握在自己手里。”[23] 与**受难**和**生成**的上帝理念相联的是一个**关怀的上帝**。“当然,上帝对其创造物的关怀是犹太信仰中非常为人熟知的信条。但是,我的神话强调的是不那么为人熟悉的方面,即这个关怀的上帝并不像巫师那样,在关怀的行动中同时实现他的目标:他把一些东西留给其他行为者,并以此使得自己的关怀有赖于他们。”(CGA 138)因此,这是一个处于危险之中的上帝、一个相当冒险的上帝。

约纳斯的神学思辨中最重要的观点在于,他坚称这个上帝**并不是**一个全能的上帝。约纳斯拒绝长期被人尊奉的教条,即关于绝对而无限的力量。相反,他对此做出了更强的论断:“根据力量概念本身可以推断,全能是一个自相矛盾的、自我瓦解的,事实上是毫无意义的概念。”[24] 传统上归于上帝的特性(“绝对的善,绝对的力量,还有可理解性”)形成了一种并不自洽的三结合。上述特性中任何两者的结合都会排除第三者。“问题因此就是:对我们的上帝概念来说什么是真正本质的,而什么(由于力量较小)又必须让位于更高的论断?现在,可以肯定

的是,善和上帝概念不可分离,并且不能受到限制。”(CGA 139)[25]

尽管约纳斯的神话显然带有很多独特色彩,它不单单是“个人无端的奇思异想”。约纳斯自己指出,他的神话与卡巴拉*有密切关系。

> 我们在那里遇到高度原创性的、极其非正统的思辨,我的思辨与之相比就显得不那么离奇了。比如,我的神话说到底不过是推进了“Tzimtzum(回归)”的理念,它是卢里安的卡巴拉创世说的核心概念。Tzimtzum 的意思是约束、退回、自我限制。为了给世界留出空间,开端的 En-Sof(“无限”,字面意思是没有终点)就得约束自身,以使空无的空间通过它的这一撤空行为而扩展到它的外部:上帝得以从中创世的那个“无”。如果没有这一退回自身的行为,就不可能有外在于上帝的“他者”,而只有上帝持续的自我约束才使得有限的事物得以保存,它们各自的存在才免于丧失在上帝的“大全(all in all)”之中。(CGA 142)[26]

不过,这个神话何以能使我们应对如下问题:上帝怎么会只是静观其变?面对奥斯维辛之恶的极端恐怖,我们如何仍然信仰上帝?如果陀思妥耶夫斯基看到奥斯维辛,他肯定会提出此类问题。起初,约纳斯似乎仍然在传统神义论框架内讨论问题,起码就下述方面而言:他希望表明,我们能够将恶的存在(甚至是奥斯维辛之恶)与仁慈上帝的概念 197
协调起来。通过肯定上帝的可理解性和善而否定他的全能,约纳斯“解决”了那个神学问题。“但是,如果上帝以某种方式并且在某种程度上是可以理解的(我们必须坚持这一点),那么他的善必然与恶的存在并行不悖,而这一点只有在他并非无所不能的情形下才成立。只有在那个时候,我们才可以认定,上帝是可理解的和善的,但世界上仍然存在

* 卡巴拉(Kabbalah),字面意思为“接受”,属于犹太教传统经典之外的一套经文,包含关于造物主和造物之关系的隐秘教诲。下文的卢里安是卡巴拉的重要学者。

着恶。”（CGA 140）

用这种方式阐释约纳斯的神话尽管并没有错，但是会忽略其**首要**动机。约纳斯的神话意在强调人的巨大的（我们甚至可以说是无限的）责任。与列维纳斯一样，约纳斯强调“人的责任、对于人的责任，是第一位的、最主要的责任，这是一切责任的原型”（*IR* 98）。人类（而且仅仅只有人类）要对世上存在的恶负责，并且有至高的义务去与之搏斗。这种责任超越了一种“仅仅是”人类的责任；它是我们对于（以及为了）那个**受难的、生成中的、关怀的**上帝的责任。像列维纳斯那样，约纳斯并不认为“奥斯维辛”只是一个特殊地点的名字，或一系列骇人听闻的事件的名字，而是将其代表我们时代的一切残杀。当约纳斯第一次提出他的神话时，他问道：

> 考虑一下那些从未能够以善行或恶行将自己铭刻上生命之书的人，因为在他们还未有此机会之前生命已经中断，或者，他们的人性在最残忍和最彻底的堕落中（在此没有人性能够幸免于难）遭到摧毁。我想到的是奥斯维辛中那些中毒和被烧死的孩子，集中营里那些被侮辱与被损害的灵魂，**我想到的是我们时代所有其他不计其数的人为灾难的受害者**。[27]

为了使他所理解的受难的、生成中的、关怀的上帝（他的命运系于我们）更加鲜明，约纳斯宣称：

> 我愿意相信：云端上有为人性的挥霍和掠夺而悲泣的声音；有一声叹息回应了越来越多卑贱的受苦和愤怒——被这样恣意践踏的生命，它们的现实和可能性都受到了可怕的虐待，而这些生命都是受到阻挠的上帝的尝试……难道我们不该相信，在我们的一生中出现的哀鸿遍野，如今像一块不断进行问责的乌云，萦绕在我们

世界周围？另一方面，俯瞰我们的永恒者本身也是忧虑而受着伤，内心里烦扰不安。[28]

神意和辩证的历史必然性都无法为奥斯维辛负责。 198

奥斯维辛的耻辱不应问责于某种无所不能的神意或某种巧妙的辩证必然性，就好像它是一个需要合题的反题，或是迈向拯救的一步。是**我们**人类将这个耻辱加给上帝，我们没能照看好他的东西。这仍然是我们的责任，也正是我们自己必须从我们毁损的面容上洗去这一耻辱，实际上是从上帝的面容上洗去这一耻辱。[29]

约纳斯的“思辨实验”不仅仅是一项思想练习。“我被推引至一个所有信仰学说恐怕都会视之为异端的观点，即不是上帝帮助我们，而是我们必须帮助上帝。”[30] 但他告诉我们，这个有关犹太上帝的异端观念“因一位真实见证人的坦白而变得更为有效（她未透露自己的生活），我后来在她那里了解到许多。这些自白文字可以在艾蒂·西勒申保存下来的日记中找到，她是一位来自荷兰的年轻犹太女性，1942 年自愿前往威斯特伯克的集中营，以便在那里提供帮忙并且投身到她的民族的命运中。1943 年，她被送往奥斯维辛的毒气室”。[31]

我愿意去向世上任何一处上帝派我去的地方；只要我还活着，我就时刻准备着做见证……一切事情的结果会是这样，这并不是上帝的过错，而是我们的过错。

……如果上帝不再继续帮我们，那么我就必须帮助上帝……我将竭尽全力帮助上帝。

我会帮助你，哦上帝，并不是你抛弃了我，而是从一开始我就什么也担保不了。只有这一件事对我来说变得越来越清晰：你无

> 法帮助我们,但我们必须帮助你,而在此过程中我们最终帮助了自己。这是唯一一件重要的事:哦上帝,你在我们身上保留了一丝你自己的成分。是的,我的上帝,在这些情形下哪怕是你也似乎无力改变多少……我不要求你做出解释;你以后会责问我们,要我们做出解释。我越来越清楚,你无法帮助我们,但我们必须帮助你并捍卫最后一丝你留在我们身上的印迹。[32]

约纳斯神话的"去神话化"*

约纳斯承认,他在1984年读到西勒申这些写于四十多年前的文字时,情感上受到很大震动。它们总结了他自己关于受难的、生成中的、关怀的上帝的异端理解——一位我们必须帮助他的有限上帝。约纳斯毫不犹豫地表达了他自己持有的强烈信念。但是,他和列维纳斯一样,
199 也相信哲学家必须努力达到哲学论辩的严格标准,不能允许哲学论断建立在宗教信仰的基础上。尽管两者都是坚定且信仰虔诚的犹太人,他们都认为自己所说的真理具有**普遍性**意义。因此,我们的任务就是回过头来看看,约纳斯的神话在何种程度上包括了能够在哲学层面上得到辩护的主张。为此,我希望稍微岔开一下话题,但事实上由此我们可以进入问题的核心。

我已经提到约纳斯最初被海德格尔(既是作为个人的海德格尔,也是作为哲学家的海德格尔)吸引,而后又从中醒悟过来。但另一个伟大的教师也曾对约纳斯有过根本影响,他就是鲁道夫·布尔特曼。事实上,正是一份约纳斯为布尔特曼的《新约》研讨班所写的报告,最终将他的兴趣引向灵知主义。[33] 约纳斯与布尔特曼在私人关系上和思想上

* demythologize 可以译作"去除神话色彩",但鉴于这个词在上下文中作为一个特定概念出现(源自布尔特曼),在此采取比较生硬的"去神话化"的译法。关于这个概念,详见下文。

维持了一生的友谊,他始终对这位思想家保持尊重。当约纳斯于 1933 年离开德国时,他临行拜访的唯一教授就是布尔特曼。并且,当约纳斯于 1945 年作为犹太旅的一名战士返回德国时,他首先拜访的人也是布尔特曼。1977 年,在布尔特曼逝世一年后,约纳斯受邀参与一个纪念研讨会,这使他得以反思布尔特曼著作的哲学面向。[34]

布尔特曼的伟大神学贡献在于他提出的“去神话化”方法——“‘一种阐释方法’…… ‘一个解释学程序,它质询的是各种陈述的现实内容’……也即,关于人之生存的内容。”根据布尔特曼,神话同时发挥揭露和隐藏的作用。神话的真正意义“(起码就圣经而言如此)在于‘说出人的根本现实’”。[35] 约纳斯对这样理解的神话既有同情性理解,也有尖锐批评。

我希望表明,当这种阐释方法应用于约纳斯自身的神话时,具有什么样的适用性和局限性。首先,由于运用了隐喻式的语言,约纳斯的神话既与他所理解的生命诞生和演化过程的实质相一致,同时也表达了这个实质。[36] 确实,这个神话与约纳斯在《生命现象》和相关著作中提出的演化自然论相一致——而这些著作依靠的都是哲学论辩。约纳斯在他的神话中避免谈及演化过程中的任何超自然干预。(上帝不是一个巫师。)此外,他承认生命第一次出现乃是自然论意义上的“世界事件”。伴随着生命有机体的起源,演化过程也开始加速。在这个演化过程的某个阶段,人类出现了——这种存在具有彼此承担责任的能力。简言之,约纳斯神话中的这一部分完全可以用非神话的语言充分陈述。
约纳斯对于自然、生命和人的演化上升的哲学理解,指引着他的神话建 200
构。不过,神话也加强了约纳斯对责任的理解。自由、内在性和自我的最初形式向下延伸到一切生命体那里,但只有在人这里,一种能够承担责任的存在才诞生了。

如果把这个用以阐释约纳斯神话的程序的“逻辑”贯彻到底,我们似乎就能认为,这个神话通过一种生动的隐喻手段描绘出了能够用概念术语（毫无保留地）表达和转译的内容。[37] 但这正是约纳斯拒斥的结论。当他引入神话的时候，他引用了柏拉图，并且提到柏拉图那里神话与逻各斯的隐秘互动。恰恰是在人们试图对无法认识的事物做出猜测时，神话变得至关重要。约纳斯认为，神话不能被"转译"或化约为"人的自我理解"——一种费尔巴哈已经提出过的去神话化形式。"对上帝的理解不能被化约为人的自我理解，否则就会变成内在论或单纯的拟人论。"[38] 这是去神话化的**限制**。[39] 约纳斯划出了一条清晰的界线。他坚持认为自己的神话必定与我们的科学知识兼容；但他拒斥如下说法：神话不过是用一种生动的隐喻手段表述能够以纯粹概念术语转译的东西。神话并不能用人的话语进行彻底的客观化。约纳斯在他的《海德格尔与神学》一文结尾所写的话，能很好地用于他自己关于受难的、生成中的、关怀的上帝（我们有义务去帮助他）的神话。

> 比起思想的概念，神话的象征更能保护（神性的）终极悖论。在神秘适得其所之处，"我们对着一面镜子模糊地看。""对着一面镜子模糊地看"，这是什么意思？就是在神话的形象中看。让神话的**明显的模糊性**对不可言说之物保持透明，在某种意义上说，这要比保持概念的虚假的透明性更加容易；事实上，概念对之保持透明的事物非常模糊，就像所有语言必定所是般模糊。
>
> **字面**地理解，神话是最粗糙的客观化。
>
> **寓言**地理解，神话是精致的客观化。
>
> **象征**地理解，神话是我们通过它进行模糊观看的镜子。[40]

约纳斯与列维纳斯

约纳斯与列维纳斯的差别与他们的相似性一样明显。试图抹平他们的差别，低估他们相互冲突、有时是相互对立的论断，乃是不诚实的做法。约纳斯永远也不会赞成列维纳斯对于哲学本体论事业的强烈怀疑。在约纳斯的理解中,真正的形而上学的任务是发展一种更加**充分**的对于存在(尤其是生命存在)的理解,以此为伦理学奠定基础。约纳斯可能也会批评列维纳斯所强调的"断裂"——尤其是后者假定的与存在的断裂,这种断裂为善打开空间,为与他者的伦理关系打开空间。我怀疑,约纳斯或许会在这里探察到一种二元论思想的残留,而这是他要着力批判和克服的。而且,考虑到《总体性与无限性》在修辞层面上是以重复的二元对立建构起来的,包括总体性与无限性、本体论与形而上学、存在与伦理,存在着大量二元论思想的证据。约纳斯的首要目标——为我们技术时代发展一种新的伦理学,我们试图在这个时代中保护环境和有机生命——对于列维纳斯来说却处于边缘。[41] 尽管列维纳斯关于面容的描述、关于他者的他异性的描述,以及关于我们对他者和为了他者的无限责任的描绘,有着诗学和伦理学的雄辩,约纳斯或许仍然会认为,列维纳斯对于伦理学的理解带有人类中心论偏见的色彩,而人类中心论在约纳斯看来是传统伦理学的特征。列维纳斯未能认识到,由于我们当代技术知识和力量,"人类行为的本性已经改变"。 201

即便存在上述种种差异,它们或许还是能够作为一场富有成效的对话的基础——在这场对话中,双方不同的强调点和不同的论断或许能帮助纠正各自哲学的缺陷。列维纳斯往往讽刺性地描绘传统哲学和本体论,并且夸大自己和哲学传统的差异。德里达论述列维纳斯的著名文章成功地使后者的思想得到了国际关注。[42] 列维纳斯并没有充分考虑到如下可能性,即本体论事业本身可以接受约纳斯所提出的改善和修正。约纳斯尝试为人类生命的诞生提供一种演化论解释,从而能同时公正对待**延续**和**差异**的出现,尤其是随着人类演化发展而出现的种种差异;这种尝试表明,并不是所有的本体论都能被阐释为致力于列维纳斯所批判的总体性的本体论。列维纳斯倾向于集中关注伦理学领域,似乎它唯独关心的是我们与他者之间的不对称的、单向的人际关系。约纳斯试图解释当代技术如何改变了我们思考伦理学的方式,如果列维纳斯注意到约纳斯的这层考虑,他或许会从中有所收获。同时,约纳斯从列维纳斯这里也可以学到一些教益。约纳斯有时往往忽略了伦理关系的特殊性和具体性,而这恰恰是列维纳斯非常强调的。约纳
202 斯对于我们“岌岌可危的未来”的焦虑,有时忽略了我们与当代人的伦理关系。他所关心的保存未来人性的可能性条件,于是就变得极其抽象。我们责任的首要对象是“人性”还是单独的个人(具体的他者的他异性)?

不过,尽管存在上述紧张关系和冲突,我们不该低估两位思想家在直面以奥斯维辛为代表的恶时共同具有的想法。双方都痛苦地意识到“伦理真空”和伦理虚无主义弥漫在现代;双方都试图应对的问题是,我们是否“受了道德的骗”——谈论能够指引我们行动的伦理律令是否还有意义。双方都断然拒绝任何试图“协调”恶的哲学或宗教尝试。他们或许会同意,我们必须放弃庸俗的或精致的“幸福结局”。恶的残暴、无法超越、“超验”的性质质疑了哲学的概念和范畴,并且与之格格不入。两位思想家都从他们自己的犹太信仰和信念的根本处出发。对他们而言,恶的问题不仅仅是一个伦理学问题;它也是一个宗教问题,并引出了一些最严重的问题,关系到奥斯维辛之后信仰是否还有可能——如果可能的话,那么何种信仰是可能的。双方都强调他们犹太遗产的**伦理**意义——不是说犹太教能够被**化约为**它的伦理内容,而是说它能够**启发**人们对于伦理和责任的理解。

在他们对恶的回应中,最具原创性和独特性的特征是他们试图用各自的方式重新思考责任的意义和范围。列维纳斯的“无限责任”理念初看起来有些夸张甚至有些冒犯性——因为我们或许会觉得,一种无限的责任(因此就永远不能充分履行)会瓦解责任理念本身。但是,我们越仔细地考察列维纳斯的意思,我们就越能体会其主张的明晰性。作为人类,我们发现自己身处在一个必须接受责任的世界上——**对于**

和**为了**那些我们遇到的他者负责。当列维纳斯强调指出伦理关系是不对称的和单向的,他的主要目的是强调伦理责任并非基于某种形式的期待或算计,即我怎样对待他人,他人也会怎样对待我。列维纳斯非常有力地说明了对他者的他者性回应和负责意味着什么——拒绝如下诱惑:将他者同化于本体论帝国主义和殖民地化,以便我能允许自己冒犯他者的整体性。但在约纳斯的思考中也有一种对应于"无限责任"的意思,尽管他没有这样表达。这一点非常明显地体现在:他认为我们对 203
人类同伴(即使是那些还未出生者)所负的责任占据核心地位。这也是一种无法被充分履行的责任("一种无限责任")。尽管如此,它仍然可以指导我们的行为。约纳斯在他关于有限上帝(我们同样要**为这位上帝**负责)的神话中强化了他对责任的理解。在以奥斯维辛为代表的前所未有的恶发生之后,我们与恶进行搏斗的责任被进一步强化了。这是由我们的人性加于我们身上的责任。约纳斯和列维纳斯都认为,康德非常珍视的自律性——约纳斯称之为"形式责任",即我们"为"自己的行为负责——**预设**了一种更加实质性的、对于我们人类同伴(包括那些尚未出生者)的责任。我们无法躲避恶的威胁,恶可能采取更新的形式并且以最出人意料的方式发生在我们身上。同样,当恶发生时,我们也无法躲避我们的无限责任:与恶进行搏斗。 204

第八章

阿伦特：根本恶与平庸的恶*

本书的考察始于我对阿伦特的反思。阿伦特曾指出，思想交流的方式是将自己的困惑带到别人那里。对她的困惑的考察，将我带到自己的探寻上来。特别是，正是阿伦特关于康德与根本恶的思考，将我带回到康德，并继续追随其后的思想家，看看他们在面对恶的多重面相时，进行了怎样不同的应对。我希望回到阿伦特以结束我的这次探寻。像列维纳斯和约纳斯一样，阿伦特相信，正是奥斯维辛和古拉格（更一般地说，就是希特勒和斯大林的极权主义）要求我们重新思考自己时代的恶的根本意义。[1]

尽管阿伦特与列维纳斯和约纳斯在性情、强调重点和关心的问题上存在着种种差异，她还是与这两人有很多共同之处。和他们一样，阿伦特与海德格尔的相遇经历在哲学上对她有重大影响。在18岁的时候，她跟从当时在马堡教书的海德格尔学习。[2] 阿伦特与列维纳斯同一年出生（1906年），生于一个同化了的德国犹太裔家庭。她告诉我们，在她的幼年和少年时期，作为宗教的犹太教和犹太问题是她几乎从不关心的话题。[3] 她在青年学生时代对基督教思想家（例如克尔凯郭尔）

* “平庸的恶”原文为 the banality of evil，译成“恶的平庸性”颇为生硬。考虑到这一点，也为了和“根本恶”相对举，译者将之译为“平庸的恶”。

更感兴趣,并且跟从卡尔·雅斯贝尔斯撰写了论奥古斯丁的论文。她在大学里认识了约纳斯,而两人的友谊为阿伦特提供了第一次接触犹太复国主义的机会。1926 年,阿伦特和约纳斯双双去到海德堡,后者当时邀请了德国犹太复国主义组织的主要发言人库尔特·布鲁门菲尔德为犹太复国主义学生小组做一次演讲。正如阿伦特的传记作者伊丽莎白·扬—布鲁尔所说,"这次演讲并没有让阿伦特信仰犹太复国主义, 205
但它确乎使她倾向于相信布鲁门菲尔德"——后者成了她一生的友人。[4]当阿伦特开始写作《拉赫尔·法恩哈根》时,她对于犹太人问题的兴趣进一步增加了。阿伦特在 1920 年代末开始写这本书,到她 1933 年逃离德国去往巴黎后写成。[5] 最初,阿伦特对政治或历史并不感兴趣,但到了 1933 年她感到历史把自己弄得心神不宁。那一年,她的犹太复国主义朋友们要求她在普鲁士国家图书馆进行"非法的"德国反犹主义研究。她随即被逮捕并遭盘问达八天。她被释放后不久便逃离了德国——去到布拉格、日内瓦,最后到巴黎。她在反思生命历程中这一时期时说:"我意识到,用自己当时说过很多次的一句话说:如果有人被抨击为犹太人,那么他就必须作为犹太人捍卫自己。而不是作为德国人,作为世界公民,作为人权的支持者,或者别的什么(身份)。"[6] 与很多在类似处境下的人不同,阿伦特是"幸运"的。她两次成功逃脱危险境地,第一次是她 1933 年在柏林遭到盘问的时候,第二次是她逃离法国居尔拘留所—— 1940 年她被当作德国流亡移民从巴黎押送至居尔。她仍然很幸运,和她的朋友们在法国找到了安全避难的处所。与她的丈夫海因里希·布吕赫重聚后,他们一同前往里斯本,又在 1941 年从那里去往纽约。

阿伦特相信,所有真正的思想都是基于个人经验,而和列维纳斯与约纳斯的情况一样,真正为她所有思想塑形的主要经验是纳粹时期的经历。她在 1945 年就宣称,"恶的问题将是战后欧洲思想生活中的根本问题。"[7] 直到她生命终结,阿伦特一次又一次地回到这个问题(或者更准确地说，是这个问题丛）上来。在《极权主义的起源》的序言中，她写道：“假如在极权主义的最后阶段真的出现了绝对的恶（说它绝对，是因为从人类可理解的动机来看无法再恶化了），那么如果没有它，我们就不可能懂得‘恶’的真正的、彻底的本质是什么，这也是真的。”[8]

在考察阿伦特那里的“根本恶”是什么意思之前，以及考察更著名（也更遭误解）的“平庸的恶”的观念之前，我想先就阿伦特的思想风格说几句。最能把握阿伦特思想的独特风格的表述是她用过很多次的说法：“思想序列”（thought-trains）。这些基于个人经验的思想序列为思考提供能量并提供具体性。它们纵横交错、彼此增强，有时也互相冲突。
206 追随这些不同的思想序列需要将它们细致区分，并察看它们如何相互关联。这就是为什么我现在认为，把阿伦特有关恶的思考归类于“根本恶”与“平庸的恶”的标签下可能是误导，因为这两个标签并不能很好地把握她复杂的思想序列。我希望如此定位我对阿伦特关于恶的反思的讨论，即我试图辨别这些组成了阿伦特思想的复杂结构的思想序列或线索。

首先，让我们看看阿伦特与雅斯贝尔斯在1951年的一次通信。阿伦特把《极权主义的起源》最早的复印稿交给雅斯贝尔斯为他庆生。阅读了序言和最后几章后，雅斯贝尔斯立即回信告知收到了这件来自先前学生的礼物（阿伦特引用了雅斯贝尔斯的一句话作为书的题词）。[9]他在自己简短的信函末尾写了一句晦涩的话：“雅威（Jahwe）难道不是已经淡出我们的视线很远了吗？”[10]阿伦特在下一封写给雅斯贝尔斯的信（1951年3月4日）中写道：

> 几个星期以来，你的问题“雅威难道不是已经淡出我们的视线很远了吗？”一直萦绕在我脑海，我想不出答案。对于我自己在最后一章提出的要求，我同样也没有答案……事实证明，恶比我们想象的要根本得多。客观地说，“十诫”并没有写到现代罪行；或

> 者说：西方传统一直有这种先入之见：人所能做的罪大恶极之事出自“自私”之恶。但是，我们知道，最大恶或根本恶与这种人性可理解的作恶动机不再有任何关系。我不知道根本恶究竟是什么，但在我看来它与下述现象有关：把人变成多余的人（不是把人作为手段以达到某种目的——这样的做法至少还保留了人之为人的本质，仅仅触犯到人性的尊严；相反，我说的是使人成为多余的东西）。一旦所有的不可预期性（在人类这里，不可预期性等同于自发性）被消除，这件事就发生了。反过来，所有这一切都源自（或者更好地说是伴随着）一个假象，即个体的人无所不能（不仅仅是对权力的贪欲）。假如一个人作为人可以无所不能，那么事实上，人作为复数形式的存在就毫无理由了——正如在一神教中，正是上帝的无所不能使得他成为唯一者。同样，个体的人如果无所不能，那么众人就会变得多余。[11]

这些言论写于一封不打算发表的信里面，阿伦特自己也意识到它们的尝试性质。在同一封信中，阿伦特还承认：“这些都还未思考透彻。”不过，如果我们以她在发表著作中有关根本恶的说法为背景，仔细分析她在此所说的话，那么这些言论已经显示出她的某些最具特色的思想序列。 207

（1）主导性的主题是，根本恶“与下述现象有关：把人变成多余的人”。这与接下来两个主题密切相关。

（2）消除人的不可预期性与自发性。这一点反过来与她后来所说的创生性（natality）有关，也与人的自由相关。

（3）这样一个观念：个体无所不能（不应与贪求权力混淆）的假象与以复数形式存在的**众人**不相容。这一点密切相关于她在《人的状况》中的说法，即“复数性是一切政治生活的条件——不仅是必要条件，而且是充分条件”[12]。

（4）传统道德禁令，比如“十诫”，不再能够充分描述现代罪行。

（5）人所做的罪大恶极之事并不源自自私之恶。更一般地说，“根本恶与这种人性可理解的作恶动机没有任何关系”。

我希望探究上述每一条思想序列，以及它们相互关联的方式。但值得注意的是，阿伦特在相当程度上离开了康德，尽管她非常崇拜康德，而且后者也影响了她的思考。康德在《宗教》中清楚表示自爱（自私）是恶的来源。就**阿伦特**所说的根本恶而言，这一点正是她所否定的。使人变成多余的人比违反康德式的绝对律令更加根本——康德的律令是禁止我们将个体仅仅作为**手段**，禁止我们冒犯个体的**尊严**。阿伦特使用了康德式的术语“自发性”，这也并非巧合。根据康德，自发性是我们人的理性与自由的核心特征。从康德的角度来看，“人的自发性可以被消除”这种说法毫无意义。因为这将意味着我们不再是理性的行为者。但是，20 世纪的极权主义表明，我们必须适应“人的自发性可以被消除”这一再**现实**不过的可能性。换一种说法，阿伦特与康德在下面这一点上没有分歧，即自发性是过一种理性人生活可能性的必要条件。她与康德的分歧在于，她认为通过极权主义的手段，人类生活中这一显然的**先验**条件**可以**被从**经验**上消除。我们将看到，这是阿伦特对于根
208 本恶的理解的核心所在。

多余性、自发性与复数性

让我们首先考察前三个相关但各有差异的思想序列：多余性、不可预期性与自发性的消除，以及个体的无所不能何以威胁到复数性。多余性的主题遍及《极权主义的起源》，它有很多种形式，而阿伦特也在很多不同语境下探索过多余性的意义。她注意到，自第一次世界大战以降，20 世纪主要政治事件已经造成了数百万人无家可归、没有国籍，而且遭到的对待就好像他们是彻底多余的人和可以随意处置的人。阿伦

特对于突然间造成大量多余之人的恐惧有着先见之明。她在《极权主义的起源》最后部分下的一个评论极为尖锐:“在极权主义政权垮台之后,极权主义的方案仍能存在,并且每当以人性(worthy of man)的方式无法缓解政治的、社会的或经济的悲苦时,极权主义方案就会以极具诱惑的形式出现。”(*OT* 459)多余性的主题同样也构成她批判性地讨论有关“人权”的抽象普遍性主张。

> 无权(rightless)所带来的灾难,并非被剥夺生命、自由、追求幸福,或者在法律面前平等、言论自由(这些都是设想来解决共同体**内部**问题的公式),而是不再属于任何一个共同体。他们的困境并非在法律面前不平等,而是对他们不存在任何法律;不是他们受压迫,而是甚至没有人想压迫他们。只有在一个相当长时期的最后阶段,他们的生活权才受到威胁;只有当他们仍然完全属于“多余者”,谁也不“承认”他们,他们的生命才处于危险之中。(*OT* 295—296)

正是因为有着多余性的威胁,阿伦特坚持认为最根本的权利是“拥有权利的权利”,属于一个能够保护个人权利的共同体(人们可以在这个共同体中实现自己的权利)的权利。她同样提醒人们注意极权主义意识形态的特征,即凭借这种意识形态所谓的“自然和历史的普遍法则”得以超越个体的意愿,以至于可以为了大势所趋而牺牲一切个体。在此意义上,极权主义政体的操纵者是最危险的,因为他们不仅将受害者当作多余的人来对待,而且认为他们自己也是多余的——作为实现自然和历史的法则的工具。[13]

但是,最根本也最惊人的多余性(这种多余性也揭示了阿伦特笔下“根本恶”的意思)典型体现为死亡集中营,它是极权主义政体的“实验 209
室”。这些实验室里进行着最为极端的改变人性的试验——也即“使人变成多余者”。“人的想象永远也无法完全把握集中营和灭绝营的恐怖，因为这种恐怖位于生命和死亡之外。”[14] 当面对死亡集中营的现象时，诉诸常识、功利主义范畴、自由主义的合理化都统统无效。在对于极权统治的“逻辑”进行富有洞察力的重构过程中，阿伦特区分了三个分析性阶段。

“通向极权统治之路上重大的第一步是取消人的法律人格。”（*OT* 447）这在纳粹建立死亡集中营很早以前就开始了。阿伦特在此指的是剥夺犹太人（还有其他边缘群体）合法权利的种种法律限制。这些法律限制的实施极其有效且令人耻辱，维克多·克莱普勒的日记《我会作见证》生动地记录了这些法律限制的实施。[15] 阿伦特告诉我们，“一个恣意妄为的制度的目的是摧毁全体居民的公民权，使他们最终在自己的国家里像无国籍者和无家可归者一样，失去法律的保护。摧毁人的权利，剥夺他的法人身份，这是完全控制他的先决条件。”（*OT* 451）在集中营中，甚至不存在任何公民权或人权的幌子——被拘押者没有任何权利。

“在制造活死人的过程中，下一步关键是摧毁人身上的道德人格。这主要靠在历史上第一次使殉难成为不可能的事。”（*OT* 451）监视着集中营的纳粹党卫军娴熟地败坏着一切形式的人类团结。他们成功地把良知的决定变得疑窦重重、模棱两可。

> 当一个人面对选择，或者背叛（因此要谋杀他的朋友），或者使他的妻子儿女（他在任何一种意义上都要对她们负责）去送死；即使他自杀，也意味着直接谋杀他的家庭——他如何做选择？这种选择不再在善与恶之间进行，而是在谋杀与谋杀之间进行。纳粹分子们允许那位希腊母亲选择，她的三个子女中有一个必须被杀死，有谁能够解决她的难题？（*OT* 452）

这一极权统治"逻辑"的第三阶段最接近于阿伦特所说的"使人变成多余者"，也最接近于根本恶的核心与恐怖之处。这是一种骇人听闻的尝试，试图改变人类，摧毁人的最后一丝个体性和自发性——并因此 210
摧毁人的最后一丝自由和团结。

> 摧毁了道德人格，取消了法律人格，毁灭个体性就几乎永远能够成功。……因为毁灭了个体性就是毁灭人的自发性——即人从自己的资源里发展出新东西的能力，它不能以对环境和事件的反应为基础来被解释。（*OT* 455）

我们在此能够看到第二个思想序列的重要性——毁灭个体性和自发性。当我们把阿伦特在此讨论的要点与《人的状况》中有关"创生性"的讨论联系起来，就更能看到此处的重要性。这是人的发展新东西和未曾预期的事物的能力；每个新生命诞生时，这种能力也得以存在。阿伦特把这种能力与自发性联系起来，它是人类自由的源泉。《极权主义的起源》最后一段显示了这一思想序列的核心性质。

> 但是仍然存在着一种真理，历史的每一次终结必然包含着一个新的开端；这种开端就是承诺，是终结所能够产生的唯一"神示"。开端在变成一个历史事件之前，就是人的最高能力；从政治角度来说，它与人的自由是一致的。奥古斯丁说："创造了人，一个开端形成。"这个开端由每一次新生来保证；事实上，这个开端就是每一个人。（*OT* 479）[16]

阿伦特在《人的状况》中全面分析了创生性及其与一组概念网络（这些概念是人类行为的特征，包括自发性、个体性、自由、复数性）的关系。这些特征使人的生活变得**人性**。在这个意义上，"使人变成多余的人”的说法带有更为恐怖和特殊的含义。它在字面上意味着以一种使人类不再具有人性的方式改造人类。

> 集中营不仅意味着灭绝人和使人类丧失尊严，而且被用于可怕的杀人试验，在科学控制的条件下消灭人类行为的自发性表现，并将人类个性转变为一种纯粹的事物，转变成连动物都不如的东西；因为就我们所知，巴甫洛夫的狗是一种倒错的动物，它被训练到不因饥饿而是因铃声而产生食欲。（*OT* 438）

阿伦特的这个思想序列——有关极权主义试图消灭创生性、自发
211 性和个体性——同样与她对无所不能和复数性的思考有关。在阿伦特的政治思想中，“复数性”是非常重要的主题。玛格丽特·加诺万对于阿伦特政治思想所做的研究极富洞见，她的观察总结道：

> 她在 1955 年政治思想史讲演中指出，过去的每个重要思想家都“将各自的一个语词投入到我们的世界，凭这一个语词而扩大了我们的世界，因为他正确地、深思熟虑地回应了他所处时代的某些关键性的新经验”。追随阿伦特的各个思想序列后，我想我们必须承认，在她自己回应时代经验的过程中，她同样以一个语词“扩大”了世界：“复数性”。[17]

对阿伦特来说，复数性的意思远比“他者”或“差异”更为丰富，虽然它与列维纳斯赋予他者的特征有些相通之处。列维纳斯和阿伦特都希望强调每个个体的**独一性**，一种拒绝被缩减为共同本质的独一性。列维纳斯的批判与阿伦特的批判之间有着结构上的对称：前者批判同一与他者的辩证法，这种辩证法设法将他者殖民和化约为同一；后者批判的是政治哲学传统试图忽视或消除人类复数性的不可化约性。[18] 正

是因为这种复数性,我们每个人才得以在共同的世界上拥有不同的视角。并且,因为我们有不同的视角,政治生活的空间才有(或应该有)针锋相对的观点之间的竞争。“复数的人(就生活和行动于这个世界上的人们而言)能够体验到意义,仅仅因为他们能够互相交谈,能够听懂彼此并让自己也弄明白。”(*HC* 4)[19]

阿伦特对复数性的思考能够阐明,当她在写给雅斯贝尔斯的信里说“假如一个人作为人可以无所不能,那么事实上,人作为复数形式的存在就毫无理由了”,究竟是什么意思。往下她在同一封信里写道:“西方哲学从未有过‘什么构成了政治’的清晰概念,也不可能有,因为西方哲学必然谈论的是个体的人,而仅仅偶然处理复数性的事实。”[20] 纳粹领导人相信自己无所不能,认为“一切都是可能的”;他们致力于消除受害者们的复数性。这也为“使人变成多余的人”提供了另一个注解。“极权统治试图将人的无限复数性和无限差别组织得似乎全人类只是一个人;只有当每一个个体的各种反应可以降低到一种绝对不变的一致,使每一组反应能够与另一组反应随意互换,才能使极权统治成为可能。”(*OT* 438) 212

阿伦特关于多余性、自发性之消除、多样性的相互交织的思想序列带来的结果不仅是解释了她所谓的根本恶。许多学者和批评家都对《极权主义的起源》(集中关注极权主义现象中所包含的各种并置因素)与《人的状况》(灵感似乎来自阿伦特对于希腊城邦的阐释)之间的关系感到困惑。两本书的主题看上去完全不同,而且阿伦特在其中处理问题的方式也完全不同。但很少有人注意到致使阿伦特关注《人的状况》核心问题的那些思想序列。我说过,20 世纪恶的阴影对于列维纳斯和约纳斯的哲学方案影响重大,而对阿伦特也同样如此。尤其是,主要是因为她试图理解似乎无法领会的事情,试图理解极权统治的“逻辑”中体现出来的根本恶,才推动她谈论人类生活基本特征——自发性、创生性、行动、自由和复数性。极权主义企图消除这些特征,企图通过将人改造为不是人（而且够不上人）的东西而使人变得多余，正是这些现象把阿伦特带向《人的状况》的突出主题和问题。我完全同意加诺万的说法（她细致探究了从《极权主义的起源》引向《人的状况》的思想序列，只有为数不多的阿伦特阐释者做了这样的工作）：“不仅《人的状况》本身比它初看上去要与《极权主义的起源》关系密切得多，而且事实上阿伦特政治思想的全部规划都取决于她对20世纪中叶的政治灾难的思考。”[21] 阿伦特肯定会赞同约纳斯的论断，即我们觉察恶比觉察善更为直接，正如她会赞同列维纳斯将恶描述为一种**过度**，无法被整合进我们平常的理解范畴和理性范畴。

列维纳斯与约纳斯认同有宗教信仰的犹太人身份；阿伦特虽然毫不迟疑地肯定自己的犹太人身份，但她并不献身于作为宗教的犹太教。[22] 在同一封回答雅斯贝尔斯关于雅威问题的信中，她写道：“所有传统宗教本身，不管是犹太教或基督教，对我来说都不再有丝毫意义。”[23] 不过，当我们思考她所说的根本恶和多余性时，我们会看到她思想中的神学光晕。[24] 在多余性的方面，是什么使得这个恶变得如此特殊和极端？不单单是耻辱、折磨、系统性地屠杀数百万人（犹太人和非犹太人），而且还是这些极权主义领导人们的**自大**，他们认为自己无所不
213 能，认为自己可以与创造了人类复数性的上帝相**抗衡**。

恶的意图与动机？

但是，这些关于根本恶的思考仍然遗漏了某些至关重要的东西。不管我们对阿伦特关于根本恶的描述（通过消除自发性、自由、创生性、个体性和复数性而使人变得多余）带有多么大的同情，我们也无法回避意图和动机这些棘手问题。纵观西方思想，恶的根本“语法”包含了恶的**意图**的观念。康德可能是这一传统的杰出现代代表，这是他道德理解的核心。对康德来说，恶就是有意接纳恶的准则。甚至当他在谈论

根本恶是固有品性的时候，他也告诉我们其中涉及“接纳准则的根本主观基础”，准则必须被自由选择（意力）所接纳。阿伦特在写作《极权主义的起源》之前就开始质疑恶的动机和意图在作恶过程中的地位，而这一问题成为《艾希曼在耶路撒冷》的中心议题。她引入平庸的恶这个具有争议的观念，必须放在她思想序列的语境中（即关于作恶过程中包含的意向性的意义）加以理解。

我希望回到雅斯贝尔斯与阿伦特的一次更早的通信来考察前面这些思想序列（参见本书边码第 208 页）。这次对话发生在 1946 年，他们于第二次世界大战结束时恢复通信后不久。雅斯贝尔斯这位提出德国罪责问题的赫赫有名的德国哲学家，给阿伦特寄了一本他的《罪责问题》。阿伦特（她早已和丈夫布吕赫详细讨论过这本书了）在 1946 年 8 月 17 日的一封长信中对此书做出评价，并表示自己对于雅斯贝尔斯将纳粹政策处理成犯罪持保留意见。

> 你将纳粹政策定义为犯罪（“刑事罪”），我感到有问题。在我看来，纳粹罪行打破了法律的边界；而这恰恰是构成他们凶残性的本质。对于这些罪行，任何惩罚都算不上严厉。绞死赫尔曼·戈林可能很有必要，但远远不够。也就是说，相较于所有刑事罪，这一罪责逾越和粉碎了一切法律体系……我们确乎没有准备好在人性和政治的层面上应对一种超越犯罪的罪责，以及一种超越了善或德性的无辜。[25]

雅斯贝尔斯在给阿伦特回信时写道：

> 你说纳粹的所作所为不能被理解为“犯罪”——我无法完全理解你的意思，因为如果罪责超越了所有刑事罪，那它就必然带有“伟大”的色彩（一种恶魔般的伟大），而在我看来这对于纳粹是不 214

合适的，正如所有关于希特勒具有“恶魔”特征的说法在我看来都是不合适的。我认为，我们必须看到这些事情的完全平庸的性质，看到它们庸常的琐碎性，因为这是它们真正的特点。细菌可以造成席卷各国的流行病，但它们仍旧不过是细菌。我认为丝毫有关神话与传奇的暗示都是可怕的，而所有不确定性都是这样一种暗示……你的表述方式几乎已经走在诗歌的道上了。而一个莎士比亚式的人永远也无法为这些材料提供充分的形式（他的本能的审美感将会歪曲它们），这就是为什么他不会试图做出这种努力。[26]

雅斯贝尔斯的回信令阿伦特印象深刻，她承认自己有点儿被他说服了，因为她同样彻底拒绝任何归诸纳粹领导人身上的神话式的或“恶魔般伟大”的说法。在她的答复中，我们已经看到她为日后自己对于根本恶的理解埋下伏笔。

你说我所思考的纳粹行为具有“超越罪行和无辜”的性质，这番话大体令人信服；也就是说，我完全意识到，我迄今为止所用的表达方式危险地接近于“恶魔般的伟大”，而这是你我都彻底拒绝的。尽管如此，一个动手杀死老姑妈的人和一群建造生产尸体的工厂而根本不考虑其行为的经济利益（放逐对战争后果有破坏性影响）的人毕竟有区别。有一件事是肯定的：我们必须抵制将恐怖神话化的冲动，而考虑到我本人也不免倾向于如此表述，在这个意义上我尚未理解真正发生的事情。**或许在这一切背后发生的正是：个体的人并未出于人的理由而杀死其他人，而是一次有组织的企图，企图根除“人”的概念。**[27]

在这次具有启发性的对话中，我想强调以下几点。与雅斯贝尔斯一样，阿伦特拒绝任何“恶魔般伟大”的说法，也拒绝以神话或审美的方式描述犯下根本恶者的意图。雅斯贝尔斯提到莎士比亚,这有着特定的含义。很久以后,当阿伦特努力去理解平庸的恶的现象时,她经常将艾希曼表现出来的心态与莎士比亚笔下伟大的邪恶人物进行对照。[28]我们也能看到这样一种思想序列的萌芽,它使阿伦特质疑以传统的罪恶范畴或邪恶意图(包括自私、权力的贪欲、贪婪、施虐狂)解释纳粹罪行是否充分。当然,正如她经常认识到的那样,这些因素在纳粹罪行中有一定作用,但她感到它们并不能充分解释所发生的事情。甚至诉诸反犹主义也不足以对死亡集中营做出解释。[29]阿伦特完全意 215
识到纳粹的残暴,尤其是纳粹冲锋队,她也完全明白不受约束的憎恨之恶。[30]"在冲锋队盲目兽性的背后,常常埋藏着对那些社会地位、知识、身体条件比他们好很多的人的憎恨和厌恶,他们现在好像要完成最狂野的梦想,要显示他们的权力。在集中营里,这种憎恨从未完全消失,使我们感到它是人类可理解的一种最后残存的情感。"(*OT* 454)令阿伦特感到棘手的事实是,极权主义不止于此。残暴、憎恨、施虐狂、耻辱有着很长的历史——但它们仍然是特殊的人类范畴。但极权主义却发展出了某些新的和不同的东西,典型体现在集中营和灭绝营这里。

> 然而,当纳粹党卫军接管集中营的时候,真正的恐怖开始了。旧有的自发的残暴让位给一种绝对冷酷和系统性的对人身体的摧残,算计着毁灭人的尊严:死亡被避免了,或是被推迟到不确定的未来。集中营不再是以人的形式出现的野兽游乐场,也就是,提供给那些应该待在精神病院或监狱里的人们嬉戏的游乐场:反过来说才是对的:集中营被转化为"操练场",完全正常的人在那里被训练为合格的党卫军成员。[31]

对阿伦特而言,这一现象造成了最为困难和棘手的问题:如何解释下述事实,即"完全正常的人"不仅被训练为党卫军成员,而且能把对于无辜受害者的屠杀当作似乎最“正常”不过的事情接受下来。正如她在《艾希曼在耶路撒冷》中所说：“第三帝国的恶丧失了那种大多数人能够借以识别‘恶’的性质——诱惑。”（*EJ* 150）

在阿伦特写作《极权主义的起源》的时候，她曾令人印象深刻地说，纳粹罪行不应被同化为传统的罪行，根本恶无法从“人所能理解的动机”中推导出来。但她不是很清楚如何提供一种替代性解释，以解释这些罪行和犯罪动机。为理解纳粹罪行，更一般而言，为理解极权主义政制的罪行，什么范畴是合适的？告诉我们根本恶涉及“使人变成多余的人”尚未回答个体的意图和动机的问题——这些人要为这一根本恶负责。虽然语境不同，但阿伦特在充满争议的《艾希曼在耶路撒冷》中回到了这些问题上面。1960 年 5 月，艾希曼在阿根廷被捕，并在 1961 年 4 月 11 日开庭受审；在此期间，阿伦特与雅斯贝尔斯进行了很长的通
216 信，探讨在耶路撒冷审讯艾希曼是否合适，以及对他所犯罪行的法律描述。雅斯贝尔斯认为以色列法庭不应该审讯艾希曼，但是，尽管阿伦特倾向于让国际法庭审讯此类罪行，她还是捍卫以色列审讯艾希曼的权利。[32] 她在一次与雅斯贝尔斯的通信中肯定地说：“‘人类之敌’的概念……或多或少是审讯中不可或缺的。关键问题是，尽管这一罪行（反人类罪）主要是针对犹太人犯下的，但毫无理由局限于犹太人或犹太问题。”[33] 她在《艾希曼在耶路撒冷》的前言中再次提出上述观念，她说艾希曼（以及像他这样的人）“是一类新型罪犯，他们事实上是‘人类之敌’”。这类罪犯“犯下罪行时，他们所处的环境让他们自己几乎感觉不到正在犯罪”。（*EJ* 276）[34] 诉诸新型罪犯和新型犯罪（反人类罪）使我们能够在不提到“恶魔般伟大”的情况下确定纳粹罪行的特点；但我们仍然得面对作恶者的意图和动机这些棘手问题。当阿伦特在《艾希曼在耶路撒冷》中提出她富有争议的说法“平庸的恶”，她便是设法应对**意图**问题，即那些犯下反人类罪行的写字台前的谋杀者的意图。

在讨论阿伦特所谓“平庸的恶”以前，我们必须先应对一个绊脚石，

它曾绊倒许多阿伦特的阐释者。1963 年 2 月 16 日，她关于艾希曼审讯的五部分报告中的第一部分，在《纽约客》上发表。甚至在第一部分尚未发表以前，她就遭到了批评、攻击和谩骂。而且，阿伦特 1975 年去世以后，围绕《艾希曼在耶路撒冷》的争论一直持续不断。人们指责阿伦特为艾希曼开释，指责她要求犹太人为自己被屠杀的事实负责。她背上了“没有灵魂”、“邪恶”、“傲慢”、“轻浮”的骂名。她歪曲了事实，是个“自我憎恨”的犹太人。[35] 肖勒姆的批评最值得注意。他在给阿伦特的一封信里写道：

> 我依然不怎么信服你关于“平庸的恶”的论题——如果相信你的副标题[*]，那这个论题就是你整个论述的基础。这个新论题在我看来是个标语：它给我的印象确乎不是严谨分析的产物——你那本论述极权主义（这个论题与眼下的论题非常不同，几乎相互矛盾）的书就曾带给我们令人信服的分析……你曾经对之做过相当雄辩而精深的分析的“根本恶”，仅剩下了标语。[36]

阿伦特在回信里写道： 217

> 最后，让我谈谈唯一一桩你没有误会的事情，并且我很高兴你点到了问题的关键。你说得很对：我改变了想法，不再谈论“根本恶”……事实上，我现在的看法是，恶从来不是“根本的”，也就是说它仅仅是极端的，既没有深度也没有丝毫恶魔的维度。恶可以蔓衍生长并使整个世界一片荒芜，因为它就像细菌一样在表面扩散。正如我曾经说过的那样，恶是“违抗思想”的，因为思想试图达到某种深度，刨根问底，而当思想开始考虑恶的问题，它便要遇到挫

* 《艾希曼在耶路撒冷》的副标题是“关于平庸的恶的报告”。

> 败，因为那里什么也没有。这就是恶的“平庸性”。[37]

阿伦特的确不再谈论“根本恶”，但她这封回复肖勒姆的信相当具有误导性。阿伦特**从未**否定那些进入她最初关于根本恶的讨论的思想序列，尤其是她的如下主张：根本恶涉及使人变成多余的人，也涉及系统性地企图消除人的自发性、个体性和复数性。[38] 相反，被她视作平庸的恶的现象，**预设**了关于根本恶的理解。的确，她拒绝接受认为这种恶“有深度或丝毫恶魔的维度”的想法。但正如我们从她以前与雅斯贝尔斯的通信中所知道的，她早在 1946 年便已拒绝将纳粹罪行视为恶魔或“恶魔般伟大”。[39] 她在给肖勒姆的信中运用的语词也与早年给雅斯贝尔斯的信遥相呼应，当时雅斯贝尔斯反对谈论希特勒身上的“恶魔”因素，并宣称：“我认为，我们必须看到这些事情的完全平庸的性质，看到它们庸常的琐碎性，因为这是它们真正的特点。细菌可以造成席卷各国的流行病，但它们仍旧不过是细菌。”[40] 如今，阿伦特说恶是极端的却不是根本的，恶缺乏深度，她是在提请人们注意这个事实：恶存在于**表面**。“根本”含有挖掘潜藏着的根底的意思，在**这个意义**上，阿伦特不再认为恶是根本的。恶“违抗思想”，因为思想寻求的是具有深度的东西。不过，“根本”的这层意思与她在把“根本”跟多余性联系起来时的意思没什么关系。

尽管阿伦特的说法有点误导性，但她确实在一个重要方面改变了自己对恶的想法，即如何看待作恶的**动机**。或者更准确地说，她澄清了以前的思考中的一处含混。之前，她坚持认为，从人的可理解动机出发，无法解释或推衍出根本恶。当她在耶路撒冷法庭上遭遇艾希曼的时候，她得出结论认为，他虽则犯下滔天罪行，却并不是受残暴邪恶的意图
218 驱使。

> 我仅仅是在严格的事实层面上谈论平庸的恶，指的是人们在法庭

> 上直接面对的惊人现象。艾希曼不是伊阿古也不是麦克白,他绝对没想过要和理查三世一样决心"表现为一个恶棍"。除了挖空心思寻求升职外,他没有任何动机……用直白的话说,他**仅仅是从未意识到自己在做什么**。(*EJ* 287)[41]

阿伦特并不是说,艾希曼未能意识到他正把数百万人送向死路。他不是傻子。他相当清楚地知道该如何让驱逐行为进行下去,甚至在面对几个前线都有战事的不利条件时。[42]但这并不是说,他的动机本身是邪恶的或恶魔般的。阿伦特有关"平庸的恶"的意思表达最清楚的场合之一,是她写于这次审讯结束十年以后的一篇文章:《思考与道德考虑》。

> 几年前,当我在记录耶路撒冷的艾希曼审讯时,我谈到"平庸的恶",它指的不是理论或学说,而是非常实在的事情,大规模犯下的罪行现象,它们无法追溯到作恶者的邪恶、病态或意识形态信念等特殊性上,作恶者仅有的个人特点或许是一种超乎寻常的浅薄。不管做出的行为多么残暴,作恶者既不残暴也不是恶魔,人们在他身上、在他审讯期间和警察盘问期间的表现上,只能找到完全消极的东西:不是愚蠢,而是令人匪夷所思地、非常真实地丧失思考能力。[43]

阿伦特无情地(甚至带有冒犯性地)挖苦在她看来是闹剧化的场面,即检察长霍斯纳把艾希曼描述成施虐狂式的怪物,宣称他是"终极屠杀方案"的总策划。[44]不过,她提出了深刻的议题。她所质疑的是一个存在于神学、哲学、道德、法律话语中的深远传统——恶的行为以恶的意图和动机为前提,并且,行为上体现出来的恶的程度对应于动机的邪恶程度。这一传统可以追溯到圣奥古斯丁。康德清晰地表明,恶根本上可以从行为者恶的意志和意图得到解释。[45] 但是,阿伦特面对的现象却是没有残暴动机的残暴行为。阿伦特走得更远,因为她考虑的不仅仅是艾希曼,而且是"值得尊敬的"人们的"道德崩溃",他们接受并
219 参与了种族屠杀的政策。加诺万简洁地陈述了阿伦特的困扰:

> 尽管只要这些(平常值得尊重的)人们生活在犯罪行为不太平常的社会中,他们就不会想到犯罪,但他们却毫不费力地就能适应这样一个体系:其中,公然违抗全部人类范畴的犯罪行为司空见惯。"不要杀人"过去曾看起来是市民生存不可移易的法则,如今取而代之的是,这些人毫无困难地接受了纳粹的法则——据此,杀人是出于种族考虑的道德义务。过去曾经是不证自明的原则、过去曾经是"普通"和"体面"的道德行为,已不再理所当然。[46]

艾希曼:人性的,太人性的

阿伦特早先坚持认为根本恶无法用人的可理解动机来解释,这或许很容易让人以为,其中包含的动机要么是不可理解的,要么是(在一般的意义上)非人的。但她对艾希曼的描绘却表明他是"**人性的,太人性的**(human-all-too-human)"。根据阿伦特的说法,艾希曼的动机既不是盲目的反犹主义,也不是施虐狂式的仇恨,甚至也不是深层的意识形态信念。他的动机是一些最世俗和微不足道的考虑:提升自己的职位,取悦他的上级,证明自己可以又快又好地工作。**在这个意义上**,他的动机既是平庸的也是太人性的。[47]

阿伦特揭示了 20 世纪之恶的面相,我认为我们不该低估其中令人困扰的意义。让我们回想一下康德在引入根本恶的概念时所区分的恶的三个层次。第一个层次是由于人性的**脆弱**,第二个层次是由于**不洁**("混杂着道德和不道德的诱因"),第三个层次(最为极端的一个)是由

于人的本性或内心的**恶劣**。最后一项反映出“根本上被败坏”的品质。[48] 但这却是阿伦特所质疑的。比起仅仅将艾希曼描绘成恶魔般的怪物，阿伦特对他的谴责严厉得多。之所以围绕《艾希曼在耶路撒冷》有那么多争论，更深层的原因之一便是，阿伦特迫使她的读者质疑自己根深蒂固的善恶道德信念。更容易也更常规的想法是认为，任何干出艾希曼那些行为的人**必定**是恶魔般的怪物。然而，极权主义表明（其后遗症仍然萦绕着我们），受到最世俗、最平庸的考虑驱使的再普通不过的人，都可以犯下骇人罪行。

阿伦特不满足于仅仅描绘她视为平庸的恶的现象；她还希望理解，是什么使得艾希曼犯下这些罪行。艾希曼似乎受困于陈词滥调和公认的“语言规则”。 220

> 人们倾听他的时间越久，就越会明显发现他丧失说话能力是与丧失**思考**能力密切相关的，也即**无法从他人的立场进行思考**。与他不能进行任何交流，不是因为他撒谎，而是因为萦绕在他周围的是最可靠的防线，阻挡语词和他人的在场，因此也阻挡现实本身。（*EJ* 49；强调为引者所加）

在随后尝试对平庸的恶做出的解释中，阿伦特不断回到这一点上：艾希曼丧失**思考**能力，也无法做出独立的**判断**。她相信，这种不思考，丧失从他人立场进行思考能力，“可以比所有恶本能（它们可能是人所固有的）之总和还要具有破坏性——事实上，这就是人们可以从耶路撒冷获得的教训”（*EJ* 288）。[49] 她在《心智生活》的导言中告诉我们，平庸恶的现象是写作此书的机缘之一。

> 不得不面对的问题：思考活动本身，对于所有发生的事情或吸引注意力的事情加以考察的习惯（不论其结果为何，也不论特殊内

> 容为何），能否发挥下述所用，即让人们放弃作恶，甚或在实际情形中“影响”人们，让他们反对作恶？……用康德的语言换一种说法：不管愿意与否，令人震惊的事实让我“牢牢占据着一个概念”（平庸的恶），自此我不禁想到一个法律上的问题，问自己“凭什么权利占有和使用它”。（*LM* 5）

就在阿伦特打算开始写作《心智生活》第三部分“判断”（这个部分与回答她想到的问题密切相关）的时候，她突然去世了；写有“判断”二字的标题页留在她的打字机上。[50] 不过，在生命的最后十年里，她越来越多地把注意力放在那些或许能够使人放弃作恶的精神活动上。[51]

虽然阿伦特关于思考与恶的关系的想法直到她去世时仍然是试探性的，也没有结论，我还是希望探究一个核心主题——这个主题可以使我们再次与列维纳斯和约纳斯展开论辩。三位思想家都相信，奥斯维辛最重要的挑战之一（可能是最重要的哲学挑战）是重新思考责任的意义。我们已经看到，理解**对**他人和**为**他人负责，占据着列维纳斯思想的核心——甚至是在我们谈论我们的自律责任之前，这种责任就加于我
221 们身上了。就约纳斯而言，我们已经看到，他试图发展一种新型责任律令，我们在其中负有对于人类将来世代的责任。阿伦特的首要关注有所不同。她主要考虑的是她所见证的“总体性道德崩溃”。这不仅仅是一个思想问题，更是深层的个人问题。当谈及 1933 年的经历时，她说：“问题，个人的问题，不是我们的敌人做了什么而是我们的朋友做了什么。在‘一体化’（Gleischschaltung）的浪潮中（它相对而言是自愿的，不管怎么说不是迫于恐惧），人们周围似乎形成了一个空洞的空间。”[52]

在阿伦特的反思中占据主导的问题是，传统的道德和伦理学说不能够充分应对恶的新面相。这些传统的学说集中关注的是习俗、习惯和法则。[53] 但极权主义表明，这类习惯、习俗和规则很容易就能被截然相反的规则颠覆。不过，社会各界还是有一些人（虽然为数不多）能抵

御恶并且举止正派。她在《艾希曼在耶路撒冷》后记中提到这一点:"少数人确实能够凭借自己的判断分辨是非,并不受其他因素影响;对于他们所面对的特殊情况而言,不存在任何可以依循的规则。他们必须单独地应对每一件事情,因为没有先例规则可循。"(*EJ* 295)是什么使得这些少数人能够抵御恶?是什么把他们从周围道德标准的崩溃中拯救出来?这便是他们判断是非的能力,他们能够判断自己面对的恶而不需要依赖于既定的普遍规则。这是主要原因之一,解释了为什么阿伦特越来越关注判断力及其与思考的关系,以及为什么她要转向康德——他"揭示了一种全新的人类能力,即判断力"。[54] 康德在《判断力批判》中处理了反思判断与审美判断问题的关联。但阿伦特认为,康德对于反思判断的理解有着重要的道德和政治结果。阿伦特设想的判断力不需要复杂的理论知识;它在社会各界的人(无论受过教育与否)身上体现出来。在她题为"思考与道德考虑"的文章里,阿伦特拈出苏格拉底作为体现这一思考与判断能力的杰出个体。[55] 尽管阿伦特在《心智生活》中强调思考与判断是相互独立的精神活动,她还是不时暗示"判断"本身是一种思考形式。我们只能猜测阿伦特有可能在未写出的《心智生活》最后一部分里说些什么,但她确实初步地勾勒了思考与判断的关系。 222

> 当人人都不假思索地被其他所有人的行为和信念席卷而去,那些(依然)思考的人就会因其拒绝参与其中而不再隐而不显;这种拒绝是如此清晰明确,由此成了一种行动。在这样的危急时刻,思考的净化成分就暗中带有了政治性(苏格拉底的助产术能够引出未经检验之意见的含义,并由此瓦解它们——包括价值、教条、理论甚至信念)。因为这种瓦解行为可以解放另一能力,即判断力,人们或许有理由将其称为最具政治性的人的精神能力。这种能力判断特殊的事物而不把它们归到普遍规则名下——普遍规则指的

> 是能够被教导和学习的规则,直到它们成为习惯,而这些习惯也可以被其他习惯所替代……显现思想力量的并不是知识:而是分辨是非美丑的能力。在少数紧要关头,这种能力确实可以避免灾难,至少避免个人灾难。(*LM* 193)

通过试图阐明判断之独特性,阿伦特对康德的《判断力批判》做出了富有原创性的解释。她的思考接近于康德在《宗教》里提出的最根本洞见之一。假设我们提出如下问题:我们如何解释,总有一些人能够对恶的种种特殊表现做出判断并抵御它们。用阿伦特自己的例子说,我们如何解释阿道夫·艾希曼和安顿·施密特之间的区别(施密特是德国士兵,为波兰的犹太人提供伪造的文书和卡车,后被纳粹逮捕处决)?[56]毫无疑问,如果我们对这个普通士兵了解得更多的话,我们可以用一些身世背景方面的原因来解释他的所作所为。但是,像康德一样,阿伦特或许会说,**归根结底**,这是一个我们无法给出满意回答的问题。我们到达了理解的边界,因为(用康德的话说)这个问题是不可探究的。尽管如此,我们仍然可以坚持,个体要为自己未能思考和判断负责。阿伦特对于"集体罪责"的观念持怀疑和批判态度。她在《专制下的个人责任》一文的草稿中写道:"我在此要提出的问题与众所周知的集体罪责的谬误无关——这一说法最初应用于德国人民及其集体的过去,德国的一切都有罪,从路德到希特勒的全部德国历史都包括在内——实际上,这样做的结果是洗白了所有那些真正犯下罪过的人:**在一切人皆有罪的地方,无人负有罪责。**"[57]阿伦特也强烈反对"螺丝钉"理论——也即认为,艾希曼只不过是死亡机器上的一枚螺丝钉,因此不该为自己的行为负责。

> 当我到耶路撒冷参加艾希曼的审讯时,我感到法庭程序的
> 223 极大好处是使得螺丝钉的说法站不住脚,并迫使我们从不同角度

> 考虑所有问题。事实上,可以预料到这一辩护会被用来作为借口——艾希曼不过是一个小螺丝钉——被告人自己很可能这样想,而从某种程度上说他的作用的确如此;但控诉方试图把他说成最大的螺丝钉(比希特勒更坏更重要),这是人们没有料到的怪事。法官做了对的事和正当的事:他们放弃了这整个观念,**附带一提,我也如此**——虽然所有人的指责和称赞都与此相反。因为,正如法官努力指出的,法庭审讯的不是体系、历史或历史的潮流、主义(例如反犹主义),而是个人:如果被告恰巧是一名官员,那么他遭到指控就恰恰因为官员也是人,而正是出于这种资格他才受审。[58]

针对认为一个人仅仅是系统内的螺丝钉或齿轮的辩解,总是可以恰当地问:"为什么你会在这种情况下变成螺丝钉或齿轮并且安之若素?"[59]

列维纳斯、约纳斯和阿伦特都见证了奥斯维辛前所未有的根本恶,他们的生活和思想都受其重大影响,他们都感到需要**重新思考**恶的意义。他们的进路和强调各有不同,但他们都会同意,这一恶是一种"过度",无法被充分包括进我们理解和领会的范畴中。尽管如此,三位思想家都努力向这个黑洞投去某些光亮。在重新思考恶的意义方面,他们都意识到人们必须重新思考责任意味着什么。虽然三者的思考之间有着实质性区别,列维纳斯、约纳斯与阿伦特都投身于共同的事业。他们每个人都突出强调了责任的多种角度——我们对他者所负的原初责任;我们有责任以这样一种方式行事,即确保未来世代(他们也是负责的存在者)的生存;我们的个人责任,它要求我们拥有"站在他人角度思考"的想象能力,要求我们能够在无规则可循的情况下,勇敢运用我们的个人反思判断抵御恶。 224

结　语

现在,我们该回过头问问我们从这些探究中学到了什么。为此,我想列举一些论题并加以评论。

一、对恶的探究是一个持续的、没有终点的进程。自始至终我都对下述观念表示怀疑,即有一种关于恶的**理论**,并认为它可以就"**恶是什么**"给出完整解释。我认为这种理论不可能存在,因为我们无法预料恶在将来会以何种新形式或变体出现。就此我可以借助列维纳斯、约纳斯和阿伦特来阐明我的意思。对于20世纪之恶的经历萦绕着他们的哲学探究,尤其是奥斯维辛体现的恶。他们每个人都试图刻画20世纪之恶的独特之处,勾勒在与这些恶对峙过程中产生的新问题,以及我们应该如何回应它们。列维纳斯的主张是,奥斯维辛的恶极端到迫使我们怀疑自己究竟有否受了道德的"欺骗"。他的全部哲学规划可以被视作对此前所未有之恶的伦理回应。约纳斯认为,技术时代深刻改变了人类行为的条件和结果,以至于许多先前被认为是伦理中立的行为,如今可以具有潜在的罪恶结果——尤其是破坏生活所必需的环境条件。并且,他认为这种新形式的恶要求一种新型责任伦理。阿伦特认为,随着20世纪极权主义的出现,我们面对的是一种前所未有的恶(根本恶),

并由此带来系统性地把人变成多余之人的企图。同时，我们必须面对平庸的恶的现象，即凶残的恶行可以由既非野兽也非恶魔的“普通”人干出来。他们每个人都声称，我们时代中发生了前所未有的事情（并且是不可能意料到的事情），而这要求我们对于恶做出**新的**思考。传统概念不再能充分帮我们理解所发生的不可理喻之事。三位思想家都提醒我们，没有理由认为将来我们不会面对恶的新形式和新问题。事实是，我们不必等待将来。因为我们时时刻刻都在面临未曾预料的野蛮的种族清洗、好斗的宗教狂热、恐怖袭击，以及种种残暴的民族主义变种。 225

但是，任何关于恶的探究都有着内在的开放性，对此还有另一种方式的理解。我同意约纳斯的说法，即我们对恶的觉察和判断比对善的觉察和判断更为直接和急切。不用别人说服，我们就知道，故意对无辜者施加不可忍受的痛苦折磨是罪恶的。关于我们视之为恶行例证的事情，我们的判断受到历史环境的影响，但这并不削弱它们艰难的坚持。当然，我们视之为恶的直接经历或见证只不过是探究的**起点**。我们要在这种场合下发问，是什么使得这一现象成为恶。它表现了哪些特征？我们将其划归为恶并谴责它，根据是什么？这样一种探究要求我们用自己打算表达并捍卫的理由来支持我们的判断。（即便我们认为不存在终极的理性基础来证成我们的“终极词汇”，这一点仍然是对的。）简言之，对恶的探究是一项解释行为，在其中我们“始于”自己关于恶的预判，继而批判性地对其进行反思。这里有一个运动过程，在其中我们检验自己的预判并加深对恶的理解。这个过程从本质上说是没有终点的，新的经验或许会要求我们根据更好的理解来修正和改变我们的判断。[1]

二、存在多种类型的恶，它们没有共同本质。这一论题是第一个论题的推论。尽管如此，这一点还是必须清楚陈述出来，忽略它就会产生很多混淆和无谓争论。维特根斯坦有关“家族相似性”及其如何发挥作用的洞见很有说服力，因为他把握到一种“寻求本质”的诱惑——人们不经意间会认为**必然**存在此类本质。甚至当我们觉得自己放弃了寻求本质的做法时，不知怎么的，这种欲望和需要依然会以其他方式表现
226 出来。在关于恶的话语中，这一点尤其明显。我们内心深处渴望安慰的结果。不仅有维特根斯坦的疗法帮助我们抵御这一诱惑；尼采以其对于“视角认知”（perspectival knowing）的理解，推翻了恶的单一本质的神话。教士阶层把高尚贵族的“善”称为“恶”的典型。但也有教士自己的“恶”——《道德的谱系》的叙述者将这种恶称为憎恨。假定恶可以被化约为公分母，或假定恶有单一本质，这样的说法会给当今有关恶的讨论带来很大麻烦。让我借助围绕阿伦特“平庸的恶”的观念展开的争论来阐明这一点。这一概念引起许多争议（除了显然的误解外）的原因之一是，阿伦特被理解（误解）为以此定义纳粹之恶的**本质**。她本人要对这一误解负一定责任。如果她更清楚和有力地宣称，她称之为平庸之恶的“事实”现象，仅仅是纳粹之恶的**一个**方面（而不是一个关于恶的本质特征的论题），那或许就可以避免争议。她在回应许多批评时试图澄清这一点。她完全意识到，“平庸的恶”这一表述不适于描述希特勒和其他纳粹领导人，她当然也没有天真到忽略许多纳粹分子的凶残施虐行为和狂暴的反犹主义。她拒绝声称自己有一种关于恶的**理论**甚或总**论题**。但是，将她的主张具体到艾希曼这样的“写字台前的杀人犯”，也并不削弱这些主张的重要性。她希望让我们敏锐地意识到，干出残暴行径的那些人并不必然具有残暴的邪恶动机。她从未打算为艾希曼开释，恰恰相反，她的意图是揭示并强调一种新的、更为可怕的恶。阿伦特认识到存在着不可化约的多种恶，她也认识到恶的新形式会在不同的历史环境下产生；就此而言，她关于平庸之恶的洞见可以使我们当今关于恶的话语变得丰富和复杂。

三、恶是一种过度，它抵制总体性理解。我以列维纳斯的语言来表

述这一论题。列维纳斯认为"恶在实质上是过度",是"无法综合之物","比一切异质性更为异样"。[2] 根据这些关于恶的"实质"的说法,似乎第三个论题与我第二个论题(即关于恶的复数性以及恶缺乏共同本质)相互冲突。但如果我们将这一过度特点限制于极端之恶,那么我认为列维纳斯的论点没有失去其相关性。从列维纳斯提出这些主张的语境来看,奥斯维辛显然是他所谈论的恶的典型。这类恶抵制康德所谓的 227
"综合"。它违背康德所说的经验本质——即可以被综合、概念化和归类。列维纳斯将此称为"恶的超验性",但它却是一种**经验的**超验性。因此,我们发现自己在对恶的探究中处于吊诡的境遇。我们试图理解恶,试图找到能充分描述和把握恶的概念。但是,我们越是着力于此,就越会意识到恶的极端和根本形式逃逸出我们的视线。我们必然会遇上理解的局限。

列维纳斯关于恶的过度的主张与阿伦特对"理解"的认识密切相关。她宣称:"理解并不意味着否定暴乱,援引先例来演绎史无前例的事实,或者用类比和概括来解释现象,以致令人不再感到现实的冲击和经历的震动。相反,理解意味着有意识地检视和承负起 20 世纪压给我们的重担——既不否定它的存在,也不在它的重压下卑躬屈膝。"[3] 列维纳斯和阿伦特虽然深受奥斯维辛的影响,但他们本人并非集中营或灭绝营的幸存者。不过,他们所说的关于理解的特点与局限,以及作为**过度**的恶的经验感觉,都由普里莫·莱维、让·阿梅利和约尔格·森普鲁伦 * 写下的集中营亲身经历所证实。在他们回忆著作的几个关键点上,他们承认在自己的实际经历与不断尝试去描写和理解这些事情的努力之间,存在着差异。我之前引用过的布朗肖的段落,或许可以最好地体

* 普里莫·莱维(Primo Levi,1919—1987),意大利犹太裔作家,代表作为《如果这是一个人》,描述作者在纳粹占领波兰期间的集中营生活;让·阿梅利(Jean Améry,1912—1978),奥地利作家,著作包括《心之界限》、《论衰老》,以及《论自杀》等;约尔格·森普鲁伦(Jorge Semprún,1923—),西班牙作家和政治家。

现我关于恶的过度或超验性的论题："事实上，人们如何能够拒绝了解？我们阅读关于奥斯维辛的书籍。集中营中所有人的愿望、最终的愿望：了解已经发生的事情，不要忘却；同时，你也永远不会了解。"[4] 对恶的探究位于两个极端间的中间地带。我们无法不去了解、理解、把握自己遇到的恶。如果我们放弃这么做，那我们将永远不能决定如何应对这些恶的表现。但是，我们必须避免自欺欺人的极端，即认为**总体性**理解是可能的。同时，我们也必须避免另一个极端，即认为由于存在着理解的局限，由于我们体会到无法理解恶的最极端形式，我们就必须在恶面前保持沉默。**要么**总体性理解，**要么**完全沉默——这是一组似是而非的对立。的确有一个沉默的空间（这种沉默比任何概念化的做法都揭示了更多），但这个空间仅仅在这样的时刻到来：当我们相当直接地体会
228 到理解的局限时。

四、恶拒斥一切证成企图；它拒斥神义论。这里，我在列维纳斯的宽泛意义上使用"神义论"一词，它可以采取宗教或世俗的形式。我们可能会试图证成恶的存在，并将其与对于一位仁慈上帝的宗教信仰调和起来。或者，我们可能会试图表明恶是人性发展过程中的必要阶段来证成恶。上述两者都是神义论的变体。我同意尼采和列维纳斯，任何神义论的真正目的都是为不可忍受之苦难寻求"证成"。尼采比他之前的思想家更敏锐地认识到这种心理需求，即人们试图为苦难寻找某种证成。我们觉得无法接受和具有冒犯性的不是受苦**本身**，而是彻底毫无意义的受苦。尼采的主张与列维纳斯相似，后者认为我们在奥斯维辛之后必须放弃任何"幸福结局"的念头，即认为有某种最终的宇宙和谐，其中极端的恶与苦难都各安其位。奥斯维辛之后，继续把恶与苦难说成可以被一种仁慈的宇宙论规划所证成或调和的东西，乃是可耻的做法。

黑格尔可以被理解为西方神义论哲学传统和神学传统的顶峰。不

论我们强调其思想的宗教特点或世俗特点，这一点都是对的。从有限到虚假的无限，再到真正的无限，这个辩证发展位于黑格尔思想的核心。这意味着，恶是精神的现实化过程中的**必然**阶段。但是，确认恶是精神发展过程中的**必然**阶段，相当于**证成**恶。希望以**扬弃**来治愈精神的创伤而不留下任何伤疤，这种黑格尔式的冲动，在黑格尔的同时代人谢林那里就遭到了尖锐批判，而其后的思想家也对其进行了尖锐批判，包括我所探讨的尼采、弗洛伊德、列维纳斯、约纳斯和阿伦特。有些断裂、打破、创伤、深渊和恶如此深广，以至于彻底的愈合是不可能的。有一些创伤不会治愈，不可能被扬弃。**不存在**“奥斯维辛之后”。

五、必须避免将恶物化的诱惑。这种诱惑认为，恶是一种人类状况固定的本体论特征，对此人们毫无办法而只能学会接受它，并对其野蛮的存在忍气吞声。这会导致我们在碰到具体的恶时，产生极大的悲观无力感。从启蒙运动早期开始，一直存在着一种摇摆不定的局面：一方面是对未来的乌托邦图景，所有恶都将被消除；另一方面则是幻想破灭的时期，人们觉得与恶对抗的努力都是无效的。曾经有过在道德进步的宏大叙事与道德衰败的宏大叙事之间反复交替的局面。我们如今正
处在这样一个时代（原因部分归结于 20 世纪所见证的恐怖）：庸俗和精 229
致的衰退叙事已经成为流行思想。但两种极端都该被拒绝。虽然我批评黑格尔试图解释和证成恶，但他还是教了我们重要一课——尤其是当我们以反对黑格尔的方式阅读黑格尔的时候。因为，对于一切试图将恶物化的尝试（即将恶本体论化，以至于我们无法了解能以何种有活力的方式克服具体的恶）而言，黑格尔可能是其最伟大的批判者。恶或许是人类状况的“永恒”特征，因为总会有需要克服和对抗的具体的恶。用黑格尔的话说，在历史的进程中总会迸发出需要克服的断裂和分裂，但恶并不是人类生活中一个固定的、静止不动的存在状况。虚假无限中隐含着真正无限的承诺——即便我们认为（与黑格尔相反），这一目

标是规范性的而永远不会是完全建构性的。以这种方式理解恶具有重要的实践意义。它意味着，当我们遭遇具体的恶时（不管是伦理、社会或政治的恶），我们面对的挑战始终是寻找对抗和消除恶的方法。

六、不能低估恶的力量以及犯下罪行的人的品性。我们已经看到，康德坚信我们总是有力量抵制恶，并遵从善的准则（符合道德法则的准则）。与此同时，他宣称存在一种与生俱来的恶的倾向或品性。我在对康德的批判中指出，他对于这种品性之特征的分析存在着根本的紧张关系。他的意图和分析的细节上存在差异。我对康德的批判指向的是他对这种品性的**具体**理解，而不是他的一般论点，即**有**这样一种品性存在。谢林觉察到康德这些困难的来源，并试图对因果性和自由之间的**连续性**提供一种更充分的理解。谢林也强调了作恶诱惑的心理力量；由此，相比于康德，他为理解道德心理学打开了更丰富和复杂的道路。

尼采和弗洛伊德对恶的道德心理学的考察更加精致和巧妙。尼采道德批判的基础，根本上是他所谓憎恨的邪恶摧毁性，他认为这是我们当代道德的特点。在关于憎恨如何起源和滋长的解释中，他向我们警示了现代性的阴暗面和种种危险。不过，尼采仍然坚持下述承诺，即有可能克服这一憎恨的道德，有可能想象一种新的价值重估。弗洛伊德
230 关于压抑动力的分析与尼采所理解的"良心谴责"非常相似，但尼采与弗洛伊德也有重大区别。憎恨（或者不如说是憎恨背后的心理真相）不仅仅是人类历史发展过程中的一个辩证阶段。认为曾经有这样一个时代，心理的矛盾情感尚不存在；或认为将来会有一个心理矛盾情感消失的时代，这样想都是幻觉。认为曾经有一个历史阶段，其中高尚贵族没有经历压抑，这种想法是幻觉；同样，认为将来会有一个可以完全克服它的时代出现，也是一个危险的幻觉。当然，在个体生命和社会生命的各个时代中，压抑的表现方式的危险程度不同。弗洛伊德拒斥的是尼采思想中仍然存在的（或许可以称之为）"乌托邦"迹象。不能说弗洛

伊德更加“悲观”;更准确和有洞察性的说法是其心理**现实主义**,而这是他的诚实伦理的结果。我们从弗洛伊德身上学到的重要教诲是,心理的矛盾情感相当深层且不可避免——它根本上扎根于无意识之中。弗洛伊德关于文明及其不满的反思可以帮助我们警惕如下观念,即随着文明的发展,这种强大的精神矛盾也会弱化。恰恰相反,文明带来的是更大的压抑和更强的负罪感。弗洛伊德很清楚,作为精神矛盾的后果之一,被压抑的攻击性有可能以毁灭性和自我毁灭的方式爆发,这种可能性始终威胁着我们。正是在这个意义上,我们必须理解弗洛伊德所说的:“实际上,不可能‘根除’恶。”弗洛伊德所做的并非一个关于人类本体论状况或存在状况的哲学论断,而是一个关于人类的心理论断,基础则是他的临床精神分析调查——这个论断揭示出精神矛盾的威胁性力量。弗洛伊德探究的是康德在谈及恶的品性时所**意旨**的道德心理基础;他使我们更好地理解这种倾向的力量来源——此前谢林和尼采已经预示了这一倾向。

七、根本恶与平庸的恶并存。在阿伦特对根本恶的反思中,我想突出一个方面,或一个思想序列。阿伦特确认,根本恶随着一个系统而出现,在这个系统里面,所有人都是同样多余的,这个系统把人变成多余的人。“多余”一词或许并不能最精确表达她的意思,但她的论点富有洞见,也站得住脚。在她讨论极权统治“逻辑”时,这一点就变得明确了;她在此区分了三个分析阶段——残杀法律人格,残杀道德人格,最终试 231
图消除人的任何自发性、不可预期性、复数性、个体性。折磨、羞辱、屠杀、集体迫害、施虐甚至种族清洗,都有很长的历史。阿伦特指出,以前从未发生过的事情是系统性地尝试改造人类,以使他们不再展现出人类生活特有的种种特征。“集中营是最重要的极权主义统治机制。”[5] 极权主义政制的集中营和灭绝营扮演着实验室的角色,极权主义的根本信条(一切都是可能的)在其中得到了确证。

在康德看来,自发性是人的最根本特点。没有自发性,就没有理性和自由。但康德从未真正考虑过自发性有可能被消除。阿伦特并非不赞成康德对自发性的理解,但她认为极权主义已经向我们表明,我们人性的这种或许是"先验"的条件可以被消除。"因此,极权主义意识形态的目标不是改造外部世界,或是社会的革命性演变,而是改造人性本身。"[6] 这种**新的**可能性("根本地"改造人性以使人变得多余的可能性)并没有随着极权主义政体的衰亡而消失。这种非常现实的可能性仍然伴随着我们。"根本恶"的表述意在描述这种极权统治之恶的独特之处。但是,根本恶的概念(本身)并没有告诉我们作恶者的意图或动机。当阿伦特提出平庸的恶的观念时,她主要考虑的是意图和动机问题——尤其是艾希曼的动机。我已经指出,平庸的恶以根本的恶这一概念为**前提**,而不是置换了它。

在谈论平庸的恶时,我们必须比阿伦特更加小心。只有**某些**犯下根本恶的作恶者(比如艾希曼这样的写字台前的谋杀者)才体现出平庸的恶。撇开她对艾希曼的描述是否准确这一点(这是个富有争议的历史问题),我们应该承认,她对于我们当代理解恶做出了贡献。她所做的是识别出 20 世纪之恶的一个新的、骇人的角度。在我们通常道德话语中(以及在哲学传统中),一个根深蒂固的信念是作恶者**必有**邪恶动机。犯下的恶越大,动机也就越是邪恶。这正是阿伦特所批判的。他
232 们既不是野兽、堕落者、施虐狂,也不是意识形态狂热分子,他们的动机不过是取悦上级和提升职位的渴望和抱负——这样的个体在极权主义的环境下可以干出最骇人的恶行。艾希曼在不同的社会和历史环境下或许很可能是一个清白的小官僚。或者,换一种说法,受到最世俗欲望推动的最普通不过的人,在极端环境下可以干出凶残行径。现代性的官僚条件中最可怕的是,这些条件增加了此类罪恶的潜在可能性。正如阿伦特声称,根本恶在极权主义政制终结后仍然很可能发生,平庸的恶也同样如此。

八、作恶者的个体责任无可逃避。我们在考察过程中始终能看到，恶的种种概念与责任的种种概念之间有着不可割断的联系。康德对道德话语的长久贡献是他坚持不妥协地认为，我们要对道德罪恶负责。我们的感觉特性和自然倾向并不是内在就是恶的。人的理性本身也不是败坏的。恶始终回到对恶的**意志**。在康德看来，在善恶准则之间进行选择始终是我们自身的力量。康德从未考虑过阿伦特提到的那种情况，即纳粹让母亲选择她的三个孩子中哪一个要被杀死。此类情况或许会使我们对康德的严格主义加以限定。但是，正如阿伦特本人指出的那样，这种极端情形出现于系统性地尝试杀死道德人格的做法中。当消解道德责任、否认有人应该承担责任、为我们所做的寻找"借口"（比如，我们只是系统内的"螺丝钉"）等行为变得流行的时候，康德对个体责任的强调就非常重要。

有些弗洛伊德的批评者和辩护者认为，弗洛伊德表明我们是由无意识动机决定的，而我们对于无意识动机又毫无有意控制可言，因此他瓦解了责任概念。但这是一种对于弗洛伊德和精神分析的严重误读。当然，弗洛伊德确实表明无意识动力在塑造我们的行为方面起到了重要作用，也表明人的理性（包括康德所谓的实践理性）是有限和脆弱的。同样，弗洛伊德的确也（类似于尼采）试图理解我们负罪感和责任感这些道德感觉的心理谱系。然而，弗洛伊德并没有瓦解责任概念。相反，弗洛伊德使我们能更好地理解个体责任。像他的启蒙先驱者那样，他致力于揭示幻觉以使我们能生活得更自由、更人性，在现实中更加 233
负责。

九、肯定个体责任是不够的：奥斯维辛之后，我们必须重新思考责任的根本意义。列维纳斯、约纳斯与阿伦特致力于这种对于责任的重新思考。乍看之下，列维纳斯理解的责任与康德的责任概念截然相反。

列维纳斯将他所理解的责任描述为异质性，由此我们对于他者和为了他者负有责任，这一责任在伦理上先于我们的自由和自律。但是，他并不否认康德式的自律。相反，他试图表明这种自律已经预设了更为根本的承诺，预设了对于他者和为了他者的无限责任。约纳斯区分形式责任和实质责任，以此力图提出新的责任理解。形式责任意味着为我们的行为负责，这是康德式责任理念的核心。不过，对于特殊个人和对象，还存在一种实质责任，要求行为者对它们做出特殊行为。借用约纳斯的形式责任和实质责任区分，我们可以说，列维纳斯想表明，康德式的形式责任的基础是我们对他者的实质责任。但是，对约纳斯来说，我们的实质责任还不止于此；我们有责任保护这个星球上的生活条件（包括负责任的人类的生活）。这就是为什么需要一种新型责任伦理。约纳斯有关一位受难的、生成中的、关怀的、有限的上帝神话，强调我们现在所承担的人的责任，即对抗奥斯维辛体现出来的那种根本恶。奥斯维辛的耻辱不应归咎于一位全能的神。阿伦特阐明了“奥斯维辛之后”变得重要的个体责任的另一面。阿伦特在纳粹时期体验和见证的震惊是既有文明道德标准的全面崩塌。她从中看到了与传统的断裂。像列维纳斯和约纳斯那样，她感到我们需要提出“我们究竟是否受了道德的骗”这个问题。伦理虚无主义的问题同样纠缠着她，它不仅仅是一个理论的可能性，也是非常不祥的现实。极权主义显示了传统伦理和道德习惯习俗可以轻而易举地被新的习惯和习俗更替置换，这些新的习惯和习俗不仅纵容恶，还鼓励恶。阿伦特挥之不去的问题是，当一切都归无效的时候，在极端境遇下，人还能依靠什么。令她印象深刻的是，当周围每个人都“容忍”了恶的时候，少数人还能成功避免或积极抵抗它。他们除了自己的**判断力**之外无所依靠。阿伦特由此重视康德的《判断力批判》，因为她感到康德所理解的反思判断提供了理解这一判断能力
234 的基础——这一能力曾在与恶面对面的危机情境中体现出来。尽管康德的兴趣主要在于以趣味为基础的审美判断，阿伦特却认为，康德对于

判断力的理解具有重要的政治和伦理意义。她宣称,艾希曼缺乏思考和判断的能力。她能在艾希曼身上找到的唯一显著特征是某种负面特征——不是愚蠢,而是不思考,没有思考和判断能力。到她去世的时候,阿伦特关于思考及其与判断之联系的反思仍然是粗略和试探性的,她留给我们许多没有答案的问题;但是,就判断及其与理解个体责任的相关性而言,她打开了一个丰富的思想序列。总起来说,列维纳斯、约纳斯与阿伦特都致力于重新思考奥斯维辛之后责任的意义。

十、善恶之间的选择的根基是不可理解的。我们最早在康德有关根本恶的反思中遇到这个论题,他宣称采纳道德准则的根本主观基础是不可理解的。我认为这是康德关于道德所做的最深邃、最重要的洞见之一。我也认为,我们通过"探究 20 世纪的种种恐怖"而得到的教诲,都在确认和证实这个"黑洞"。在此,我们戏剧性地遇到了任何对根本恶的探究都有的局限。我们试图理解恶的意义、种类和变化。我们想知道为什么有些人选择恶而另一些人则抵抗恶。我们想知道为什么有些人采纳善的准则而另一些人则采纳恶的准则。我们对此可以谈很多,比如某人的背景、职业训练、教育、性格、环境因素,等等。社会科学和心理学都致力于这一理解。但是,这些加起来也永远无法完整地解释为什么人们做出了他们所做的选择。我们的解释中总是存在一个鸿沟,一个"黑洞"。"奥斯维辛之后"我们了解到,康德认为个体道德选择在根本上不可理解,这一点是多么富于洞见。归根结底,为什么有些如安顿·施密特这样的个体能够运用抵抗恶所需的判断力,其原因是不可理解的。正如康德给我们的教诲所示,要理解做一个自由而负责的人意味着什么,这种"不可理解性"占据着核心位置。 235

注　释

导论

1 Hannah Arendt: “Nightmare and Flight,”in *Hannah Arendt: Essays in Understanding, 1930—1954*, ed. Jerome Kohn (New York: Harcourt, Brace & Co., 1994), p. 134.

2 Hannah Arendt: “‘What Remains? The Language Remains’: A Conversation with Günter Gaus, ” in *Essays in Understanding*, p. 14.

3 Andrew Delbanco, *The Death of Satan* (New York: Farrar, Straus, and Giroux, 1995), p. 3.

4 *Hannah Arendt/Karl Jaspers: Correspondence 1926—1969*, ed. Lotte Kohler and Hans Saner (New York: Harcourt Brace Jovanovich, 1992), p.69.

5 Emmanuel Levinas, “Useless Suffering,” in *The Provocation of Levinas: Rethinking the Other*, ed. Robert Bernasconi and David Wood (London: Routledge, 1988), p. 163.

6 出处同上, p. 162。

7 参见 Richard J. Bernstein, *Hannah Arendt and the Jewish Question* (Cambridge: Polity, 1996), chapter 7 “From Radical Evil to the Banality of Evil: From Superfluousness to Thoughtlessness,” and chapter 8 “Evil, Thinking, and Judging”。

8 这篇论文的英文译文是作为下书的附录发表的：Michael Despland, *Kant on History and Religion* (Montreal: McGill-Queen’s University Press, 1973)。

9 Hans Jonas, *The Imperative of Responsibility:In Search of an Ethics for the*

Technological Age (Chicago: University of Chicago Press, 1984), p. 27.

10 Emmanuel Levinas, "Transcendence and Evil," tr. A. Lingis. In *The Phenemenology of Man and of the Human Condition*, ed. A-T. Tymieniecka, Analecta Husserliana, 14 (Dordrecht: D Reidel, 1983), p. 158. 236

第一章

1 Hannah Arendt, *The Origins of Totalitarianism*, 3rd edn revised (New York: Harcourt Brace Jovanovich, 1968), p.459; Hannah Arendt, *Essays in Understanding, 1930—1954*, ed. Jerome Kohn (New York: Harcourt Brace & Co., 1994), p.14.

2 T. M. Greene 和 H.H. Hudson 将 *Die Religion innerhalb der Grenzen der blossen Vernuft* 翻译为"Religion within the Limits of Reason Alone"。在新出的 Cambridge Edition of the Works of Immanuel Kant 中，George di Giovanni 以更贴近字面的方式将这一标题翻译为"Religion within the Boundaries of Mere Reason"。我引用的是 T. M. Greene 和 H.H. Hudson 的译本，这仍然是一个标准译本。这一版本内有 John R. Silber 所写的一篇导论："The Ethical Significance of Kant's Religion"。在对这一译本（*Rel.*）的每一处引用后面，还列出了引文在 *Die Religion innerhalb der Grenzen der blossen Vernuft*, ed. Karl Vorländer (Hamburg: Felix Meiner Verlag, 1990) 中的页码。

3 对于莱茵霍尔德对康德批评的讨论，参见 Henry E. Allison, *Kant's Theory of Freedom* (Cambridge: Cambridge University Press, 1990), pp.133—136。

4 康德对于意志（Wille）这一词语的使用，有时取的是其广义，有时取的是其狭义，是其更为专门的含义。在广义上使用，它指的是全部的意愿能力。在狭隘的、更专门的意义上使用，它单指作为我们自由选择（意力）之诱因的规范——道德法则。对于意志 Wille/ 意力之分的讨论，见 Allison, *Kant's Theory of Freedom*, pp.129—136；又见 Silber, "The Ethical Significance of Kant's Religion," pp. xciv—cvi。为了清楚标明康德何时使用意志（Wille），何时使用意力，译文始终遵循着这样一个程序：在表示 Wille 的意志后面增加德语原文，Willkür 则译成意力，而在表示 will 的意志后面增加英语原文。对这些术语（及其同源词）的英语译词的讨论，见 Ralf Meerbote, "Wille and Willkür in Kant's Theory of Action," in *Interpreting Kant*, ed. Moltke S.Gram (Iowa City: University of Iowa Press, 1982), pp. 69—89。

5 对于艾里逊所说的"安置命题"的讨论，见 Allison, *Kant's Theory of*

Freedom, pp.5—6。

6 出处同上，p.129。

7 Silber, "The Ethical Significance of Kant's Religion," p. civ. 这样一些表述是"强的"、"足够强的"，它们构成了一种"压迫"，只要它们暗指着一种（自然的）因果功效，它们就可能具有误导的作用。对于康德来说，作为"自由法则"的意志（Wille）可能是采用善的准则的一个充分的理性诱因。又见约威尔对于意志（Wille）和意力关系的讨论，"Kant's Practical Reason as Will: Interest, Recognition, Judgment, and Choice,"*Review of Metaphysics*, 52/3 (1998), pp. 267—294。约威尔写道："因为意志（Wille）详加说明了自主性的构造与用语，所以它确立了连贯的自我决定所以发生的条件，这与隐含在意力中的空洞的、不连贯的形式正好相反。这不仅赋予意志（Wille）以规范的优先性，而且证实
237 了意力的作用，因为对于真正的自我决定来说，其主要条件之一就是以意力的能动性作为基础。意志（Wille）必须服务于意力的普遍化，从而使它发生转变（并获得实现），但绝不能抛弃或替代它。……连贯的自我决定不仅依赖于意志（Wille）所包含的普遍结构，而且同样依赖于意力所做出的选择、人格化及自我普遍化的行为。"（pp. 292—293）

8 Yovel, "Kant's Practical Reason as Will," p.281.

9 Allen W. Wood, *Kant's Moral Religion* (Ithaca, N.Y.: Cornell University Press, 1970), p.211.

10 Christine Korsgaard, *Creating the Kingdom of Ends* (Cambridge: Cambridge University Press, 1996), pp.55—57. 康德的《原理》，我用的是她的译本。

11 出处同上，p.55。

12 出处同上，p.58。

13 出处同上，p.60。

14 根据这种"严格主义的"分析，康德将会毫不犹豫地谴责从休谟到安尼特·拜尔到理查德·罗蒂等那一干哲学家，他们认为，在道德状况中，我们应当被我们的仁爱之心和我们对人类同伴的同情之感所引导。他们不但自己被误导，他们还建议他人采用恶的准则。

15 Allison, *Kant's Theory of Freedom*, pp. 147—148.

16 康德的几位同时代人（包括歌德与席勒）对于康德提出的根本恶概念都极为不满。他们认为，这是误入歧途的、对基督教正统派的让步。席勒宣称

康德关于根本恶的论文是"臭名昭著的",歌德写道:"康德曾要求用一生的时间来清洗他那件罩在污垢和偏见之上的哲学斗篷。而现在,为了使基督徒也能被吸引来亲吻斗篷的褶边,他自己却用根本恶这一可耻的污迹肆意地弄脏它。"这些引文及对这些批评意见的讨论,见 Emile Fackenhein, " Kant and Radical Evil,"*University of Toronto Quarterly*, 23(1954), p.340。

17 Hannah Arendt, *The Origins of Totalitarianism*, p.459.

18 出处同上,关于阿伦特所说"根本恶"含义的分析,见下文 pp.209—217。

19 Silber, "The Ethical Significance of Kant's Religion," p. xvcii.

20 Korsgaard, *Creating the Kingdom of Ends*, p.160. 又见 Henry E. Allison, *Kant's Transcendental Idealism* (New Haven: Yale University Press, 1983), 及 Wood, *Kant's Moral Religion*。

21 Wood, *Kant's Moral Religion*, pp. 210—211.

22 关于康德所用的德文词 Gesinnung、Hang 和 Anlage,非常难以找到恰当的英文对应词。这些词语曾分别被翻译为"disposition"、"propensity"和"predisposition"。但是这些概念之间的差别对于理解根本恶来说,绝对是至关重要的。

23 Silber, "The Ethical Significance of Kant's Religion," p. cxv.

24 出处同上, p.cxxvii。

25 见 Daniel O'Connor, "Good and Evil Dispositions,"*Kant-Studien*, 76(1985) , pp. 288—302。欧康纳揭示了康德对于性情的分析中所包含的许多紧张关系与困 238
难,及其与恶之理解的相关性。我基本同意他的这一说法:"在康德整个关于恶的讨论中,存在着某种古怪的东西,因为即使我们接受了康德'恶的性情'这一自相矛盾的观念——这一性情是在时间之外被自由选择的,康德承认,我们也没有获得任何对它的理解。'意志倒错的理性起源……仍然是我们所无法探究的,其原因在于:这种品性本身必须被归咎于我们,从而那所有准则的终极根据将反过来要求采用一个恶的准则(作为其基础)。'"(p.299)见 Allison, *Kant's Theory of Freedom*, pp. 136—145,在此艾里逊试图回应欧康纳的批评,并提出一个可信的性情论述。康德将根本恶理解为一种与生俱来的品性,对此,有一个有益的讨论,见 Gordon E. Michalson Jr.. *Fallen Freedom* (Cambridge: Cambridge University Press, 1990), pp.40—51 and 62—70。

26 在这里,我们触及了康德研究中至为复杂、极富争议的一个主题:准则的准确意义及其作用。这里我只想指出：在《宗教》中，显然康德在致力于准则层级的理念，即致力于“最高准则”的理念，这一准则以某种方式支配着更为具体的准则。这提出了一个难题，它有关于这些不同层次的准则之间的确切关系。如果一切准则都是被自由选择的，如果它们是“自由的运用”的展现，那么，一个最高准则和那些可能受其支配的更具体的准则之间的确切关系就还不是完全清楚的。根本恶是一种“败坏的品性”，亦即是一种败坏具体准则的最高准则，但我们并不清楚究竟这种败坏是如何出现的。一个自由选择的准则（无论它是最高的还是最终的）如何败坏另一个自由选择的准则？对于准则的意义和作用的讨论，见 Allison, *Kant's Theory of Freedom*；Onora O'Neill, *Acting on Principle: An Essay on Kantian Ethics* (New York: Columbia University Press, 1975); 同前，“Kant after Virtue,”*Inquiry*, 26(1983), pp.387—405; 同前，“Universal Laws and Ends in Themselves,” *Monist*, 73(1989), pp. 341—361; Barbara Herman, *The Practice of Moral Judgment* (Cambridge, Mass.: Harvard University Press, 1993); 及 Christine Korgaard, *Creating the Kingdom of Ends*。

27 虽然约威尔关于性情给出了一个有用的描绘，和我的诠释是一致的，但他没有解释性情和品性之间的巨大差别（及非对等性）。他写道：“在《宗教》中，康德区分了两种选择：单一选择和长期选择。第一种涉及的是普通的、一次性的行为，第二种是这些行为的基础，这是一种整体性的道德生活策略，康德称之为‘性情’。后者是一次性选择的（永远非决定性的）根据。在根据性情进行的行动中，我新做出的一次性选择证实并重现了初始的整体选择。……确立整体性情的初始选择就是康德所说的‘无法探究的’真实。”（Yovel, “Kant's Practical Reason as Will,” p.283）但是如果人们接受了这一关于性情的理解，认
239 为初始选择是“无法探究”的真实，那么人们应当致力于在善恶性情之间进行完全对等的“初始选择”。

28 无论忽视还是夸大康德的偏见，我认为都是不恰当的。康德一直强调公共批评，他期待人们揭穿无根据的偏见——尽管他自己表露出了一些偏见。他宣称“所有的野蛮人都有追求麻醉品的品性”，但他没有为此提供任何的根据。他似乎认为这是不言而喻的真理。仔细阅读《宗教》会发现他展露出许多人类学和宗教的偏见，其中的一些偏见是非常有害的。康德宣称，基督教是唯一真正自然的和博学的宗教，也就是说这一宗教拥有“真正的教会的基本要素，即普遍性的资格”（*Rel.*145；175），此时，他显示出对于基督教以外的宗教的无知和偏见。而且，他宣布：“在迄今为止所存在的所有的公共宗教中，唯有基督

教是道德的宗教。”（*Rel*.47；57）

29 人们可能认为，虽然意力不为向恶的品性所决定，但至少受到了它的影响。无疑，有时康德似乎就是这样说的。但是如果“受影响”意味着“受因果性的影响”，那么这种看法有悖于康德对于自由和自由选择（意力）的理解。

30 莎伦·安德森—戈尔德在关于根本恶的讨论中说：“在康德的根本恶概念与汉娜·阿伦特的《艾希曼在耶路撒冷》中的‘平庸’恶概念之间存在着一定的平行关系……虽然阿伦特不会认为恶是一个族类特征。”（“Kant’s Rejection of Devilishness: The Limits of Human Volition,” *Idealistic Studies*,14(1984), p. 48, n. 30.）

31 康德举了一连串的例子来说明为什么我们**不**需要对“人性本恶”的观点进行形式论证，在这些例子中，我们再次发现了关于其偏见的证据，而其偏见的基础就在于有限的、高度选择性的人类学资料。

> 有些哲学家曾特别希望从所谓的自然状态中发现人的本性天生的善良。倘若我们想从这种状态中获取此一观点的例证，我们只需要把在托富阿岛、新西兰和纳维加托群岛发生的屠杀事件中的那些灭绝人性的残酷场面，以及美洲西北部的广阔草原上所发生的永无休止的，甚至没有一个人从中得到丝毫好处的残暴行为（希尼船长描述了这些行为），同哲学家们的假说加以比较就行了。无须列举人们的野蛮恶习，就足以排除哲学家们的这种观点。（*Rel*.28；34）

32 Allison, *Kant's Theory of Freedom*, p.154. 艾里逊力图证成（亦即予以推论）他所描述的这一**先天综合**公设——“人在根本上是恶的”，对此，我有一些疑问。没有丝毫的迹象表明，康德本人曾经认为这样一种推论是必要的或甚至是可能的。当然，只要我们公认，这不是康德所明言或蕴含的东西，那么，就不能反对完善康德学说的尝试。回到艾里逊所做的论证，他告诉我们，“这一推论的关键是不可能将趋善的品性作为诸如我们自身这样有限的、受感官影响的 240
行动者（无论是作为整体的族类还是作为特殊的个体）的属性”（p.155）。但是鉴于康德理解品性的方式，我感到艾里逊的推理没有什么说服力。如果品性是最高准则，是“源自我们自由的意志之主观的、决定性的根据”，那么，为什么不存在一种趋善的品性呢？毕竟，拥有这样一种品性，并不意味着我们将成为道德意义上的善人，除非我们蓄意在特定环境中采用善的准则；正如向恶的品性并不意味着我们实际上将变成道德意义上的恶人，除非我们选择恶的准则。这补证了我早前表达过的观点。康德一再重申，性情可以是善的，也可以是恶的，但他没有解释，为什么品性却只是一种向恶的品性。欧康纳在他的康德批判中也问道："为什么没有一种趋善的品性？"他说："道德动因的这两个方面缺乏对称性，这必然引发人们对于道德品性这一观念的怀疑。"（"Good and Evil Disposition," p.297）

有一种未被解决的紧张状况，贯穿着康德关于性情与品性的讨论。在讨论这些概念并佐以经验证据的时候，他表示：品格、性情和品性，既有善的，又有恶的。这是我们所期待的观点，因为康德使用这些术语意在标示我们应为之负责的道德品格的特征。但是，当康德明确将根本恶作为一种品性来讨论，任何认为好的品性与坏的品性之间是一种对等关系的观点，他都不再予以考虑。

这里还潜藏着另外一个严肃的问题。请考虑一下康德或明言或暗示的以下见解：（1）根本恶是趋向道德恶的品性；（2）这种品性是人类先天的和普遍的品性；（3）这种品性"必定发源于自由"——亦即发源于"对自由的运用，最高准则借助于这种运用……为意力所采纳"。但是，这三条见解必然导致一个（以康德主义为根据的）荒唐的，实际上自相矛盾的结论（以康德主义为根据）。所有人类（人这一族类或种类）都**必然**自由地选择趋向道德恶的品性。

33 John R. Silber, "Kant at Auschwitz," in *Proceedings of the Sixth International Kant Congress*, ed. Gerhard Funke and Thomas Seebohm (Washington, D.C.: Center for Advanced Research in Phenomenology and University Press of America, 1991), p. 180.

34 艾希曼是怎样渐渐透彻理解康德的，这是一个让人好奇的问题。在实际审判之前，艾希曼接受了以色列警方审讯者的约谈，他说，他是根据绝对律令来履行其义务的，"长久以来，我把康德的要求设定为我的指导原则。我是根据这一要求来塑造我的生活的。"在审判中，当法官拉维问艾希曼，他这段陈述是什么意思，他回答道："我的意志基础和生活模式应使我在一切时刻都是普遍地遵守法则的典范。这大概就是我所理解的内容。"法官拉维接着问道："那么，你是说，你在流放犹太人的问题上的所作所为是符合康德学说的？"艾希曼给了一个非常复杂的、康德式的回答："不，当然不是。因为我的意思并不
241 是说那时我生活在第三方的压力之下。当我谈论绝对律令的时候，我指的是我是我自己的主人，胸怀我自己的意志与灵感的时刻，而不是我受最高力量主宰的时刻。"他又补充说："那时，我无法按照这一原则（绝对律令）生活。但我可

以把服从当局纳入这一原则。我必须这样做,因为那时当局负责所发生的一切。" Silber, "Kant at Auschwitz" 中引用并讨论了艾希曼的这几段供词。

35 出处同上, p.185。

36 出处同上, p.191。

37 这两个段落曾为希尔伯所引用, "Kant at Auschwitz," pp.186, 189。参见希尔伯对于这些段落及其他密切相关的段落的讨论。也参见托马斯·西博姆对于康德不妥协的立场的讨论,见 "Kant's Theory of Revolution," *Social Research*, 48/3 (Fall 1981), pp.557—587。汉娜·阿伦特也讨论了康德如何论证绝不存在革命或反叛的权利,尽管康德对于法国大革命最初满怀热情。参见她的 *Lectures on Kant's Political Philosophy*, ed. Ronald Beiner (Chicago: University of Chicago Press, 1982)。也参见她对艾希曼援引康德的评论,见 *Eichmann in Jerusalem: A Report on the Banality of Evil*, 2nd edn. (New York: Viking Press, 1965), p.136。

38 这一论断摘自康德的著名论文。他在《什么是启蒙》中区分了人对于自己理性的公开运用和私下运用,见 *Practical Philosophy: The Cambridge Edition of the Works of Immanuel Kant* (Cambridge: Cambridge University Press, 1996), pp.18—19。

39 当康德论辩说,人有服从"最高立法权力"的义务,他主要关注的是公民社会及其合法化的基础。他并不是在讨论一位狂热屠杀大众的元首(Führer)。

40 希尔伯宣称,"康德的理论可以理解一个艾希曼式的人,一个其职能与热忱几乎完全受名利心驱使的公务员,但无法说明一个希特勒式的人的品行。"("Kant at Auschwitz," p.194)

41 Allison, *Kant's Theory of Freedom*, p.310.

42 在此语境中,我并不怀疑这一论断的地位——对于康德的道德哲学来说,它具有基础的地位。当然,康德所表达的不是一个经验性论断,而是一个先天性的论断。我认为,我们应该反思汉娜·阿伦特所说的、发生在纳粹德国的事情。

> 正如在文明的国家,即使人们的自然欲望和自然倾向会不时带有谋杀之意,其法律仍假定良知的声音告诉每一个人"勿杀人",在希特勒的领地上,虽然大屠杀的组织者们清楚地知道谋杀违背大多数人的道德欲望和道德倾向,其法律仍要求良知的声音告诉每一个人:"要杀人。"第三

帝国的恶已经失去了大多数人所公认的那种恶的性质——**诱惑的性质**。
242 （Arendt, *Eichmann in Jerusalem*, p.150）

43 Silber, "Kant at Auschwitz," pp.198—199. 在这一段中，希尔伯似乎将"故意拒绝道德法则"与"为了恶本身而故意作恶"混同了。然而，有鉴于希尔伯的这一说法——"康德的伦理学不足以理解奥斯维辛"，尤其需要对这二者做仔细的区分。说纳粹的领导者故意拒绝道德法则并不必然导致说他们为了恶本身而故意作恶。我们有时会把一种"恶魔般的伟大"归于虚构的人物，尤其是莎士比亚和陀思妥耶夫斯基作品中的人物，这里则存在着将它归于纳粹领导层的危险。见本书边码第214页我结合汉娜·阿伦特同卡尔·雅斯贝尔斯的通信而对这一点所作的讨论。

44 Wood, *Kant's Moral Religion*, pp.212—213.

45 Silber, "Ethical Significance of Kant's Religion," p. cxxix.

46 我认为伍德同样遮蔽了希尔伯在下面这段话中所表达的基本论题："由于拒绝认为人可能有一种向恶的冲动，拒绝认为人有仅仅为了不服从而反对法则或不服从法则的倾向，康德有时会因此受到批评。"（*Kant's Moral Religion*, p.212）如果认为"冲动"与"倾向"指的是我们的感官自然，那么，当然就不存在也不可能存在一种趋于道德恶的自然倾向。恶是意力的行为的结果。不能把（人的）意力等同于（或削弱为）我们的感官自然。但希尔伯所指的并不是一种自然倾向或冲动，而是一种被有意识地纳入恶的准则的诱因。希尔伯的批评所给予康德的冲击在于，康德没有认识到可能存在着这样一种诱因。

47 莎伦·安德森—戈尔德也曾努力为受到希尔伯批评的康德辩护。为此，她强调，根本恶是一个"族类品质"。但是，由于希尔伯首先关注的是那些变得恶毒与歹毒的个体，我认为她没有充分应对这一挑战。见 Anderson-Gold, "Kant's Rejection of Devilishness"。

48 "根本自由"（radically free）这一表述不是康德的而是我的术语。但是在这里我是在康德的意义上使用"根本"这一术语的——即归根到底。从根本上说，意力就是不受约束的自由选择（包括选择违抗道德法则，甚至选择为了恶本身而作恶）。

49 康德描写了几种不同类型的自爱，但这些描写没有包括全部的非道德的人类诱因。（见 *Rel.*41；49）

50 注意：在《卡拉马佐夫兄弟》中，伊凡·卡拉马佐夫的长篇大论充当了

“宗教大法官”一章的序言，其中有一份恶的诱因的目录。他所引用的事件多数都基于陀思妥耶夫斯基收集的新闻剪报。

51 康德局限于采用恶的准则、施行恶的事端所涉及的诱因类型，齐泽克从一个不同的视角对此提出了质疑。他也质疑了康德对于“歹毒恶”的拒绝。“由于拒绝了‘歹毒恶’的假说，康德避开了根本恶所导致的终极悖论，避开了某些行为所构成的离奇区域——尽管‘恶’与那些行为的内容有关，但那些行为完全符合伦理行为的形式标准。诸如此类的行为不是由任何一种病理学的考虑驱动的，即驱动它们的唯一根据是作为原则的恶。它们之所以能从根本上 243
废除人们的病理学兴趣，甚至牺牲人们的生命，原因就在这里。”［Slavoj Žižek, Tarrying with the Negative: Kant, Hegel, and the Critique of Ideology (Durham, N.C.: Duke University Press, 1993), p.195］

52 在讨论尼采和弗洛伊德的章节中，我将试图表明，一个更复杂（也更黑暗）的道德心理学对于把握恶的难题来说具有怎样的重要性。

53 有一个理由可以说明为什么我说“**只要**人有自发的自由选择”，以此来限定这一陈述。当我审视汉娜·阿伦特所理解的根本恶时，我们将看到，她认为，极权主义体制企图摧毁的就是其受害者所具有的这种自由的自发性。

第二章

1 关于黑格尔思辨的宗教哲学及其历史背景、所激起的争议的更详细的讨论，见 Walter Jaeschke：*Reason in Religion: The Foundations of Hegel's Philosophy of Religion*, tr, J.M. Stewart and P.C. Hodgson (Berkeley: University of California Press, 1990)。

2 关于黑格尔上帝与宗教的概念的相互冲突的解释，见斯蒂芬·克赖茨的讨论。上文对斯特林和所罗门的引用来自 Stephen Crites, *Dialectic and Gospel in the Development of Hegel's Thinking*（University Park: Pennsylvania State University Press, 1998), p.xvi。

3 关于黑格尔演讲的编辑史以及重构这四次系列演讲所用的原则，见 “Editorial Introduction” to *Hegel's Lectures on the Philosophy of Religion*, ed. Peter C. Hodgson, 3 Vols. (Berkley: University of California Press, 1984—1985)。而且，这篇导言清晰地分析了不同系列的演讲之间所发生的变化。这个三卷本包括四次系列演讲的英文翻译。此外，霍奇森将 1827 年的演讲编成了一个一卷本：*Hegel's Lectures on the Philosophy of Religion: One-Volume Edition, The Lectures*

of 1827 (Berkley: University of California Press, 1988)。我引用的许多段落同时载于这两个版本，同时我还借鉴了黑格尔自己的演讲手稿以及不同系列的演讲。当我引用的段落来自综合版时，我先列出卷数再列出页码，如：i. 77。当我引用的段落来自一卷本时，我使用缩写 *L* 后次以页码，如：*L* 99。这些英文译本都标出了重构这些演讲所用的德语资源。

4 关于表征与思想之别的讨论，见 "Hegel's Lecture Manuscript"（i. 247—252）。

5 Harold Bloom, *Agon: Towards a Theory of Revisionism* (New York: Oxford University Press, 1982), p. viii.

6 Immanuel Kant, *Critique of Pure Reason*, tr. Norman Kemp Smith (New
244 York: St Martin's Press, 1965), p. 29.

7 关于有限和无限的讨论，见 G. W. F. Hegel, *Science of Logic*, tr. A.W. Miller (New York: Humanities Press, 1969), pp.116—156。当我引用这本书时，我会使用缩写 *SL*。

8 在《逻辑学》中，黑格尔引入了大量重要的区分，它们涉及反思的不同类型。参见其第二篇《本质论》（"The Doctrine of Essence"）第一节。

9 参见 Hans-Georg Gadamer, "Hegel's 'Inverted World,'" in *Hegel's Dialectic*, tr. P. Christopher Smith (New Haven: Yale University Press, 1971), pp.35—53。

10 G. W. F. Hegel, *Phenomenology of Spirit*, tr. A.W. Miller (Oxford: Clarendon Press, 1977), p.49. 当我引用这本书时，我会使用缩写 *PS*。

11 参见《现象学》序言：黑格尔说精神的生活"不是害怕死亡而幸免于蹂躏的生活，而是敢于承担死亡并在死亡中得以自存的生活。……精神是这样的力量，不是因为它作为肯定的东西对否定的东西根本不加理睬，犹如我们平常对某种否定的东西只说这是虚无的或虚假的就算了事，而随即转向其他事物不再过问那样，相反，精神所以是这种力量，乃是因为它敢于面对面地正视否定的东西并停留在那里"。（*PS* 19）（引文根据贺麟、王玖兴译文，参见黑格尔：《精神现象学》，商务印书馆 1997 年版。——译注）

12 黑格尔的系列演讲发生了接连不断的变化，在变化中保持不变的一个因素是演讲大体分成三个部分："宗教的概念"、"既定的宗教" 和 "完满的宗教"。

13 G. W. F. Hegel, *Lectures on the Philosophy of World History*, tr. H.B. Nisbet (Cambridge: Cambridge University Press, 1975), pp. 90—91.

14 我们也可以把这段话诠释为对于康德根本恶理论的含蓄批评。根据康德的说法,善与恶之间是一种不对称的关系,因为他肯定人性本恶,而否定人性(在道德上)本善。

15 霍奇森就 Erkenntnis(知识)的翻译作了如下评论:"遵从熟悉的《圣经》语言……Erkenntnis 这一术语常常被译作 'knowledge'(知识)而不是译作 'cognition'(认知)。在黑格尔自己看来,'cognition' 是一种特殊的 '知' 的形式,它有别于其他同类的形式。"(iii.205)

16 斯蒂芬·克赖茨对堕落的讨论,见 *Dialectic and Gospel*, pp.501—504。

17 这是黑格尔与康德之间竞争关系的又一例证。同康德一样,黑格尔也强调恶之中所涉及的选择与意志的要素,尽管对于黑格尔来说,在意志与知识之间有一种更为密切的关系。因此,黑格尔与康德对恶的分析,开始于一个相似的起点。但黑格尔认为:康德坚持严格区分有限与无限,不愿承认在通向真实无限的辩证运动中所达成的和解,康德实际上把恶的先决条件**具体化**了。

18 Crites, *Dialectic and Gospel,* pp.289—290.

19 威廉·德斯蒙德对于恶的敏锐讨论,见 *Beyond Hegel and Dialectic: Speculation, Cult, and Comedy* (Albany, NY: State University of New York Press, 1992), pp. 189—357。德斯蒙德将黑格尔关于恶的讨论区分为三种:实存的、逻 245
辑的和世界—历史的。黑格尔试图"证成"恶是精神发展的一个必要阶段,德斯蒙德对此进行了严厉的批评。更为宽泛地说,德斯蒙德认为恶**抵制**辩证思想的扬弃过程。他宣称"黑格尔对于体系完整性的要求是否能够成立,取决于我们怎么来理解恶"。(p.214)德斯蒙德还尖锐地指出黑格尔对于宽恕与恶的讨论有诸多含混之处(见 p.192 和 pp. 238—241)。

20 调和恶的实存同上帝的实存之间的关系,在传统上有各种各样的努力,对它们的综述,见 Ronald M. Green, "Theodicy," in *Encyclopedia of Religion*, ed. Mircea Eliade (New York: Macmillan, 1987), vol.14, pp.430—431。

21 Jean Hippolyte, *Genesis and Structure in Hegel's Phenomenology of Spirit*, tr. S. Cheniak and J. Heckman (Evanston: Ill: Northwestern University Press, 1974), p.190.

22 在这一背景中,出现了另一组难解的问题与模棱两可的词,它们涉及的是暂时性、历史与永恒性之间的关系。黑格尔右派关注黑格尔体系中永恒性的一面,其中黑格尔的《逻辑学》被认为阐述了逻各斯的永恒结构。黑格尔左派想要更多地关注历史与暂时性的动力,其中精神(或人性)的实现被视为繁重而痛苦的历史成就。或许有人已猜想到了,黑格尔认为暂时性与永恒性之间的严格区分，是另一个虚假的二元对立。

23 G. W. F. Hegel, *Lectures on the Philosophy of World History*, pp. 42—43.

24 Desmond, *Beyond Hegel and Dialectic*, p.241.

25 这段译文见于 Hippolyte, *Genesis and Structure*, p.525。

26 出处同上，p. 527。

27 出处同上。

28 出处同上。我不知道让·阿梅利这位奥斯维辛和纳粹酷刑的幸存者是否熟悉伊波利特的这段话。但这恰恰就是他在本章作为第二段题词引用的那段话中所要争辩与挑战的内容。

29 Jürgen Habermas, *The Philosophical Discourse of Modernity* tr. Frederick Lawrence (Cambridge, Mass: MIT Press and Cambridge, Polity, 1987), pp.21—22.

30 出处同上，p.21。

31 见本书边码 168—174。

32 许多思想家都质疑黑格尔对于扬弃与和解的理解，包括马克思、克尔凯郭尔、海德格尔、萨特和德里达，而谢林是第一个这样做的思想家。

33 Desmond, *Beyond Hegel and Dialectic*, pp.222—223.

34 参见我的论文 "Reconciliation/Rupture," in *The New Constellation: The Ethical-Political Horizons of Modernity/Postmodernity* (Cambridge: Polity, 1991), pp.293—322。

35 这样解读黑格尔非常接近福柯诠释康德的论文《什么是启蒙》的方式。我对福柯的讨论，见 "Foucault: Critique as a Philosophic Ethos,"in *New Constellation*, pp. 142—171。

246 36 见 Bernstein, "Reconciliation/Rupture," p.309。

第三章

1 我对谢林的阐释主要基于他在 1809 年出版的专论 *Philosophische Untersuchungen über das Wesen der menschlichen Freiheit und die damit zusammenhangenden Gegenstände*，字面译法是"对人类自由之本质及相关事物之考察"。由詹姆斯·古特曼翻译的英文本于 1963 年出版，题为 *Schelling: Of Human Freedom* (Chicago: Open Court Publishing Co.)。晚近则有普丽西拉·海登—罗伊的译本，包含在 *Philosophy of German Idealism* ed. Ernst Behler (New York: Continuum, 1987) 中。我使用了古特曼的译文，因为它更加通行，也添加

了德文标准版谢林著作集的页码，还包括译者的有益注释。偶尔我也会调整引文。文中引文页码指的是古特曼的译文（缩写为 *HF*）。我也加上了晚近德文本的相应页码，由 T. 布克海姆编辑（Hamburg: Felix Meiner Verlag, 1997）。（引文根据薛华译文，参见海德格尔：《谢林论人类自由的本质》，中国法制出版社 2009 年版，略有改动。——译注）

海德格尔在 1936 年夏季讲习班上讲过谢林的这部著作，后整理出版，题为 *Schelling: Abhandlung über das Wesen der menschlichen Freiheit*（Tübingen: Max Niemeyer Verlag, 1971）。海德格尔这次讲演以下缩写为 *ST*，并标注英译本页码和 1971 年德文本页码。晚近有一个经过修订的德文版，收于海德格尔的 *Gesamtausgabe, Schelling: vom Wesen der menschlichen Freiheit (1809)*（Frankfurt am Main: Vittorio Klostermann, 1988）。虽然海德格尔的讲演主要关注那些与其哲学思考相近的主题，它们还是相当具有启发性地显示了谢林对于自由与恶之考察的新颖性和力量。

2 参见海德格尔在 *ST* 中对于"体系"的意义和"自由体系"理念的讨论，pp.22—42；27—50。

3 谢林归根结底同样被神义论的幽灵纠缠着。他希望调和恶的本体论**现实**与基督教上帝的存在。尽管如此，谢林和黑格尔之间还是有着一种隐秘但重要的区别。黑格尔同样肯定恶的现实，而由于恶（作为自我断裂）归诸上帝，黑格尔便把恶归诸"无限性实体"。但与谢林不同，黑格尔认为恶是处于精神辩证运动中的一个**环节**、一个阶段。谢林恰恰在此处与黑格尔分道扬镳并质疑后者。 247
在谢林看来，黑格尔肯定**和**否定恶的残酷现实的方式有些可疑。谢林在此为他后期哲学全面批判黑格尔奠定了基石，他后来的批判拒绝了黑格尔所理解的精神辩证运动，即认为所有断裂都可以得到扬弃。

4 关于谢林哲学发展经历了几个阶段的争论，参见古特曼在译者导言中的探讨（*HF*, xxvii—xxix）。古特曼的导言写于 1936 年；但这些关于谢林的重心转移和发展的争论一直持续到现在。

5 迪特 · 亨利希与曼弗雷德 · 弗兰克的相关著作列表见于 Andrew Bowie, *Schelling and Modern European Philosophy: An Introduction* (London: Routledge, 1993) 一书的参考书目，pp.204—207。博维的书目还列出了许多晚近的出色谢林研究。博维曾受到其师弗兰克影响，致力于向当代哲学表明谢林的重要性。亦见 Alan White, *Schelling: Introduction to the System of Freedom* (New Haven: Yale University Press, 1983)；Peter Dews, *The Limits of Disenchantment*

(London: Verso, 1995) ; Slavoj Žižek, *The Indivisible Remainder: An Essay on Schelling and Related Matters* (London: Verso, 1996)。剑桥大学出版社出版的德国哲学文本系列中的一些出色译本对于晚近学界讨论谢林颇有增益，这些译本包括 E. E. Harris 与 P. Heath 翻译、R. Stern 撰写导论的 F. W. J. Schelling, *Idea for a Philosophy of Nature* (Cambridge: Cambridge University Press, 1988) ; F. W. J. von Schelling, *On the History of Modern Philosophy* (Cambridge: Cambridge University Press, 1994)。关于谢林哲学所处的哲学争论背景，Frederick C. Beiser, *The Fate of Reason: German Philosophy from Kant to Fiche* (Cambridge, Mass.: Harvard University Press, 1987) 一书有很好的讨论。

6 参见第六章 "Shelling or Hegel", Bowie, *Schelling and Modern European Philosophy*, pp.127—191。亦见海德格尔关于谢林和黑格尔的简短讨论（*ST* 12—13 ; 14—16）。

7 谢林在序言中告诉我们，自然与精神的"古老对立"已经被消除了，他宣称"是时候该让更高的区分（或不如说是更真实的区分）显现出来了：即必然性和自由的对立，只有在这一对立中，哲学最核心的部分才得以彰显"。（*HF* 3 ; 3）

8 尽管谢林在表述其"更高的实在论"的细节方面还有很多难题，但他计划发展出一种丰富的、非还原的自然主义还是与约翰·杜威及其他经典美国哲学家的非还原自然主义有着强烈的家族相似性。而更惊人的是，谢林的计划与约翰·麦克道尔所提倡的基于第二自然的丰富自然主义之间，存在着诸多相似性。像谢林一样，麦克道尔试图重新思考自然的理念，以使其能与康德的自发性理念相容。谢林不屑于被他视为僵化的、机械论的自然理念。麦克道尔
248 认为我们必须拒绝祛魅的自然观念，这种观念在现代哲学中占据着主导。谢林和麦克道尔都拒绝后者所谓的"鲁莽的自然主义"。谢林想必会支持麦克道尔的说法："如果我们能重新思考我们的自然观念以便为自发性留出空间……我们就能同时重新思考我们关于理应被称为'自然主义'的重要观念。"［John McDowell, *Mind and World* (Cambridge, Mass.: Harvard University Press, 1994), p.77］我不想夸大谢林和麦克道尔之间的相似性，因为他们哲学上的差异和共同点都很重要。除此之外，他们在表述这样一种丰富而非还原的自然主义的细节时，都必须面对许多严重的障碍。我做出上述对比主要是为了防止人们对于谢林的自然哲学计划采取轻蔑态度。

因其自然主义（甚至唯物主义）和神学（甚至神智学）的回声，谢林既吸引人又让人沮丧。考虑到他的基本信念认为，在实存着的自然和体现于更高的

实在论体系之中的精神之间存在一种统一,我们便能理解其著作中这一双重特征的来源。正是谢林著作的这种双面特征使得人们能够对其进行多样的阐释。齐泽克对谢林有一个颇有想象力和挑战性的解释,见他的 *The Indivisible Remainder*。齐泽克本人强调,他的"辩证唯物主义"阐释与谢林体系中的"神智论—神话学"方面密不可分。

9 参见 Bowie, *Schelling and Modern Philosophy* 一书中围绕泛神论和斯宾诺莎主义所展开的争论的探讨, pp.15—29。亦见海德格尔关于谢林泛神论阐释的讨论(*ST* 62—90)。

10 海德格尔对于"存在"、"根据"和"实存"这些基本表达的说明如下:

> "存在"在此并不意味着事物的"本质",而是我们在说"活着的东西"、"日常事务"、"教育事务"时所意味的,意味着作为整体的个人、自我包含的存在。在每一个此类存在那里,我们必须区分其"根据"和"实存"。这意思是,存在者必须被理解为实存着的、给予根据的存在者。
>
> "根据"对谢林而言总是意味着根基、底基、"基础",因此不是"理由"意义上的"根据",没有相反的概念"后果",**而理由**则会说为什么一个陈述是正确的或不正确的。对谢林来说,"根据"恰恰是与理性无关的。然而,另一方面,我们必须避免将这一根据投入所谓非理性的原始沼泽中去。
>
> "实存"事实上并不意味存在的方式;相反,它在某些方面意味着存在者本身——作为实存着的(存在者);就如我们谈论一种可疑的"实存"并意味实存着的人本身。谢林使用"实存"一词的意思接近于该词严格的词源意义,而不是通常流行的意思,即作为客观在场的"实存"。实存,**诞生于它本身**,并且**在诞生过程中揭示它自己**。(*ST* 107; 129) 249

谢林并没有系统地区分过表示存在的 Sein 和 Wesen。Stambaugh 根据上下文有时把 Wesen 译成"本质(essence)",有时译成"存在(being)"。海德格尔坚持效法谢林 Seyn 的古旧拼法。他在讲座中始终说的都是 Seyn 和 Seynsfrage。

11 关于谢林对隐喻和类比的用法,参见 Bowie, *Shelling and Modern European Philosophy*, pp.5—11。

12 参见海德格尔在 *ST* 中关于谢林"拟人"语言的讨论, pp.163—164; 194。

13 谢林预示了后来他对黑格尔的主要批判之一。谢林后来认为，黑格尔主义的否定观念糅合了（因此系统地混淆了）必须被仔细区分的东西——差异分殊（differentiation）与反题对立（antithetical opposition）之间的差别。

14 上帝的存在根据的首要性既不是时间上的，也不仅仅是逻辑或概念上的。关于这一首要性与谢林所理解的永恒与时间性的关系，以及“上帝的存在是出于其本身的、向其本身的**生成**”的意思，参见海德格尔，*ST* pp.112—118；135—142。

15 在这一点上，我不禁要说，海德格尔展现了自己对于谢林质询过程（尤其是谢林对于恶的现实的理解）有着深刻理解，海德格尔在 1936 年做了这些讲演，当时他不仅仅被恶的可能性包围，更是被恶的现实所包围。不过，在全部讲演中（起码是在它们最初**发表**的版本中），海德格尔只字未提当时纳粹德国的所作所为。

16 Žižek, *The Indivisible Remainder*, p.65. 齐泽克为这一段落加了个颇具洞察力的注，他说：“就此而言，海德格尔的《存在与时间》的步骤正好是谢林的对立面。谢林……提出一种**对于本体论的‘伦理’解读**（现实的事实本身，宇宙存在，这一事实就包含着伦理决定；它证明在上帝那里善优先于恶，扩展优先于收缩），而海德格尔则习惯于拎出一个范畴，它在我们日常用语中必定带有‘伦理’内涵［罪（Schuld），‘本真’与‘非本真’实存的对立面］，然后剥离其伦理内涵，也就是将它作为关于人的本体论困境的中性描述而提出（Schuld 指涉如下事实，即人由于有限性而不得不适应于有限的可能性，牺牲所有其他可能性，等等）。”（p.88，注 6）虽然齐泽克在此谈到《存在与时间》，但同样可以应用于海德格尔有关谢林的讲座。谢林自己的文本，尤其是他对存在、根据、实存的理解，都充满伦理内涵。但海德格尔不仅弱化了谢林的《论人的自由》的这一方面，
250 而且还嘲笑那些认为谢林所理解的自由与通常所谓“自由意志”有关系的人。诚然，谢林将人类自由本质的讨论放置在更广阔的形而上学语境中进行讨论。但这并不意味着谢林排除了他所讨论问题的伦理内涵。相反，谢林切入存在、根据、实存、上帝和人类的路径充满伦理指向。就此而言，谢林和罗森茨威格和列维纳斯之间有着更多的相似性。

17 我们在下文会看到，一种类似的有关上帝与人类的关系，在汉斯·约纳斯关于“奥斯维辛之后”的上帝的沉思那里，占据了核心位置。谢林和约纳斯都受到卡巴拉遗产影响——上帝由此**隐退**以便创造出世界和居住其中的造物。参见我对约纳斯的讨论，本书边码 194—199。

18 根据与实存的区分适用于包括非人类动物在内的一切存在者,但只有人类能够**意愿**让根据主宰实存,黑暗主宰光明。“黑暗原则事实上在动物那里同样有效,正如在任何其他自然存在者那里一样;但是,在它们那里,这一原则还没有像在人类那里成长为光明,它不是**精神**和理智,而是盲目的激情和欲望;简言之,迄今为止在尚未有绝对统一或人格统一的地方,任何堕落,或者原则的区分都是不可能的。”(*HF* 49;44)

19 引文出自海德格尔为1941年夏季谢林高级研讨班准备的笔记,参见*ST*附录。

20 Žižek, *The Indivisible Remainder*, p.61.

21 出处同上, p.68。

22 出处同上, p.64。

23 出处同上, pp.64—65。齐泽克在这一段落后加了这么一条注:“当然,最清晰的例子是我们那‘极权主义’共产党,它宣称直接代表全人类解放(与之对照的是所有其他政治行动者,他们代表着狭隘的阶级利益);任何对它的攻击都等于攻击人类整个上升历史中的进步因素。”(p.88)

24 参见 Vittorio Hösle: *Praktische Philosophie in der modernen Welt* (Munich: Beck, 1992), pp.166—197。

25 Žižek, *The Indivisible Remainder*, p.63.

26 参见海德格尔关于“拟人”和其他需要探询之问题的评论,见*ST* 161—164;194—198。

27 并不总是这样,谢林对柯勒律治有重要影响,后者曾被指责剽窃谢林。大部分经典美国哲学家,包括皮尔斯、詹姆斯、杜威、罗伊斯不仅熟悉谢林著作,而且认为他是19世纪的一位重要哲学家。

第四章

1《道德的谱系》引文皆出自考夫曼和霍林代尔的译文(New York: Vintage Books, 1979),以下缩写为*G*,只给出引文页码。《超越善与恶》皆引自考夫曼的译文(New York: Vintage Books, 1989),以下缩写为*BGE*,只给出引文页码。译文页码之后附上了考利和孟提纳利编的德文版《尼采全集》中的页码。《道德的谱系》和《超越善与恶》俱收在卷六(Berlin: Walter de Gruyter & Co., 1968)。 251

2 引文根据《瞧!这个人》选本(*Ecce Homo*,以下缩写为*EH*),见考夫曼和霍林代尔编的《谱系》。

3 约威尔关于尼采对犹太人的复杂态度有精彩分析，见他的 *Dark Riddle* (Cambridge: Polity, 1999)。

4 在尼采的著作中，《谱系》最有美学上的自洽性和音乐性。就像一出伟大的莫扎特歌剧，此书序言仿佛是序曲，引入著作的主要论题并预示着终奏。正如《唐璜》序曲一开始便听到那些出现在最后一幕中的压迫性的、不祥的音符（这些音符标志着唐璜堕入地狱之火），《谱系》最后一部分将我们带回到序言的开头。尼采巧妙地提出了从三篇文章中发展起来的母题，这些相互融为一体的文章可视为同一主题的变奏。在第一篇文章第 10 节提出的憎恨母题，在第二篇文章中占据主导位置，然后又在第三篇文章中重复。

5 如果我们意识到《超越善与恶》一开始提出了真理价值问题，在结构上平行于《谱系》一开始提出的问题（道德的价值问题），我们就会发现《谱系》与《超越善与恶》联系非常紧密。这些并不是单独的问题，而是从不同角度看待的同一问题。正如尼采在《谱系》一开始问，善 / 恶的道德判断究竟阻碍还是促进了人的发展，在《超越善与恶》一开始尼采也就真假之分问道："在什么意义上，这一区分能够提升生命、保存生命，甚或教化物种？"（*BGE* 11；21）尼采关于所有价值区分提出的大问题是，它们是否是"增强生命"和"肯定生命"的。

6 "On the Uses and Disadvantages of History for Life", in *Untimely Mediations*, tr. T. R. Hollingdale (Cambridge: Cambridge University Press, 1983), pp.57—124. 以下缩写为 *UD*。

7 对三种历史的详细解释，包括它们如何相互关联，每一种历史又如何被利用和滥用，见 Peter Berkowitz, *Nietzsche: The Ethics of an Immoralist* (Cambridge, Mass: Harvard University Press,1995), pp.25—43。

8 出处同上，pp.37—38。

9 尼采很多地方都与黑格尔非常相似，这里就是一例，虽然尼采常常反对黑格尔。关于尼采与黑格尔之间相似性（以及不同处）的出色考察，见 Eliot L.
252 Jurist, *Beyond Hegel and Nietzsche: Philosophy, Culture, and Agency* (Cambridge, Mass.: MIT Press, 2000)。

10 一般尼采用"道德"一词的时候，他的意思是善恶道德（或其变体）。但在有的场合下，他更广泛地用这个词来指一套完整的价值框架。因此，比如在《谱系》第 10 节，他说"每一种高贵道德发展于对其自身的胜利的肯定"（*G* 36；284）；而在《超越善与恶》第 202 节，他谈到"**更高的道德**"（*BGE* 115；

126)。如波考维茨注意到的,“虽然在多数情况下尼采用‘道德’一词指那些他讨厌的生命形式(比如基督道德、民主道德、畜群道德或奴隶道德),偶尔他也在一般意义上运用‘道德’一词,作为一般范畴,指的是正确行为的完整框架。重要的是看到,当尼采攻击‘存在的道德阐释和意义’……当他试图确定‘道德的价值’……当他宣布向基督教宣战(因为后者发起了与‘更高等的人’的战争)方式则是重估‘精神的种种至高价值,视之为罪恶’……,他是以一种更高道德或伦理的名义说话,采取一种关于最佳生活的特殊视野”。(*Nietzsche*, p.48)

11 虽然我此处利用了罗蒂在《偶然、反讽与团结》中做出的一些区分,我并不认同罗蒂对这些区分的运用和他对尼采的阐释。我怀疑,尼采会对罗蒂的民主式“自由主义反讽家”感到厌恶,或许会斥之为仅仅是“末人”的绝望意识形态的一种变体罢了——关于“末人”的意识形态,尼采曾在《查拉图斯特拉如是说》里面予以尖锐抨击。

12 上述引文来自罗蒂:《偶然、反讽与团结》(Cambridge: Cambridge University Press, 1989), p.73。

13 罗蒂的第一条件是反讽家对自己的终极词汇“持有根本和持续的怀疑”,因为其他词汇也令反讽家印象深刻;第二条件是,反讽家意识到,根据他自己的词汇做出的种种论辩,不能“证实或消解这些(关于他自己的终极词汇的)疑虑”。但尼采看起来并没有对自己的终极词汇抱有“根本和持续的怀疑”,除了在下述意义上:他肯定,(拥有)伟大精神的是怀疑论者。

14 罗蒂:《偶然、反讽与团结》,p.73。(引文根据徐文瑞译文,参见罗蒂:《偶然、反讽与团结》,商务印书馆2003年版,略有改动,下同。——译注)

15 出处同上,p.74。

16 出处同上。

17 出处同上。

18 哈罗德·布鲁姆对“强力诗人”的想象性描绘,以及罗蒂把这一理念扩展到其他强力思想家那里的情形,都来自他们对尼采的理解。见哈罗德·布鲁姆:《影响的焦虑》(*The Anxiety of Influence*, Oxford: Oxford University Press, 1973)和罗蒂在《偶然、反讽与团结》一书中对布鲁姆的评论,见 p.24—25。

19 我自己尝试表明这种二分法(要么是客观理性根基,要么是自我瓦解的相对主义)的错误,可参见我的 *Beyond Objectivism and Relativism* (Oxford: Basil Blackwell, 1983)。

20 见 Alexander Nehamas, *Nietzsche: Life as Literature* (Cambridge, Mass.:

253 Harvard University Press, 1985), pp.13—41。

21 彼得·波考维茨(在 *Nietzsche* 一书中)有力地指出,尼采不是一个相对主义者;他表明,尼采并没有质疑"知识"、"真理"和"客观性"等概念。相反,他质疑的是在他看来对于知识、真理和客观性的种种错误理解。

22 尼采似乎就是在描述莎士比亚的埃古(Iago,《奥赛罗》中表现出阴险嫉妒的反面人物。——译注),他是憎恨者的化身。

23 尼采惊人地预示了弗洛伊德晚期的本能理论——当这些本能的能量没有释放之时,就转向内在。这是弗洛伊德对"超我"(最初从外在权威那里获得力量)的内在化和"负罪感"做出的解释。不过,我们也必须注意到弗洛伊德和尼采的差别。最重要的差别是,尼采认为"良心谴责"是特殊阶层(憎恨者)的特征,而弗洛伊德则认为,"超我"的内在化以及负罪感的发展过程乃是**所有人**都具有的普遍特征。此外,弗洛伊德非常强调一点:所有本能都向外释放,这是不可能的。内在化和负罪感的发展不可避免。在下一章讨论弗洛伊德时,我们会看到,尼采和弗洛伊德在本能动力问题上的差异,这对于他们各自看待恶的不同角度具有重要意义。

24 见保罗·利科对怀疑的阐释学的论述:*Freud and Philosophy: An Essay in Interpretation* (New Haven: Yale University Press, 1970), pp.20—35。

25 虚无主义可以有多种变体,尼采对它们做过区分。见斯坦利·罗森对虚无主义的讨论:*The Mask of Enlightenment: Nietzsche's* Zarathustra (Cambridge: Cambridge University Press, 1995),尤见导言。

26 德文本中没有段落划分,但考夫曼和霍林代尔英文本的段落划分为评论最后一部份提供了便利。

27 同时,尼采忍不住对自身所处的德国进行严厉批评,他在随后的括号里写道:"(一切骗术在今天的德国之所以都能得逞,和德国精神的萎缩有关,这种萎缩已经开始,终将不可否认。我要在一种由报纸、政治、啤酒和瓦格纳的音乐配置的极其独特的食品中寻找这种萎缩的原因。此外,是什么为这种食品提供了前提:曾经一度是民族的压抑感和虚荣心,是强大但又狭隘的'德国、德国至上'的原则,不过后来就变成了'现代思想'的痉挛。)"(*G* pp.158—159;425—426)

28 在《谱系》出版约六十年后,并且,在经历了 20 世纪上半叶的动荡之后,汉娜·阿伦特在她的《极权主义的起源》一书《结束语》部分提到了尼采,这部分谈的是憎恨的危险(显然暗指尼采的憎恨)。她写道:"人类成年后的第一个灾难性后果是，现代人开始憎恨一切既定的东西，甚至自己的存在——憎恨下述事实：他不是宇宙和他自己的创造者。因这一憎恨，他拒绝看到既定世界中存在的韵律或理性。因为他憎恨一切仅仅是施加于他的法律，他就公开宣称，一切都是允许的，并且暗中相信一切都是可能的。由于他知道他是一个法律创造者，并且，根据所有既往历史的标准，他的使命是'超人'的，他甚至憎恨自己的虚无主义信念，仿佛这些信念是由魔鬼的残酷玩笑强加在他头上的。"（《极权主义的起源》1951 年版，p.438） 254

第五章

1 Yovel,"Kant's Practical Reason as Will", p.294.

2 Philip Rieff, *Freud: The Mind of the Moralist* (New York: Viking Press, 1959)，尤见第九章："诚实的伦理"。

3 所有弗洛伊德引文皆根据 *Standard Edition of the Complete Psychological Works of Sigmund Freud*, ed. J. Strachey (London: Hogarth Press, 1974)，以下缩写为 *SE* 并标注卷数和页码。

4 古布里希—希米提斯在她的 *Back to Freud's Texts: Making Silent Documents Speak* (New Haven: Yale University Press, 1996) 一书中引用了这些段落，并补充道："但是，一种更为阴郁的情绪不久就弥漫开来。他在 6 月 12 日告诉费伦齐：'我对这部著作的评价远没有当初那么高了，总体来说我现在对它很是怀疑。' 两星期后，他于 6 月 26 日写道：'一方面我认为这事好极了，但另一方面，事情又极其模糊到了无法做出肯定判断的地步。'"

5 见 A. L. Kroeber, "Totem and Taboo in Retrospect: An Ethnological Psychoanalysis," *American Anthropologist*, 22 (1939), pp.48—55，综述了对弗洛伊德的批评。更详细的评价和批判见马里奥·埃德海姆为 *Totem und Tabu* (Frankfurt am Main: Fischer Taschenbuch Verlag, 1991) 所写的导言，pp.7—42。

6 概括了关于原始群落的论断的基础后，弗洛伊德写道：

> 到今天，我仍然坚持这一构想。由于我在该书再版时没有改变看法，我已经频繁地遭到攻击，因为现在许多民族学家都放弃了罗伯特森·史密斯的理论，并且在某种程度上用其他很不相同的理论来取代了它。对此，我可以回答说，我是非常了解科学领域中这些表面进展的。但是，到底是这些理论正确，还是罗伯特森·史密斯的理论正确？我看尚不能定

> 论。否认不等于驳斥，创新也不一定是进步。当然，总而言之，我不是民族学家，而是精神分析家。我有权从人类行为学资料中选取对于分析可能有用的文献。（*SE* XXIII, 131）

255 关于《图腾与禁忌》和《摩西与一神教》之关联的详细讨论，见我的 *Freud and the Legacy of Moses* (Cambridge: Cambridge University Press, 1998)。

7 在这个段落的一个脚注中，弗洛伊德承认自己的假设有点"鲁莽"。他也说："我在上文的论述缺乏精确性，如省略了时间因素，压缩了整个主题的内容等。我之所以这样做，也许可归诸本论题之性质需要有所保留。在这样的问题上追求精确是愚蠢的，而坚持一种确定性也同样是不公平的。"（引文根据赵立玮译文，参见弗洛伊德：《图腾与禁忌》，上海人民出版社 2005 年版，略有改动，下同。——译注）

8 弗洛伊德对他的原始群落神话做了限定，他说，谋杀原初父亲的行为不该被理解为单一的、可追溯确切日期的事件，而是重复了许多次的事件。他甚至也认为，这样的谋杀事实上可能从未发生过。"因此，仅仅是针对父亲的敌意性**冲动**，仅仅因为存在着一种杀死并分享父亲的愿望性**幻想**就足以产生出那创造了图腾崇拜和禁忌的道德反应。通过这种方式，我们就大可不必从那种易触怒我们情感的可怕罪行中推导出我们的文化遗产，因为我们对自己的文化是如此引以为豪。这样，对于从古到今的人类历史发展之因果链条也就不会产生任何的伤害，因为精神现实强大到足以承受这些后果之重负的地步。"（*SE* XIII, 156—160）关于弗洛伊德为什么认同但最终放弃了这一可能性，见我的讨论：*Freud and the Legacy of Moses*, pp.101—103。

古布里希—希米提斯注意到，弗洛伊德确曾表达过关于原始群落和兄弟们谋杀父亲的故事的疑虑。

> 然而，弗洛伊德终其一生都很怀疑，他有关谋杀原初父亲和远古遗产体制的理论是否该被赋予现实价值。在"图腾崇拜在童年期的再现"校订稿的一系列明显的情绪变化（emotive variants）就表明了这种犹豫。出版时"巨大的原初悲剧"在校订稿原文中是"巨大的神话悲剧"，后来作者删掉并替换了"神话"这个形容。由此，他似乎已清楚认识到（哪怕他自己不愿意承认），正如列维—施特劳斯最近所说的那样："弗洛伊德以《图腾与禁忌》建构了一个神话，也是一个非常好的神话。但像所有神

话那样，它没有告诉我们真实发生的事情是什么样的。它告诉我们的是，人们何以需要想象事情是怎样发生的，以试图克服种种矛盾。”（*Back to Freud's Texts*, p.173）

9 兄弟们的团结对弗洛伊德而言也具有政治意义。他甚至提到“那曾在所有的氏族个体成员中盛行的原始民主式平等”；但这种民主式平等逐渐变得脆弱，“而与此同时另一种倾向则应运而生，它建立在对某些特定的人类个体之崇敬的基础上，并通过创造神的概念而复活了古代那理想的父亲形象。”（*SE* XIII, 148—149）

10 尽管弗洛伊德一般而言依赖于他的精神分析理解和个体临床经验来探究群体、社会和文化现象，但他也对重要差异非常敏感。他没有不加批判地假 256 定，个体特征可以被普遍化地应用到群体和社会上去。因此，比如他对《图腾与禁忌》的总结就是考察个体心理和社会心理之间的关键差异。（见 *SE* XIII, 157—161）

11 弗洛伊德经常因提到“野蛮人”和“原始人”而遭批评。但他提到“原始人”并不是为了证明我们比他们优越。相反，他的意图是表明，“文明”社会中个体的精神动机事实上非常接近于“原始”或“野蛮”部落中的个体。

12 当弗洛伊德开始讨论禁忌时，他写道：“我认为，这不仅仅是因为它有助于解决某些精神问题而值得去研究它，而且还有其他一些理由。我们可能才开始明白，波利尼西亚的野蛮人所遵从的禁忌并非像我们一开始所认为的那样距离我们遥不可及；控制着我们自己的那些道德上和惯例上的禁令可能与这些原始人的禁忌有着某些本质关联；而且，对禁忌的阐释可能会给我们自己的‘绝对律令’那晦暗不明的起源带来一种新的研究视角。”（*SE* XIII, 22）

弗洛伊德在《图腾与禁忌》的序言中甚至更加明确地表示，原初禁忌与康德的绝对律令之间存在关联：“禁忌仍然存在于我们的生活之中。尽管是以一种否定的形式表现出来并且指向另外一种主题，但是它们的心理特征与康德的‘绝对律令’并无什么不同，都是以一种强迫性的方式发挥作用并排斥任何有意识的动机。”（*SE* XIII, p.xiv）

弗洛伊德对禁忌的研究与尼采的谱系学具有很显著的相似性。他们两人都在为我们当今的禁令与道德的精神动力寻找“源头”。他们都发明了有关远古的“神话”，来“解释”这些源头。然而这些神话构建背后的指导原则，却是对我们当今的禁忌的精神动力的洞见。

13 J. Laplanche and J-B. Pontalis, *The Language of Psychoanalysis*, tr. D. Nicholson-Smith (New York: W.W. Norton, 1973), p.26,强调字体为笔者所加。

14 出处同上, p.28。

15 C. Lévi-Strauss and D. Eribon, *De près et de loin* (Paris: Editions Odile Jacob, 1988), p.150. 见本章注释 8。

16 见我关于实质真理与历史真理的区分, *Freud and the Legacy of Moses*, pp.66—74。我在其中写道:“与给人们的表象恰巧相反,(弗洛伊德关于历史真理的主张)主要证明,并不是弗洛伊德真的揭示了发生在**过去**的事情。恰恰是他有关个体无意识动机的**当下**精神分析理解,提供了他揭示‘历史真理’的证据。”(p.71)

257 弗洛伊德在 1935 年写的《自传研究》的后记中清楚表明,他关于宗教和道德的历史起源的主张基于**当下**的精神分析假设。

> 在花了一生的时间**迂回**经历了自然科学、医学和心理治疗之后,我的兴趣回到了文化问题上面,这些问题很久以前令我着迷,当时我还是个年幼得不足以进行思考的孩子。1912 年是我精神分析工作的高峰,当时我已经着手《图腾与禁忌》的研究,利用新兴的研究成果考察宗教和道德的起源……我比以前更明确地发现,人类历史的事件,以及人性、文化发展、原初经验积淀(最突出的例子是宗教)之间的相互影响,不过是“自我”、“本我”和“超我”间运动冲突的反映,精神分析研究的是个体的这种冲突——而这种冲突同样在更广阔的舞台上重复。(*SE* XX, 72)

17 弗洛伊德的著作中未曾出现桑纳托斯一词,但据说他曾经在对谈中用这个词表示死亡本能。关于弗洛伊德在本能和驱力理论方面的变化,简明的分析可见 *Instincts and their Vicissitudes*(*SE* XIV, 111—116)的编辑注释。亦见 Laplanche and Pontalis, *Language of Psychoanalysis* 中“Instinct(或 Drive)”、“Life Instincts”和“Death Instincts”词条。

18 许多论者都已指出,弗洛伊德英译本中的“本能(instinct)”一词翻译的是两个不同的德文词,两个不同的概念: Instinkt 和 Trieb。尽管弗洛伊德在使用这两个词时存在游移,乔纳森·里尔还是对它们的主要区别做出了有益的说明。

> 对弗洛伊德来说，Instinkt是固定而内在的行为模式，它是动物行为的特征：例如，鸟有筑巢的内在能力和紧迫感。Instinkt的本质是它没有变化：由它促动和指导的行为模式是预先决定和固定不变的。与之相比，Trieb有着一定程度的灵活性：它的目标和方向在某种程度上靠经验形成。像弗洛伊德所做的那样认为人的力量来自Triebe，部分而言就是将人性与剩下的动物界区分开来。（Jonathan Lear, *Love and its Place in Nature* (New York: Farrar, Sraus & Giroux, 1990)，pp.123—124）

另见Laplanche and Pontalis, *Language of Psychoanalysis*, pp.214—216关于Instinkt与Trieb的讨论。为了避免混淆，我遵从*SE*中将Trieb翻译成“本能”的译法。我想要强调的是，当我使用“本能”一词时，我指的是弗洛伊德的Trieb。

19 在此以前，弗洛伊德至少在另外两个场合以类似方式描述过Trieb。在讨论施莱伯病例的文章“Psycho-analytic Notes on an Autobiographical Account of a Case of Paranoia”中，他写道：“我们把本能（Trieb）视为处于肉体和精神临界线上的概念，并从中考察有机力量的精神表征。”（*SE* XII, 74）在*Three Essays in Sexuality*第三版添加的一个段落中，弗洛伊德说，本能（Trieb）是“内渗的、持续变动的刺激来源的精神表征……本能（Trieb）的概念因此是介于心 258
理和精神边界的概念之一……将各个本能（Trieb）相互区分并赋予它们各自特性的，是它们与肉体来源的关系，以及它们与（各自）目标之间的关系。”（*SE* VII, 168）

20 作为固定的行为模式，Instinkt没有变化，虽然它可以通过各种方式表现出来。例如，鸟可以通过很多方式本能地筑巢，适应当地环境状况，但不能把这种变动等同于人类Triebe具有的灵活性。

21 见保罗·利科对于表征的富有洞察力的讨论，*Freud and Philosohy*, pp.134—151。

22 Laplanche and Pontalis, *Language and Psychoanalysis*, p.216. 这段话最后一句引自*New Introductory Lectures on Psychoanalysis* (*SE* XXII, 95)。

23 对于弗洛伊德著作中推测所具有的意义的精彩分析，见Jacques Derrida, “To Speculate—on Freud,” in *The Post Card: From Socrates to Freud and Beyond*, tr. Alan Bass (Chicago: University of Chicago Press, 1987)。关于弗洛伊德大胆推测的对照分析和评价，见Paul Ricoeur, *Freud and Philosophy*, pp.281—

309。

24 弗洛伊德指出，他所说的“也不是真正的叔本华主张。我们不主张死为生命之唯一目的；我们也不因死而轻视生。我们承认两种基本的本能，并承认它们各有各的目的。至于这两种本能如何在生命的历程中互相混合，或死亡本能如何被迫服务于爱若斯，尤其在它转向于外，变成进攻方式的时候——这些问题都有待将来的研究”。（*SE* XXII, 107）

25 大多数临床精神分析家都批评弗洛伊德有关死亡本能的推测。最近关于死亡本能的批评可见 Jonathan Lear, *Happiness, Death, and the Remainder of Life* (Cambridge, Mass.: Harvard University Press, 2000)。

26 弗洛伊德在这个段落的一个脚注中引用了两段出自《浮士德》的话表明，“在歌德的梅菲斯特魔鬼这里，我们找到了邪恶原则等同于毁灭本能的令人信服的绝佳例证。”（*SE* XXI, 120—121）

27 见《自我与本我》的编辑导言（*SE* XIX, 3—11），其中说明了弗洛伊德提出“对于精神自律的新解释”的原因。

28 弗洛伊德在此指的是康德《实践理性批判》的结尾段落：

> 有两样东西，人们越是经常持久地对之凝神思索，它们就越是使内心充满常新而日增的惊奇和敬畏：我头上的星空和我心中的道德律。……前者从我在外部感官世界中所占据的位置开始，并把我身处其中的连接扩展到世界之上的世界、星系组成的星系这样的恢宏无涯，此外
> 259 还扩展到它们的循环运动及其开始和延续的无穷时间。后者从我的不可见的自我、我的人格开始并把我呈现在这样一个世界中，这个世界具有真实的无限性，但只有对于知性才可以察觉到，并且我认识到我与这个世界（但由此同时也就与所有那些可见世界）不是像在前者那里处于只是偶然的联结中，而是处于普遍必然的联结中。［康德：《实践理性批判》，剑桥版，p.269（引文根据邓晓芒译文，参见康德：《实践理性批判》，人民出版社 2003 年版。——译注）］

29 弗洛伊德在《自我与本我》中写道：“值得注意的是一个人越是控制他对外部的攻击性，他在自我理想中就变得越严厉——也就是说，越带有攻击性。普通的观点对这个情况的看法正好相反，自我理想树立起来的标准被视为抑制攻击的动机。可是，事实仍然像我们阐述的那样：一个人越是控制其攻击性，自

我理想对自我的攻击倾向就越强烈。”

30 Arendt, *Eichmann in Jerusalem*, p.150.

31 Herbert Marcuse, *Eros and Civilization* (Boston: Beacon Press, 1955）中接受了弗洛伊德后期关于本能乃是爱若斯与死亡本能之间的战斗的理论,但他质疑弗洛伊德的如下主张:生命与死亡本能之间的动力无法被转化。在这个方面,马尔库塞发展出了一种可以被理解为尼采式的弗洛伊德批判。但是,马尔库塞对弗洛伊德的质疑有其自身的问题。见我对于马尔库塞的讨论文章“Negativity: Theme and Variations, ”in *Philosophical Profiles* (Cambridge: Polity, 1986), pp.176—196。从细致的精神分析角度出发对马尔库塞的批评,见 Joel Whitebook, *Perversion and Utopia: A Study of Psychoanalysis and Critical Theory* (Cambridge, Mass.: MIT Press, 1995), pp.24—41。

32 Rieff, *Freud*, p.62.

33 关于这条注释编纂历史,见“Some Additional Notes on Dream-Interpretation as a Whole”一文的编辑导言（*SE* XIX, 125—126）。

34 Philip Rieff, *Freud*, pp.70—71.

35 弗洛伊德的后期文章“Analysis Terminable and Interminable”经常被引为证据,证明弗洛伊德对于精神分析治疗究竟能实现什么持怀疑态度。但是,即便是在这里,弗洛伊德也肯定地指出:“我们的目标不是……希求‘经过彻底分析’的人将不会感到任何激情,也不会产生任何内在冲突。(精神)分析要做的是为自我的运作确保最佳的精神状况;分析是带着这一目标而展开的。”（*SE* XXIII, 250）

36 弗洛伊德在《一种幻想的未来》中再清楚不过地表明自己认同启蒙运动对于理性和逻各斯的使命。“我们相信,科学工作有可能获得关于世界之现实的知识,借此我们可以增强我们的力量,我们也能够以此安排自己的生活。”（*SE* XXI, 55）

37 见《一种幻想的未来》（*SE* XXI, 54—55）,弗洛伊德在其中谈到“我们 260
的上帝,逻各斯”,并将其与宗教信徒的上帝相对照。

插曲

1 Hannah Arendt, “‘What Remains? The Language Remains’: A Conversation with Günter Gaus,” in *Essays in Understanding, 1930—1954,* pp.13—14.

2 Saul Friedlander (ed.), *Probing the Limits of Representation: Nazism and the*

"*Final Solution*"(Cambridge, Mass.: Harvard University Press, 1992), p.3.

第六章

1 Jacques Derrida, "Violence and Metaphysics," in *Writing and Difference*, tr. Alan Bass (Chicago: University of Chicago Press, 1978), p.312.

2 Emmanuel Levinas, *Totality and Infinity: An Essay on Exteriority*, tr. Alphonso Lingis (Pittsburgh: Duquesne University Press, 1969); *Totalité et infini: essai sur l'extériorité* (The Hague: Martinus Nijhoff,1961). 以下缩写 *TI*，首先给出英文版页码，然后是法文版页码。列维纳斯通常情况下区分 l'autre 与 l'autrui。当他在抽象意义上谈论"他者"时会用前一个词——比如，当谈到同一与他者的辩证法时。后一个词用来指涉人格性的他者、他人。列维纳斯并不总是在用词上保持一贯，但从上下文中我们可以推断他的意思。有些英文译者尝试在翻译 l'autrui 时通过首字母大写的"Other"来表示这一区分。

3 列维纳斯经常交替使用"道德"和"伦理"这两个词，尽管他更偏向于来自希腊文 ethos 的"伦理"一词。他有时会区分伦理和道德，当他想要将伦理学作为第一哲学与具体道德法则进行区分的时候。

4 "The Paradox of Morality: An Interview with Emanuel Levinas," in *The Provocation of Levinas: Rethinking the Other*, ed. Robert Bernasconi and David Wood (London: Routledge, 1988), pp.168—180. 以下缩写为 PM 并标注页码。

5 Hannah Arendt, "Some Questions of Moral Philosophy," *Social Research*, 61/4 (Winter 1994).

6 Hannah Arendt, *The Life of the Mind*, 2 vols (New York: Harcourt, Brace, Jovanovich, 1978), vol. 1, p.5.

7 Emmanuel Levinas, "Useless Suffering"，以下缩写为 US 并标注页码。

8 Kant, *Religion within the Limits of Reason Alone*, p.3.

9 Nietzsche, *Genealogy of Morals*, p.68.

10 Hannah Arendt, *Eichmann in Jerusalem*, p.231.

11 Hans Jonas: "Epilogue: The Outcry of Mute Things," in *Mortality and Morality*, p.198.

261 12 出处同上，p.199。

13 出处同上，p.200。

14 Emmanuel Levinas, "Transcendence and Evil," 以下缩写为 TE 并标注

页码。

15 Hannah Arendt, *The Origins of Totalitarianism*, 1968, 3rd edn, p.viii.（引文根据林骧华译文，参见阿伦特:《极权主义的起源》，生活・读书・新知三联书店 2008 年版，略有改动，下同。——译注）

16 参见我关于这一殖民逻辑的讨论："Serious Play: The Ethical-Political Horizon of Jacques Derrida," *New Constellation*, pp.172—198。

17 关于列维纳斯对海德格尔的接受与批判，清晰的表述见他与理查德・卡尼的谈话，见 Richard Kearney, *Dialogues with Contemporary Continental Philosophers* (Manchester: Manchester University Press, 1984), pp.49—69。

18 出处同上, p.68。［有意思的是，在回答巴勒斯坦人是否是以色列人的"他者"的问题时，列维纳斯说："他者是邻人，他不一定是亲属，但可以是亲属。在这个意义上，为了他者也就是为了邻人。但如果你的邻人攻击了另一个邻人或待他不公，你会怎么办？这样的话，他异质性就有了另一个特征，我们在他异质性中能够发现敌人，或起码我们得面临谁对谁错、谁是谁非的问题；就有人是错的。"见 Emmunuel Levinas, *The Levinas Reader* (Oxford: Blackwell, 1989), p.294。——译注］

19 Emmanuel Levinas, "Signature," in *Difficult Freedom*, tr. S. Hand (Baltimore: Johns Hopkins University Press, 1990), p.291.

20 Maurice Blanchot, *The Writing of the Disaster*, tr. Ann Smock (Lincoln: University of Nebraska Press, 1986), p.82. 卡罗尔・L. 伯恩斯坦提醒我注意布朗肖的这个段落。

第七章

1 约纳斯谈的往往是形而上学而非本体论，但他使用"形而上学"一词的意思**并不是**列维纳斯那里的意思。在约纳斯那里，"形而上学"就是列维纳斯所说的"本体论"，对存在的研究。

2 Hans Jonas, "Heidegger's Resoluteness and Resolve, " in *Martin Heidegger and National Socialism*, ed. G. Neske and E. Kettering, tr. L. Harries (New York: Paragon House, 1990), p.197.

3 参见 Hannah Arendt, "For Martin Heidegger's Eightieth Birthday," reprinted in *Martin Heidegger and National Socialism*, pp.207—218。我对阿伦特的批判见 "Heidegger's Silence?", in *New Constellation*, p.81。

4 Hans Jonas, "Heidegger's Resoluteness and Resolve," pp.200—201. 在约纳斯最后几次公共演讲中，他有一次重新谈到自己对海德格尔的幻灭："因此，当我所处时代最深刻的思想家涉足希特勒军队的铁蹄时，这对我来说就不仅仅是苦涩的失望，而是哲学的崩溃。哲学本身而不仅仅是人，已经宣告破产。" "Philosophical at the End of the Century: Retrospect and Prospect", in *Mortality and Morality*, p.49.

5 Hans Jonas, "Heidegger's Resoluteness and Resolve," pp.202—203. 约纳斯对海德格尔最激动也是最强烈的批判，见诸他的 "Heidegger and Theology," reprinted in *The Phenomenon of Life* (New York: Harper & Row, 1966), pp.235—261。这篇文章最先是一次神学家讨论会上的报告。以下关于 *The Phenomenon of Life* 的引文出处缩写为 *PL* 并标注页码。在美国，最早同情海德格尔的是神学家，他们力图探索《存在与时间》中的神学内涵。约纳斯认为这是一个灾难性的错误，这表明他们未能认识到这部著作的异教和反神学色彩。
262 他谴责海德格尔的"假谦虚"并声称海德格尔应感到自责："他在整个思想史上表现出了最大的自负。因为这不亚于思想家宣称，存在的本质要通过他的话而表达出来，因而就以一种权威的口吻说话。任何一位思想家都不该这样。"（*PL* 257）

6 Hans Jonas, "Gnosticism, Existentialism, and Nihilsm, " in *PL* p.224。以下缩写为 GEN 并标注页码。

7 劳伦斯・沃格尔在为他编的约纳斯文集 *Mortality and Morality* 撰写导言时，对约纳斯的哲学做出了极具洞察力的概观，认为它是"现代思想的虚无主义特征"的解毒剂。沃格尔说道："因为（约纳斯）看到《存在与时间》（这是他的老师海德格尔的杰作）中凝聚着这种虚无主义，约纳斯根本的计划可以被视为正是要克服这一思想上类似父亲的角色，他感到后者在第三帝国期间的所作所为是一个症候，表明海德格尔虚无主义理念在伦理上的虚弱。"（p.4）

8 Hans Jonas, "Toward an Ontological Grounding of an Ethics for the Future, " in *Mortality and Morality*, p.108.

9 约纳斯清楚地将自己与德日进代表的"演化论乐观主义"区别开来。对约纳斯来说，生命是"一次以极大的赌注和风险进行的实验，在人的命中注定的自由那里，这次实验可能成功也可能失败"（*PL* p.x）。

10 Hans Jonas, "Evolution and Freedom: On the Continuity among Life-Forms," in *Mortality and Morality*, p.60.

11 人们或许会认为，自我的概念仅仅适用于人。但约纳斯说：“引入‘自我’这个词（这是对生命最基本样式的任何描绘都不可避免的）标志着内在统一性随着生命本身的出现而出现——并且，随着这个过程，它与现实中其余事物的自我疏离也开始出现。在一个同质性相互关联的宇宙内部，深刻的单一性和异质性乃是有机体自我的标志。”（*PL* pp.82—83）

12 参见 Hans Jonas, “Note on Anthropomorphism,” in *PL* pp.33—37。

13 约纳斯将自己理解的延续和“突变的新颖”与那些突变演化理论截然区分开来，后者坚持认为演化过程中存在着一些“跳跃”，由此带来完全新的因果性层次。在他对于突变演化理论的批判中（*PL* pp.67—69），约纳斯写道：“因此，我们可以说，（具有理论价值的）突变的**新颖**原则，如果不是完全任意并因此是非理性的话，那么它必定会受到延续性的缓和——因此，我们必须让自己**接受那最高者与最丰富者的指示，它比位于其下的万物都更高也更丰富。**”（*PL* p.69）

14 从约纳斯的观点看，有理由认为列维纳斯致力于某种版本的二元论。正如我们已经指出的，列维纳斯确认：“我不知道人类是在什么时候出现的，但我想强调的是人和纯粹存在的断裂，后者始终是存在之中的持存。这是我的首要论题。”（PM p.172）

15 Hans Jonas, *Imperative of Responsibility*. 以下缩写为 *IR* 并标注页码。

16 当约纳斯坚持认为首要责任是**为了**那些拥有负责能力的存在者，看起 263
来他似乎滑入了他自己批判的传统伦理学的人类中心论。但沃格尔认为，“约纳斯的形而上学切断了人类中心论与非人类中心论的区别。他认为我们可以而且事实上必须将**两者都**接受下来。具有生命的自然本身就是善的，它要求我们的尊敬，而一切参与到这个善之中的有机物都是脆弱的，它们以自身为目的，考虑到的是自身存在；另一方面，人作为道德行为者具有特殊的尊严，因为我们的意志可以响应超越于我们自身生活目的之上的目的……我们的第一义务是保存自然中道德责任的高贵的存在：这种存在即能够认识到善本身。”（*Mortality and Morality* 导言，p.17）

17 迪米特里·尼库林对约纳斯的责任理论做出了富有洞察力的解释和批评，见 “Reconsidering Responsibility: Hans Jonas’s Imperative for a New Ethics”, in *Graduate School Philosophy Journal*, 23/1（2002）。也可参见我的文章：“Hans Jonas: Rethinking Responsibility”, *Social Research*, 61/4（Winter 1994），pp.833—852。

18 Hans Jonas, *Philosophical Essays: From Ancient Creed to Technological Man* (Chicago: University of Chicago Press, 1974), 导言 , p.xv。在这篇导言中,约纳斯为自己的生活和工作写了一份简短的自传性勾勒。亦见 “A Retrospective View”, in Hans Jonas, *On Faith, Reason and Responsibility* (Claremont, Calif.: The Institute for Antiquity and Christianity, Claremont Graduate School, 1981), pp.107—122。在 1945 年和第二次世界大战快结束时,约纳斯才发现他的母亲在奥斯维辛惨遭杀害。

19 在英译本的一条脚注里,约纳斯指出了这次讲座的来源要追溯到 1960 年代初。见 “The Concept of God after Auschwitz”, in *Mortality and Morality*, p.131。以下缩写为 CGA。

20 约纳斯将康德所警告的获得形而上学真理**知识**的不可能性(他接受这一点),与更为局限的实证主义主张截然区分开来,后面这种主张声称形而上学和思辨问题毫无意义(他拒绝这一点)。(见 CGA pp.131—132)

21 Hans Jonas, “Immortality and the Modern Temper,” in *Mortality and Morality* 一文中首次提出这个神话。尽管他最初提出这个神话是为了处理不朽的问题,他告诉我们 “奥斯维辛的幽灵已经在活动了”。(CGA pp.134)

22 Hans Jonas, “Immortality and the Modern Temper, ” pp.127—128.

23 出处同上, p.124。

24 约纳斯给出逻辑的、本体论的和神学的论辩以挑战神的全能理念的自洽性。见 CGA pp.138—139。

25 约纳斯从未试图 “证成” 这个根本主张,甚至也没有提供理由来支持它。反讽的是,他知道很多灵知主义者会拒绝这个主张。约纳斯是从犹太人的角度发言的,并且他认为下面这点对犹太教来说很根本:善是上帝的核心特征。

264 26 约纳斯对上帝及其与世界之关系的神话式解释,与谢林也有一些惊人的相似之处。参见下文关于谢林与约纳斯的讨论: Peter Dews, “‘Radical Finitude’ and the Problem of Evil: Critical Comments on Wellmer’s Reading of Jonas,” in *Rethinking Evil*, ed. Maria Pia Lara (Berkeley: University of California Press, 2001), pp.27—45。

27 Hans Jonas, “Immortality and the Modern Temper,” p.129(强调字体为笔者所加)。

28 出处同上。

29 Hans Jonas, “Matter, Mind, and Creation: Cosmological Evidence and

Cosmogonic Speculation," in *Mortality and Morality*, p.188.

30 出处同上，p.191。

31 出处同上，pp.191—192。

32 出处同上，p.192。约纳斯所引的西勒申的话，来自 *An Interrupted Life: The Diaries of Etty Hillesum, 1941—1943* (New York: Pantheon Books, 1989)。

33 约纳斯在 "A Retrospective View" 中讲述了自己参与布尔特曼研讨班的故事，并谈到这次经历何以将他引向自己的灵知主义研究。见 pp.111—115。

34 参见 Hans Jonas, "Is Faith Still Possible?: Memories of Rudolf Bultmann and Reflections on the Philosophical Aspects of his Work," in *Mortality and Morality*, pp.144—164。

35 出处同上，p.149。

36 参见约纳斯对隐喻与神话关系的评论，出处同上，pp.149—150。

37 阿尔布莱希特·韦尔默认为，我们应把约纳斯的思辨理解为"一种伦理性自我理解的隐喻表达，而不是其可能基础"。见 Albrecht Wellmer, "Der Mythos vom leidenden and werdenden Gott: Fragen an Hans Jonas," in *Endspiele: Die unversöhnliche Moderne* (Frankfurt am Main: Suhrkamp, 1993), p.253。也参见彼得·迪尤斯对韦尔默的探讨和批评，"'Radical Finitude' and the Problem of Evil"。

38 "Heidegger and Theology", p.261.

39 这是约纳斯与布尔特曼分歧的基础。神话的象征语言无法被彻底转译为哲学概念。"概念框架的'近似性'的危险在于，它可能使得悖论感不那么明显，并创造出一种熟悉感，在此一切都不被允许了。"（出处同上，p.260）

40 出处同上，p.261。

41 列维纳斯在一次访谈中被问及："如果动物不具有伦理意义上的面容，我们是否对他们负有责任？如果是的话，这些责任从何而来？"他回答说："很清楚，不需要将动物视为人，伦理也扩展到一切生命那里。我们不希望使一个动物无辜受难，等等。但这里的原型是人的伦理。"（PM p.172）约纳斯肯定会同意，我们不希望使动物无辜受难，但他对非人类的动物的关心，预设了一种更为首要的责任：保存动物和人类生命的未来可能性条件。

42 参见 Jacques Derrida, "Violence and Metaphysics: An Essay on the Thought 265
of Emmanuel Levinas," in *Writing and Difference*, pp.79—153。

第八章

1 在我的著作 *Hannah Arendt and the Jewish Question* 中，我各花了一章篇幅讨论阿伦特对于根本的恶与平庸的恶的意义的反思。此书出版以来，我在几个问题上改变了想法——部分是我现在这次考察的结果。尽管我的理解没有实质性改变，但我现在认为，她的反思比我当初认为的更加精细和复杂。我接下来会重复一些我当初做出的论断，但要把它们放在新的语境中。

2 阿伦特早期与海德格尔的情事如今众所周知了。关于海德格尔对阿伦特的思想影响的讨论，见 Dana Villa, *Arendt and Heiddger: The Fate of the Political* (Princeton: Princeton University Press, 1996), and Jacques Taminiaux, *The Thracian Maid and the Professional Thinker: Arendt and Heidegger* (Albany: State University of New York Press, 1997)。也参见我的文章，"Provocation and Appropriation: Hannah Arendt's Response to Martin Heidegger,"*Constellations*, 4/2 (October 1997), pp.153—171。

3 在她与奥斯的访谈中，她说："我来自一个老柯尼斯堡的家庭。尽管如此，'犹太人'一词从未在我小时候出现过。我最初在街上小孩的反犹主义言论(这些言论不值得重提)中知道了它。自此可以说我就被'启蒙'了……当我还是个孩子的时候(那时候是大孩子了)，我知道我有犹太人的面相。我和其他孩子看上去不一样。我对此非常清楚。但我并不因此感到低人一等，不过当时人们都这样……(我母亲)或许从未给我施洗！我觉得要是她发现我曾否认犹太人身份，她会狠狠打我几巴掌。可以说，这是不可想象的事情；根本不可能的事。"见 "'What Remains? The Language Remains': A Conversation with Günter Gaus, " in *Arendt: Essays in Understanding 1930—1954*, p.7；以下缩写为 *EU* 并标注页码。

4 Elizabeth Young-Bruehl, *Hannah Arendt: For Love of the World* (New Haven: Yale University Press, 1982), p.71. 见阿伦特与布鲁门菲尔德的通信：Hannah Arendt/Kurt Blumenfeld, "*...in keinen Besitz verwurzelt*":*Die Korrespondenz*, ed. Ingeborg Nordmann and Iris Pilling (Hamburg: Rotbuch Verlag, 1995)。

5 虽然手稿 1930 年代就完成了，*Rahel Varnhagen* 直到 1958 年才于伦敦出版。哈考特·约瓦诺维奇在 1974 年出版了美国版。利利安·威斯伯格于 1997 年编辑了一个新版本 (Baltimore: The Johns Hopkins University Press, 1997)。

6 "'What Remains? The Language Remains': A Conversation with Günter Gaus,"*EU* pp.11—12.

7 Hannah Arendt, “Nightmare and Flight,” *EU* 134.

8 Hannah Arendt, *The Origins of Totalitarianism*, 1968, 3rd edn, pp.viii—ix。以下缩写为 *OT* 并标注页码。

9 题词是：“Weder dem Vergangenen anheinfallen noch dem Zukünftigen. Es kommt darauf an, ganz gegenwärtig zu sein”（“不要沉湎于过去或未来。重要之 266
事是执着于现在”）。

10 *Hannah Arendt/ Karl Jaspers Correspondence*, p.165.

11 出处同上，p.166。

12 Hannah Arendt, *The Human Condition* (Chicago: University of Chicago Press, 1958)，以下缩写为 *HC* 并标注页码。

13 关于阿伦特讨论极权主义所诉求的“自然和历史法则”，见 *OT* pp.460—479，第 13 章“意识形态与恐怖：新的治理形式”。亦见加诺万对阿伦特极权主义理论的清晰解释：“Arendt's Theory of Totalitarianism: A Reassessment,” in *The Cambridge Companion to Hannah Arendt,* ed. Dana Villa (Cambridge: Cambridge University Press, 2000)，pp.25—43。

14 Hannah Arendt, “The Concentration Camps,” *Partisan Review*, 15/7 (July 1948), p.748.《极权主义的起源》里包括了这篇文章里的材料并进行了修改。这是阿伦特首次谈及“绝对的恶”的场合之一。

15 Victor Klemperer, *I Will Bear Witness: A Diary of the Nazi Years, 1933—1941, 1942—1945*, 2 vols (New York: Random House, 1998, 1999).

16 我们不能认为，对阿伦特而言创生性这种发展新事物的能力总是具有正面意义。极权主义本身就是这同一种能力（创生性）的结果。她说：“我们知道的关于极权主义的一切都体现出可怕的原创性……极权主义的原创性是可怕的，不是因为某些新‘理念’诞生了，而是因为其种种行为构成了与一切传统的断裂；它们明白无误地破坏了我们政治思想与道德判断标准的种种范畴。”（“Understanding and Politics”，*EU* pp.309—310）加诺万对于“极权主义新颖性的悖论”论述道：“极权主义表明人具有**开创**的能力，有力量以新颖、偶然、不可预期的方式进行思考和行动，这在她成熟的政治理论中显得尤为突出。但是，极权主义新颖性的悖论是，它表征的是对个体独特的行动和思考能力的侵犯。”（“Arendt's Theory of Totalitarianism”，p.27）

17 Canovan, *Hannah Arendt: A Reinterpretation of her Political Thought* (Cambridge: Cambridge University Press, 1992)，p.281.

18 列维纳斯与阿伦特之间也有一处重要区别,列维纳斯(尤其在《总体性与无限性》里面)鲜明区分了伦理与政治,并且认为是伦理而不是政治认识到了他者的独特性。阿伦特主张,我们同样必须在政治中承认个体的复数性,他们在一个共同的世界上拥有不同视角。

19 关于阿伦特的复数性含义的更详细解释,见我的文章“Provocation and Appropriation”。(正文引文根据王寅丽译文,参见阿伦特:《人的境况》,上海人民出版社 2009 年版,下同。——译注)

20 阿伦特对这一主题的发展,见其论文“What is Freedom?”, “Tradition and the Modern Age”, in *Between Past and Future* (New York: Viking Press, 1961),分别见 pp.143—172, pp.17—40。

21 Canovan, *Hannah Arendt*, p.7.

267 22 对于阿伦特所理解的犹太教和犹太性的讨论和批判,见我 *Hannah Arendt and the Jewish Question* 一书最后一章:“Concluding Remarks: Blindness and Insight”。

23 *Hannah Arendt/ Karl Jaspers: Correspondence*, p.166.

24 见我关于阿伦特思想中所含犹太教传统因素的讨论, *Hannah Arendt and the Jewish Question*, pp.188—189。

25 *Hannah Arendt/ Karl Jaspers: Correspondence*, p.54.

26 出处同上, p.62。这可能是阿伦特 25 年后写作《艾希曼在耶路撒冷》时首次使用的“平庸的恶”一词的来源之一。但亦见雅斯贝尔斯于 1963 年 12 月 13 日给阿伦特的信,他在其中写道:“艾尔柯佩里告诉我,海因里希建议过‘平庸的恶’这一表达并且如今为之自责不已,因为你已因之惹上麻烦了。可能这个报道不属实,或者我的记忆有点不确。我认为这个表述很有启发性,这本书的副标题也很中肯。关键是**这个**恶而不是恶本身,是平庸的。”(出处同上, p.542)

27 出处同上, p.69;强调字体为笔者所加。

28 见 Hannah Arendt, *Eichmann in Jerusalem*, pp.287—288;以及 *Life of the Mind*, vol.1, pp. 3—4。前者以下缩写为 *EJ* 并标注页码;后者以下缩写为 *LM* 并标注页码。亦见我关于“恶魔般伟大”的讨论, *Hannah Arendt and the Jewish Question*, pp.150—151。

29 阿伦特区分了作为出现于 1870 年代的“十九世纪世俗意识形态”的反犹主义与有着更悠久历史的对犹太人的宗教仇恨,见“第一部分序言:反犹主义”, *OT* pp.xi—xvi。亦见我著作的第二章:“作为政治意识形态的反犹主义”,

Hannah Arendt and the Jewish Question。

30《极权主义的起源》第一版(1951年)的“结束语”中,阿伦特谈到了憎恨的危险。在以后几版中,她删除了这一章,但将其中的一些论断包括进了修改过的其他部分内。很清楚,这暗示的是尼采的憎恨(*OT*, 1951, p.438)。

31 Hannah Arendt,“Concentration Camps,” p. 758.

32 考虑到关于阿伦特对艾希曼和审讯所做的观察招致许多诋毁性的论断,指出如下一点就很重要了:她曾为以色列人在阿根廷绑架艾希曼并将其扭送至以色列法庭的行为进行辩护。她也同意法庭做出的绞死艾希曼的决定。她表达了自己对于审讯艾希曼的法官们的敬意,也拥护他们做出的关于艾希曼所承担责任的判决。她写道:“在这一点上,判决必须说出的不仅是正确,而且是真理。”她接着从法庭判决中引用了如下段落:

> 就我们现在考察的如此严重和复杂的罪行而言,相当多的人参与其中,在各种层面、以各种行为模式(根据他们的各种等级分为组织者、策划者、执行人)参与其中,运用平常的协商犯罪或教唆犯罪的概念已无甚意义。因为这些罪行是大规模实施的,这不仅就其受害人数而言,而且就 268
> 参与人数而言;并且,从责任范围的角度来看,众多罪犯中任何一人与实际谋杀受害者的杀人犯关系距离的远近,没有丝毫意义。相反,总的来说,**随着我们离那些以自己的双手操纵致命器械的人越远,我们的责任程度就越大**。(*EJ* pp.246—247;强调字体是阿伦特加的。)

33 *Hannah Arendt/ Karl Jaspers: Correspondence*, p.423. 见我在著作中关于他们通信中涉及艾希曼审讯的讨论, *Hannah Arendt and the Jewish Question*, pp.156—158。

34 亦见她自己在报告的“后记”里做出的判断:“正如你支持并执行这样一项政策,即不希望与犹太人和其他民族的人分享地球(仿佛你和你的上级有权决定谁该居住在地球上而谁不该居住似的),也别指望我们能找到任何一个人类成员希望和你分享地球。这是绞死你的理由,也是唯一理由。”(*EJ*,p.279)Seyla Benhabib, “Arendt's *Eichmann in Jerusalem*,” in *The Cambridge Companion to Hannah Arendt*, pp.65—85 一文中精彩解释了阿伦特理解的“反人性罪”。她写道:“阿伦特对20世纪道德思想和法律思想的贡献,当然不会是‘平庸的恶’这一范畴。相反,我希望指出,最接近其政治思想整体而且在20世纪末获得了

重要意义的范畴，是‘反人性罪’。”（p.76）

35 关于围绕《艾希曼在耶路撒冷》的争论，见 Young-Bruehl, *Hannah Arendt*, 8：“*Cura Posterior: Eichmann in Jerusalem* (1961—1965)，” pp.328—378。关于《艾希曼在耶路撒冷》优点和缺点的中肯评价，见 Hans Mommsen, “Hannah Arendt and the Eichmann Trial,” in *From Weimar to Auschwitz: Essays in German History*, tr. Philip O’Connor (Princeton: Princeton University Press, and Cambridge: Polity, 1991)。

36 “Eichmann in Jerusalem: An Exchange of Letters between Gershom Scholem and Hannah Arendt,” reprinted in Ron H. Feldman (ed.), *Hannah Arendt, The Jew as Pariah: Jewish Identity and Politics in the Modern Age* (New York: Grove Press, 1978), p.245。

37 出处同上，p.251。

38 我在 *Hannah Arendt and the Jewish Question* 中更详细地考察了根本恶与平庸的恶之间的关系，见第七章与第八章。

39 我同意加诺万的下述看法：阿伦特“从未以‘野兽和恶魔’的方式进行思考，‘平庸’事实上是更准确的方式，描述自我放弃于非人性的力量和将人缩减为动物，她自始终都将其置于极权主义的中心”。（*Hannah Arendt*, p.24 注释 30）

40 *Hannah Arendt/ Karl Jaspers: Correspondence*, p.62.

41 尽管阿伦特坚持认为她是在“严格事实层面上”谈论问题，我却认为她
269 有些天真了。她所做的不仅是描述事实，而且是就其平庸性做出富有争议的判断。尽管如此，她的坚持还是清楚表明，她所做的不是提供关于恶的性质的**理论**或一般学说。并且，阿伦特肯定不是在总的意义上谈论希特勒和纳粹。我认为，如果阿伦特更着重澄清自己的分析仅限于艾希曼的话，那么有关“平庸的恶”的某些混淆和争议或许可以避免。

42 阿伦特低估了艾希曼的意识形态狂热。引用一个众所周知的例子：很难将艾希曼于 1944 年春在布达佩斯所做的行为与阿伦特对他的描绘调和起来，即一个“毫无动机”也“从未意识到自己在做什么”的人。到 1944 年，唯一一个未被驱逐到灭绝营的重要犹太人共同体在匈牙利，那里有七十五万犹太人。当艾希曼及其同僚于 1944 年 3 月被送至布达佩斯的时候，显然德国快要打败仗了，而且当时众所周知“驱逐”和“重新安置”实际意味着什么。然而，艾希曼快速有效地组织起一个布达佩斯犹太人事务委员会以促进驱逐行动。

当停止驱逐的命令发出时，艾希曼还想方设法继续驱逐行为。1944 年 11 月，在铁路设备受阻后，艾希曼帮助组织了臭名昭著的死亡行动。阿伦特将此描述为“最严厉的反对艾希曼的证据之一”（*EJ* p.201），但未能将此视为艾希曼意识形态狂热的证据。尽管如此，我还是认为，阿伦特有关艾希曼描述是否准确的**历史**问题要与**概念**问题区分开来——即个体可以干出骇人听闻的恶行，但这些行为却未必能追溯到凶残的、恶魔般的邪恶动机。

43 Hannah Arendt, “Thinking and Moral Consideration: A Lecture,” *Social Research*, 38/3 (Fall 1971), p.417.

44 本哈比指出阿伦特在其他方面也有冒犯性：“阿伦特对于检察长霍斯纳东欧犹太人背景的不加掩饰和几乎带有种族主义的评价，她对于‘受过德国教育’的法官的幼稚偏袒，她对法庭外耶路撒冷‘东方群氓’的沮丧，这些都表现出缺乏胆识以及与手头的主题缺乏距离感。”（“Arendt’s *Eichmann in Jerusalem*”, p.65）

45 关于阿伦特对于作恶意图的批判性反思，见苏珊·内曼富有洞察力的讨论：*Evil in Modern Thought: An Alternative History of Philosophy*，即出。

46 Canovan, *Hannah Arendt*, p.158.

47 本哈比有类似的说法：阿伦特“后来描述的现象令她自己也吃惊，即协助犯下如此可怕行径的是彻头彻尾的普通人：艾希曼的谈吐充斥着陈词滥调，几乎没有丝毫受到对于犹太人的狂热憎恨情绪驱使，并且相当自豪于做一名‘守法公民’。正是见到艾希曼‘本人’的这种震惊将阿伦特引向下述思考：极大的恶意并非犯下（或共谋）极大罪行的必要条件。恶可以采取一种‘平庸’形式，比如艾希曼的情况”。（“Arendt’s *Eichmann in Jerusalem*”, p.67） 270

48 Kant, *Religion within the Limits of Reason Alone*, pp.24—25.

49 经常将阿伦特的手稿译入英语的玛丽·麦卡锡反对“thoughtlessness”（不思考）一词。她认为要表达阿伦特想说的“没有思考能力”的意思，这个词并不恰当。但阿伦特坚持使用它。

50 关于这一页纸的复印版以及对纸上面两段题词的讨论，见罗纳德·贝纳的阐释文章，in Hannah Arendt, *Lectures on Kant’s Political Philosophy*, pp.89—156。

51 关于阿伦特笔下思考与判断的意思，以及对她思考中尚未解决的一些问题的批判性讨论见我的文章“Judging—the Actor and the Spectator”, in *Philosophical Profiles*, pp.221—237；“Arendt on Thinking”, in *Cambridge*

Companion to Hannah Arendt, pp.277—292; "Responsibility, Judging, and Evil", in *Revue Internationale de Philosophie*, 2 (1999)。亦见贝纳的阐释文章, in Hannah Arendt, *Lectures on Kant's Political Philosophy*, pp.89—156 ; Seyla Benhabib, "Judgment and the Moral Foundations of Politics in Hannah Arendt's Thought," *Political Theory*, 16/1 (1988); Maurizio Passerin D'Entreves, "Arendt's Theory of Judgment," in *Cambridge Companion to Hannah Arendt*, pp.245—260 ; Robert Dostal, "Judgment Human Action: Hannah Arendt's Appropriation of Kant,"*Review of Metaphysics*, 37/4 (1984), pp.125—155。关于阿伦特对意志的反思, 见 Suzanne Jacobitti, "Hannah Arendt and the Will," *Political Theory,* 16/1 (1988), pp.53—76。

52 Hannah Arendt, "What Remains? The Language Remains," pp.10—11.

53 在一份作为"新学院"讲演课程基础的未刊稿中,她写道:"我们……已经在 30 年代和 40 年代见证了公共生活和私人生活中一切既成道德标准的整体性崩溃……这一切都在一夜间崩塌,几乎没有引起多大注意,仿佛道德一下子被揭示为……一套规范、习俗和行为方式,可以轻而易举地和另一套互相交换,容易得就像改变个人或民族的餐桌礼仪一样。"("Some Questions of Moral Philosophy",国会图书馆阿伦特档案)

54 Hannah Arendt, *Lectures on Kant's Political Philosophy*, p.10.

55 关于苏格拉底作为思想家和公民的重要性的讨论,见 Canovan, *Hannah Arendt*, ch. 7: "Philosophy and Politics"。

56 关于阿伦特对安顿 · 施密特故事的解释,见《艾希曼在耶路撒冷》, pp.230—233。

57 Hannah Arendt, "Personal Responsibility under Dictatorship" 草稿,国会图书馆阿伦特档案。亦见 "Organized Guilt and Universal Responsibility," *EU* 121—132。

58 Hannah Arendt, "Personal Responsibility under Dictatorship," *Listener*, August 6, 1964, p.186 ;强调字体为笔者所加。

271 59 出处同上。

结语

1 2001 年 9 月 11 日的事件以令人痛苦的方式解释了为什么我对恶的理论持怀疑态度(即一种宣称普遍性和完整性的理论),以及为什么新的前所未有的、不可预期的恶的爆发，需要我们开放性地重新思考恶的变化以及对它的恰当应对。可惜的是，这些事件也引出了我称之为“庸俗道德二元论”的反应，对立双方不加反思地妖魔化对方，认为对方体现了绝对的恶。

2 Emmanuel Levinas,“Transcendence of Evil,” p.158.

3 Hannah Arendt, *OT*, p.viii.

4 Blanchot, *Writing of the Disaster*, p.82.

5 Hannah Arendt, *OT*, p.441.

6 出处同上，p.458。 272

参考文献

Allison, Henry E. *Kant's Transcendental Idealism*. New Haven: Yale University Press, 1983.

——*Kant's Theory of Freedom*. Cambridge: Cambridge University Press, 1990.

Améry, Jean. *At the Mind's Limits: Contemplations by a Survivor on Auschwitz and its Realities*, tr. Sidney and Stella P. Rosenfield. Bloomington: Indiana University Press, 1980.

Anderson-Gold, Sharon. "Kant's Rejection of Devilishness: The Limits of Human Volition." *Idealistic Studies* 14 (1984).

Arendt, Hannah. "The Concentration Camps" *Partisan Review*, 15/7 (July 1948).

——*The Origins of Totalitarianism*. New York: Harcourt Brace and Co., 1951. 3rd edn revised, New York: Harcourt Brace Jovanovich, 1968.

——*The Human Condition*. Chicago: University of Chicago Press, 1958.

——*Between Past and Future*. New York: Viking Press, 1961.

——"Personal Responsibility under Dictatorship." *The Listener* (August 6, 1964).

——*Eichmann in Jerusalem: A Report on the Banality of Evil*, 2nd edn. New York: Viking Press, 1965.

——"Thinking and Moral Considerations: A Lecture." *Social Research,* 38/3 (Fall 1971).

——*The Life of the Mind*, 2 vols. New York: Harcourt, Brace, Jovanovich, 1978.

——*Lectures on Kant's Political Philosophy*, ed. Ronald Beiner. Chicago:

University of Chicago Press, 1982.
——"For Martin Heidegger's Eightieth Birthday." In *Martin Heidegger and National Socialism*, ed. G. Neske and E. Kettering, tr. L. Harries. New York: ParagonHouse, 1990.
——"Some Questions of Moral Philosophy," *Social Research,* 61/4 (Winter 1994).
——*Essays in Understanding, 1930-1954,* ed. Jerome Kohn. New York: Harcourt, Brace & Co., 1994.
——*Rahel Varnhagen: The Life of a Jewess,* ed. Liliane Weissberg. Baltimore: Johns Hopkins University Press, 1997.
Hannah Arendt/Kurt Blumenfeld, "*in keinen Besitz verwurzelt*": *Die Korrespondenz*, ed. Ingeborg Nordmann and Iris Pilling. Hamburg: Rotbuch Verlag, 1995.
Hannah Arendt/Karl Jaspers. Correspondence 1926-1969, ed. Lotte Kohler and Hans Saner. New York: Harcourt Brace Jovanovich, 1992.
Beiser, Frederick C. *The Fate of Reason: German Philosophy from Kant to Fichte.* Cambridge, Mass.: Harvard University Press, 1987.
Benhabib, Seyla. "Judgment and the Moral Foundations of Politics in Hannah Arendt's Thought" in *Political Theory 16/1 (1988),*
——"Arendt's *Eichmann in Jerusalem.*" In *The Cambridge Companion to Hannah Arendt*,ed. Dana Villa. Cambridge: Cambridge University Press, 2000.
Berkowitz, Peter. *Nietzsche: The Ethics of an Immoralist.* Cambridge, Mass.: Harvard University Press, 1995.
Bernasconi, Robert, and David Wood, eds. *The Provocation of Levinas: Rethinking the Other*. London: Routledge, 1998.
Bernstein, Richard J. *Beyond Objectivism and Relativism*. Oxtord: Basil Blackwell, 1983.
——*Philosophical Profiles.* Cambridge: Polity, 1986.
——*The New Constellation: The Ethical-Political Horizons of Modemity/ Postmodernity*. Cambridge: Polity, 1991.
——"Hans Jonas: Rethinking Responsibility." *Social Research*, 61/4 (Winter 1994).
——*Hannah Arendt and the Jewish Question*. Cambridge: Polity, 1996.

——"Provocation and Appropriation: Hannah Arendt's Response to Martin Heidegger." *Constellations*, 4/2 (October 1997).

——*Freud and the Legacy of Moses*. Cambridge: Cambridge University Press, 1998.

——"Responsibility, Judging, and Evil." *Revue lnternationale de Philosophie*, 2 (1999).

——"Arendt on Thinking." In *The Cambridge Companion to Hannah Arendt*, ed. Dana Villa. Cambridge: Cambridge University Press, 2000.

Blanchot, Maurice. *The Writing of the Disaster*, tr. Ann Smock. Lincoln: University of Nebraska Press, 1986.

Bloom, Harold. *The Anxiety of lnfluence*. Oxford: Oxford University Press, 1973.

——*Agon: Towards a Theory of Revisionism*. New York: Oxford University Press, 1982.

Bowie, Andrew. *Schelling and Modern European Philosophy: An Introduction*. London: Routledge, 1993.

Canovan, Margaret. *Hannah Arendt: A Reinterpretation of her Political Thought*. Cambridge: Cambridge University Press, 1992.

——"Arendt's Theory of Totalitarianism: A Reassessment." In *The Cambridge Companion to Hannah Arendt*, ed. Dana Villa. Cambridge: Cambridge University Press, 2000.

Crites, Stephen. *Dialectic and Gospel in the Development of Hegel's Thinking*. University Park: Pennsylvania State University Press, 1998.

Delbanco, Andrew. *The Death of Satan*. New York: Farrar, Straus, and Giroux, 1995.

D'Entrèves, Maurizio Passerin. "Arendt's Theory of Judgment." In *The Cambridge Companion to Hannah Arendt*, ed. Dana Villa. Cambridge: Cambridge University Press, 2000.

Derrida, Jacques. *Writing and Difference*, tr. Alan Bass. Chicago: University of Chicago Press, 1978.

——*The Post Card: From Socrates to Freud and Beyond*, tr. Alan Bass. Chicago: University of Chicago Press, 1987.

Desmond, William. *Beyond Hegel and Dialectic: Speculation, Cult, and Comedy*.

Albany, NY: State University of New York Press, 1992.

Despland, Michael. *Kant on History and Religion*. Montreal: McGill-Queen's University Press, 1973.

Dews, Peter. *The Limits of Disenchantment*. London: Verso, 1995.

——"'Radical Finitude' and the Problem of Evil: Critical Comments on Wellmer's Reading of Jonas." In *Rethinking Evil,* ed. María Pía Lara. Berkeley: University of California Press, 2001.

Dostal, Robert. "Judging Human Action: Hannah Arendt's Appropriation of Kant." *Review of Metaphysics*, 37/4 (1984).

Erdheim, Mario. *Totem und Tabu*. Frankfurt am Main: Fischer Taschenbuch Verlag, 1991.

Fackenheim, Emile. "Kant and Radical Evil," in *University of Toronto Quarterly*, 23 (1954).

Feldman, Ron H., ed. *Hannah Arendt, The Jew as Pariah: Jewish Identity, and Politics in the Modern Age*. New York: Grove Press, 1978.

Freud, Sigmund. *Standard Edition of the Complete Psychological Works of Sigmund Freud*, ed. J. Strachey. London: Hogarth Press, 1974.

Friedlander, Saul, ed. *Probing the Limits of Representation: Nazism and the "Final Solution."*Cambridge, Mass.: Harvard University Press, 1992.

Gadamer, Hans-Georg. *Hegel's Dialectic*, tr. P. Christopher Smith. New Haven: Yale University Press, 1971

Gram, Moltke S., ed. *Interpreting Kant*. Iowa City: University of Iowa Press, 1982.

Green, Ronald M. "Theodicy." In *Encyclopedia of Religion*, editor-in-chief Mircea Eliade, New York: Macmillan, 1987.

Grubrich-Simitis, Ilse. *Back to Freud's Texts: Making Silent Documents Speak*. New Haven: Yale University Press, 1996.

Habermas, Jürgen. *The Philosophical Discourse of Modernity*, tr. Frederick Lawrence. Cambridge, Mass.: MIT Press, and Cambridge: Polity, 1987.

Hegel, G. W. F. *Science of Logic*, tr. A. W. Miller. New York: Humanities Press, 1969.

——*Lectures on the Philosophy of World History*, tr. H. B. Nisbet. Cambridge: Cambridge University Press, 1975.

——*Phenomenology of Spirit*, tr. A. W. Miller. Oxford: Clarendon Press, 1977.

——*Hegel's Lectures on the Philosophy of Religion*, 3 vols, ed. Peter C. Hodgson. Berkeley: University of California Press, 1984-1985.

——*Hegel's Lectures on the Philosophy of Religion: One Volume Edition, The Lectures of 1827,* ed. Peter C. Hodgson. Berkeley: University of California Press, 1988.

Heidegger, Martin. *Schelling: Abhandlung über das Wesen der menschlichen Freiheit*. Tübingen: Max Niemeyer Verlag, 1971.

——*Schelling's Treatise on the Essence of Human Freedom*, tr. Joan Stambaugh. Athens, Oh.: Ohio University Press, 1985.

—— *Gesamtausgabe, Schelling: vom Wesen der menschlichen Freiheit (1809)*. Frankfurt am Main: Vittorio Kostermann, 1988.

Herman, Barbara. *The Practice of Moral Judgment.* Cambridge, Mass.: Harvard University Press, 1993.

Hillesum, Etty. *An Interrupted Life: The Diaries of Etty Hillesum, 1941-1943.* New York: Pantheon Books, 1989

Hippolyte, Jean. *Genesis and Structure in Hegel's Phenomenology of Spirit,* tr. S. Cheniak and J. Heckman. Evanston, Ill.: Northwestern University Press, 1974.

Hodgson, Peter C. "Editor's Introduction." In *Hegel's Lectures on the Philosophy of Religion,*vol. l, ed. Peter Hodgson. Berkeley: University of California Press, 1984.

Hösle, Vittorio. *Praktische Philosophie in der modernen Welt.* Munich: Beck, 1992.

Jacobitti, Suzanne. "Hannah Arendt and the Will." *Political Theory,* 16/1 (1988).

Jaeschke, Walter. *Reason in Religion: The Foundations of Hegel's Philosophy of Religion,* tr. J. M. Stewart and P. C. Hodgson. Berkeley: University of California Press, 1990.

Jonas, Hans. *The Phenomenon of Life*. New York: Harper & Row, 1966.

—— *Philosophical Essays: From Ancient Creed to Technological Man*. Chicago: University of Chicago Press, 1974.

——*On Faith, Reason and Responsibility*. Claremont, Calif.: The Institute for Antiquity and Christianity, Claremont Graduate School, 1981.

——*The Imperative of Responsibility: In Search of an Ethics for the Technological*

Age. Chicago: University of Chicago Press, 1984.

——"Heidegger's Resoluteness and Resolve." In *Martin Heidegger and National Socialism*, ed. G. Neske and E. Kettering, tr. L. Harries. New York: Paragon House, 1990.

—— *Mortality and Morality: A Search for the Good after Auschwitz*, ed. Lawrence Vogel. Evanston, III.: Northwestern University Press, 1996.

Jurist, Eliot L. *Beyond Hegel and Nietzsche: Philosophy, Culture, and Agency*. Cambridge, Mass.: MIT Press, 2000.

Kant, Immanuel. *Religion within the Limits of Reason Alone*, tr. T. M. Greene and H. H. Hudson. New York: Harper Torchbooks, 1960.

——*Critique of Pure Reason*, tr. Norman Kemp Smith. New York: St Martin's Press, 1965.

——"On the Failure of All Attempted Philosophical Theodices." In Michael Despland, *Kant on History and Religion*. Montreal: McGill-Queen's University Press, 1973.

——*Die Religion innerhalb der Grenzen der blossen Vernunft*, ed. Karl Vorländer. Hamburg: Felix Meiner Verlag, 1990. Originally published 1793.

——*Practical Philosophy*, tr. Mary J. Gregor, ed. Allen W. Wood. In *The Cambridge Edition of the Works of Immanuel Kant*. Cambridge: Cambridge University Press, 1996.

——*Religion and Rational Theology*, tr. and ed. Allen W. Wood and George P. Giovanni. In *The Cambridge Edition of the Works of Immanuel Kant*. Cambridge: Cambridge University Press, 1996.

Kearney, Richard. *Dialogues with Contemporary Continental Philosophers*. Manchester: Manchester University Press, 1984.

Klemperer, Victor. *I Will Bear Witness: A Diary of the Nazi Years*, 1933-1941, 1942-1945, 2 vols. New York: Random House, 1998, 1999.

Korsgaard, Christine. *Creating the Kingdom of Ends*. Cambridge: Cambridge University Press, 1996.

Kroeber, A. L. "Totem and Taboo in Retrospect: An Ethnological Psychoanalysis." *American Anthropologist*, 22 (1939).

Laplanche, J., and J-B. Pontalis. *The Language of Psychoanalysis*, tr. D. Nicholson-

Smith. New York: W. W. Norton, 1973.

Lara, María Pía, ed. *Rethinking Evil.* Berkeley: University of California Press, 2001.

Lear, Jonathan. *Love and its Place in Nature*. New York: Farrar, Straus & Giroux, 1990.

—— *Happiness, Death and the Remainder of Life*. Cambridge, Mass.: Harvard University Press, 2000.

Lévi-Strauss, Claude, and Daniel Eribon. *De prés et de loin*. Paris: Editions Odile Jacob, 1988.

Levinas, Emmanuel. *Totalité et infini: Essai sur l'extérité* The Hague: Martinus Nijhoff, 1961.

——*Totality and Infinity: An Essay on Exteriority*, tr. A. Lingis. Pittsburgh: Duquesne University Press, 1969.

——"Transcendence and Evil," tr. A. Lingis. In *The Phenomenology of Man and of the Human Condition*, ed. A-T. Tymieniecka, Analecta Husserliana, 14. Dordrecht: D. Reidel, 1983.

—— "The Paradox of Morality: An Interview with Emmanuel Levinas." In *The Provocation of Levinas: Rethinking the Other*, ed. Robert Bernasconi and David Wood. London: Routledge, 1988.

——"Useless Suffering." In *The Provocation of Levinas: Rethinking the Other*, ed. Robert Bernasconi and David Wood. London: Routledge, 1988.

——*Difficult Freedom*, tr. S. Hand. Baltimore: Johns Hopkins University Press, 1990,

Marcuse, Herbert. *Eros and Civilization*. Boston: Beacon Press, 1955.

McDowell, John. *Mind and World.* Cambridge, Mass.: Harvard University Press, 1994.

Meerbote, Ralf. "*Wille* and *Willkür* in Kant's Theory of Action." In *Interpreting Kant*, ed. Moltke S. Gram. Iowa City: University of Iowa Press, 1982.

Michadson Gordon E. Jr., *Fallen Freedom*. Cambridge: Cambridge University Press, 1990.

Mommsen, Hans. *From Weimar to Auschwitz: Essays in German History*, tr. Philip O'Connor. Princeton: Princeton University Press, and Cambridge: Polity, 1991.

Nehamas, Alexander. *Nietzsche: Life as Literature.* Cambridge, Mass.: Harvard University Press, 1985.

Neiman, Susan. *Evil in Modern Thought: An Alternative History of Philosophy*, Forthcoming.

Neske, G., and E. Kettering, eds. *Martin Heidegger and National Socialism*, tr. L. Harries. New York: Paragon House, 1990.

Nietzsche, Friedrich. *Nietzsche Werke,*ed. Giorgio Colli and Mazzino Montinari. Berlin: Walter de Gruyter & Co., 1968

——*On the Genealogy of Morals and Ecce Homo,* tr. Walter Kaufmann and R. J. Hollingdale. New York: Vintage Books, 1979.

——*Beyond Good and Evil,* tr. Walter Kaufmann. New York: Vintage Books, 1989.

——"On the Uses and Disadvantages of History." In *Untimely Meditations,* tr. R. J. Hollingdale. Cambridge: Cambridge University Press, 1983.

Nikulin, Dmitri. "Reconsidering Responsibility: Hans Jonas's Imperative for a New Ethics." *Graduate School Philosophy Journal,* 23/1 (2002).

O'Connor, Daniel. "Good and Evil Dispositions." *Kant-Studien,* 76(1985).

O'Neill, Onora. *Acting on Principle: An Essay on Kantian Ethics.* New York: Columbia University Press, 1975.

——"Kant After Virtue." *Inquiry,* 26 (1983).

——"Universal Laws and Ends in Themselves." *Monist,* 73(1989).

Philosophy of German Idealism, ed. Ernst Behler. New York: Continuum, 1987.

Ricoeur, Paul. *Freud and Philosophy: An Essay in Interpretation.* New Haven: Yale University Press, 1970.

Rieff, Philip. *Freud: The Mind of the Moralist.* New York: Viking Press, 1959.

Rorty, Richard. *Contingency, Irony, and Solidarity.* Cambridge: Cambridge University Press, 1989.

Rosen, Stanley. *The Mask of Enlightenment: Nietzsche's* Zarathustra. Cambridge: Cambridge University Press, 1995.

Schelling, F. W. J. *Schelling: Of Human Freedom,* tr. James Gutmann. Chicago: Open Court Publishing Co., 1936.

——*Philosophische Untersuchungen über das Wesen der menschlichen Freiheit und die damit zusammenhängenden Gegenstande,* ed. T. Buchheim. Hamburg: Felix Meiner Verlag, 1997.

Seebohm, Thomas. "Kant's Theory of Revolution." *Social Research,* 48/3 (Fall 1981).

Silber, John R. "The Ethical Significance of Kant's Religion." In Kant, *Religion Within the Limits of Reason Alone,* tr. T.M. Greene and H.H. Hudson. New York: Harper Torchbooks, 1960.

——"Kant at Auschwitz." In *Proceedings of the Sixth International Kant Congress,* ed. Gerhard Funke and Thomas Seebohm. Washington, D.C.: Center for Advanced Research in Phenomenology and University Press of America, 1991.

Smith, Gary, ed. *Hannah Arendt Revisited: "Eichmann in Jerusalem" und die Folgen.* Frankfurt: Suhrkamp, 2000.

Taminiaux, Jacques. *The Thracian Maid and the Professional Thinker: Arendt and Heidegger.* Albany: State University of New York Press, 1997.

Villa, Dana. *Arendt and Heidegger: The Fate of the Political.*Princeton: Princeton University Press, 1996.

——ed. *The Cambridge Companion to Hannah Arendt.* Cambridge: Cambridge University Press, 2000.

Vogel, Lawrence."Introduction." In Hans Jonas, *Mortality and Morality: A Search for the Good after Auschwitz,* ed. Lawrence Vogel. Evanston, Ill.: Northwestern University Press, 1996.

Wellmer, Albrecht. *Endspiele: Die unversöhnliche Moderne.* Frankfurt am Main: Suhrkamp, 1993.

White, Alan. *Schelling: Introduction to the System of Freedom.* New Haven: Yale University Press, 1983.

Whitebook, Joel. *Perversion and Utopia: A Study in Psychoanalysis and Critical Theory.* Cambridge, Mass.: MIT Press, 1995.

Wood, Allen W. *Kant's Moral Religion,* Ithaca, N.Y.: Cornell University Press, 1970.

Young-Bruehl, Elizabeth, *Hannah Arendt: For Love of the World.* New Haven: Yale University Press, 1982.

Yovel, Yirmiyahu. "Kant's Practical Reason as Will: Interest, Recognition, Judgment, and Choice." *Review of Metaphysics, 52/3(1998).*

——*Dark Riddle*. Cambridge: Polity, 1999.

Žižek, Slavoj. *Tarrying with the Negative: Kant, Hegel, and the Critique of Ideology.* Dur ham, N.C.: Duke University Press, 1993.

——*The Indivisible Remainder: An Essay on Schelling and Related Matters.* London: Verso, 1996.

主题索引

（条目后的页码为原书页码，见本书边码）

人名索引

（条目后的页码为原书页码，见本书边码）

译后记

一本书常常有几种读法。就伯恩斯坦教授的这部讨论“根本恶”的著作来说,我们起码可以从三个角度来阅读和理解它。首先,它看上去似乎可以为学术研究乃至学术著作的生产提供一种行之有效的方式:以某个关键词为线索,串联起许多思想家的思考,让平时很少被放在一起讨论的思想家的观点能够碰撞出火花。事实上,伯恩斯坦本人很擅长这种写作方式,除了这本书之外,他还以“praxis”(实践)和“action”(行动)这对概念为线索,分析了从黑格尔、马克思、克尔凯郭尔、萨特一直到卡尔纳普等一系列思维风格和兴趣都迥然不同的思想家(见 *Praxis and Action: Contemporary Philosophies of Human Activity*, University of Pennsylvania Press, 1971)。不过,这样的尝试看上去似乎很容易,但操作起来却相当有难度:如果没有对各个分析对象的著作和思想整体脉络有充分的了解把握,难免堕入“捡到篮里就是菜”的短视境地。例如,在本书中,作者专辟一章讨论列维纳斯对“恶”的看法;然而,作者同时也告诉我们,列维纳斯本人几乎未曾专门讨论过“恶”。就此而言,倘若寻章摘句式地进行“主题分析”,凑齐一批讨论过“恶”的问题的思想家,逐个介绍一番,难免“画虎不成反类犬”。因此,重要的是看到,伯恩斯坦拈出“恶”或“根本恶”这个主题,背后的考虑正如他自己所说——是对于阿伦特的阅读和思考使他开始了这项研究，并将考察起点追溯到康德以及其后谢林、黑格尔对他的回应。更进一步，阿伦特对于“根本恶”与“平庸的恶”的论述，归根结底都来自奥斯维辛的经历对她思想的影响；由此出发，另外两位与奥斯维辛经验休戚相关而同样带有类似问题意识的思想家——列维纳斯与约纳斯——就顺理成章地进入了作者的视野。继而，作者又意识到，早在纳粹集中营这一20世纪最骇人听闻的恶发生以前，尼采和弗洛伊德就对这种可怕前景做出了预示。可以说，“奥斯维辛”问题构成了作者写作的核心问题意识。无独有偶，在美国遭到“9·11”恐怖袭击之后，作者进一步以“恶的滥用”为题撰写了一部论著，不但对民主制度做出反思，还从这一角度对阿伦特、施米特等思想家进行了讨论（见 *The Abuse of Evil, The Corruption of Politics and Religion since 9/11*, Polity, 2006）。从这个角度来看，伯恩斯坦的著述甚至有了“介入”现实的意味；但说到底，无论作者的问题意识是什么，一本这样的书呈现在人们面前，首先是对几个现代思想家的阐释和解读。

那么，我们就可以从研究者的眼光来看待这本书，甚至从中“各取所需”。的确，对于一个（比如说）尼采研究专家而言，进入这本书完全不需要考虑作者为“尼采：超越善与恶？”一章搭设的“脚手架”，完全可以独立地了解作者关于尼采著作做出的阐释，并在尼采研究的脉络和视野中对其进行评判。但是，这样的阅读角度会必然带来几个问题甚至困惑：第一，关于这些思想家的研究专著和文章皆汗牛充栋，可以说各个方面都有“专家”，为什么读者要费神去读这本大杂烩式的书（如果不是要研究伯恩斯坦本人或当代实用主义的话）？第二，更严重的问题是，国内读书界对作者论及的几位思想家的了解还停留在掌握文献的阶段（有的甚至连其基本著作的中译本都寥寥无几，如列维纳斯和约纳斯），和国外学界的研究状况更不对等，很可能连作者一些段落中的预设对象都不清楚，那么这种“只抓一点，不及其余”的思想研究是不是太“高端”了？这两个问题颇难回答；事实上，可以预料，这也会在一定程度上使本书的翻译出版处在一个比较尴尬的位置：类似的书籍已经不少，这本书似乎顶多具有“学术积累”性质……（类似的状况通过伯恩斯坦之前一本著作的中译本就可窥知一二：看起来是一本“四平八稳”的研究论文集。见伯恩斯坦：《社会政治理论的重构》，黄瑞祺译，译林出版社 2008 年版。）

这就要说到第三种阅读本书的角度，在我看来也是最重要的角度：即由此了解“恶”作为一个伦理学和政治哲学问题，可以被怎样思考。套用一本小说的题目，我们或许可以自问——当我们谈论恶的时候，我们在谈论什么？当面对“恶”甚或“根本恶”的问题时，我们所能想到的是什么？如今，在我们的日常政治话语中，“恶”往往（太快地）被与“暴力”、“侵权”等词联系在一起，似乎一切对于以市民社会为基础衍生出来的权利的侵犯都是伦理意义上和政治意义上的“恶”。在这样的语境中，不但“恶”缺乏概念上的严格性，恰当理解和讨论许多伦理或政治问题的可能性也在渐渐丧失。正如迷恋《极权主义的起源》书名的人可能无法理解阿伦特为什么瞧不起自由主义，站在“个人权利”角度而将据说“侵犯”个人权利的力量贴上“恶”的标签的人，恐怕也无法理解为什么作者在书中往往把“恶”的问题与“责任”而不是“权利”联系在一起。这一点尤其明显地体现于作者对于列维纳斯的讨论中：列维纳斯强调，我们对于他者具有无限的责任；而冷漠和袖手旁观本身就是不负责任的表现。同样，阿伦特大胆提出艾希曼的恶是一种“平庸的恶”，他没有凶残的作恶动机或意图，他的意图倒是“人性的，太人性的”——希望讨好上级，希望自己能得到提拔。如果奥斯维辛的萌芽发端于这种“不思考”的私利盘算，而根据康德的观点，我们每个人都具有自由选择善的准则或恶的准则的能力，那么如何形成一个好的社会，就不仅仅是制度设计层面上的事情了。

最后，关于一组概念的译法需要在此略作交待，即 Wille，Willkür

与 volition。我们将前两者分别译为“意志”与“意力”，而将第三个概念译为“意愿”。其中 Wille 与 Willkür 是康德着力区分的一对概念。关于 Wille，中文学界在译法上鲜有异议，一般都是翻译为“意志”。关于 Willkür，康德著作的中文译者会略有不同：如在邓晓芒译、杨祖陶校的“三大批判”中，它被译为“任意”；在李秋零所译的《纯然理性界限内的宗教》《道德形而上学》中，它被译为“任性”。然而，在汉语中，“任意”和“任性”很难会让人想到是和“意志”对等的译词。在英语中，Wille 与 Willkür 也没有找到真正对等的译名，它们往往都被翻译为 will，这样的译法深为本书作者伯恩斯坦所不满，但他也没有找到真正对应的词语，就将原词附于译词之后，或译为“will（Willkür）”，或译为“free choice（Willkür）”。按照康德本人以及希尔伯、伯恩斯坦等人的解释，Willkür 是一种能力，一种在可选择项之间进行自由选择的能力。它与 Wille 类似于立法者和执行者之间的关系：Wille 是一种规范，Willkür 则是一种行动的自由，Wille 通过支配 Willkür 达到了实现自由的要求。有鉴于 Willkür 和 Wille 之间在构词上的同源关系，为了体现 Willkür 之作为能力的一面，我们尝试着将 Willkür 译成了“意力”。这个译词并非我们的生造，晚清时的学者本来用它来翻译 Wille，譬如鲁迅在《文化偏至论》中讨论叔本华、尼采时就说他们的哲学是在“张皇意力”，我们所做的工作仅仅是把它挪用过来作为其姊妹词 Willkür 的译名。

本书翻译由王钦和朱康共同完成，具体分工如下：朱康负责翻译前言至插曲，王钦负责翻译其余两部分及结语并最后统稿。感谢丁雄飞在即将出版之际对本书译文所作的精心校对。另，本书译文的很多引文参考了已有的相关中译本，在此向前辈的劳动表示感谢。最后，除了翻译总会犯下的错误之外，合译还难免译文风格略有不一致；凡此种种，请读者和专家指正。

译者
2015 年 3 月

人文与社会译丛

第一批书目

1.《政治自由主义》(增订版),[美]J. 罗尔斯著,万俊人译　118.00 元
2.《文化的解释》,[美]C. 格尔茨著,韩莉译　89.00 元
3.《技术与时间:1. 爱比米修斯的过失》,[法]B. 斯蒂格勒著,裴程译　62.00 元
4.《依附性积累与不发达》,[德]A. G. 弗兰克著,高铦等译　13.60 元
5.《身处欧美的波兰农民》,[美]F. 兹纳涅茨基、W. I. 托马斯著,张友云译　9.20 元
6.《现代性的后果》,[英]A. 吉登斯著,田禾译　45.00 元
7.《消费文化与后现代主义》,[英]M. 费瑟斯通著,刘精明译　14.20 元
8.《英国工人阶级的形成》(上、下册),[英]E. P. 汤普森著,钱乘旦等译　168.00 元
9.《知识人的社会角色》,[美]F. 兹纳涅茨基著,郏斌祥译　49.00 元

第二批书目

10.《文化生产:媒体与都市艺术》,[美]D. 克兰著,赵国新译　49.00 元
11.《现代社会中的法律》,[美]R. M. 昂格尔著,吴玉章等译　39.00 元
12.《后形而上学思想》,[德]J. 哈贝马斯著,曹卫东等译　58.00 元
13.《自由主义与正义的局限》,[美]M. 桑德尔著,万俊人等译　30.00 元

14.《临床医学的诞生》,[法]M. 福柯著,刘北成译 55.00 元
15.《农民的道义经济学》,[美]J. C. 斯科特著,程立显等译 42.00 元
16.《俄国思想家》,[英]I. 伯林著,彭淮栋译 35.00 元
17.《自我的根源:现代认同的形成》,[加]C. 泰勒著,韩震等译 128.00 元
18.《霍布斯的政治哲学》,[美]L. 施特劳斯著,申彤译 49.00 元
19.《现代性与大屠杀》,[英]Z. 鲍曼著,杨渝东等译 59.00 元

第三批书目

20.《新功能主义及其后》,[美]J. C. 亚历山大著,彭牧等译 15.80 元
21.《自由史论》,[英]J. 阿克顿著,胡传胜等译 89.00 元
22.《伯林谈话录》,[伊朗]R. 贾汉贝格鲁等著,杨祯钦译 48.00 元
23.《阶级斗争》,[法]R. 阿隆著,周以光译 13.50 元
24.《正义诸领域:为多元主义与平等一辩》,[美]M. 沃尔泽著,褚松燕等译 24.80 元
25.《大萧条的孩子们》,[美]G. H. 埃尔德著,田禾等译 27.30 元
26.《黑格尔》,[加]C. 泰勒著,张国清等译 135.00 元
27.《反潮流》,[英]I. 伯林著,冯克利译 48.00 元
28.《统治阶级》,[意]G. 莫斯卡著,贾鹤鹏译 98.00 元
29.《现代性的哲学话语》,[德]J. 哈贝马斯著,曹卫东等译 78.00 元

第四批书目

30.《自由论》(修订版),[英]I. 伯林著,胡传胜译 69.00 元
31.《保守主义》,[德]K. 曼海姆著,李朝晖、牟建君译 58.00 元
32.《科学的反革命》(修订版),[英]F. 哈耶克著,冯克利译 58.00 元

33.《实践感》,[法]P. 布迪厄著,蒋梓骅译 75.00 元
34.《风险社会:新的现代性之路》,[德]U. 贝克著,张文杰等译 58.00 元
35.《社会行动的结构》,[美]T. 帕森斯著,彭刚等译 80.00 元
36.《个体的社会》,[德]N. 埃利亚斯著,翟三江、陆兴华译 15.30 元
37.《传统的发明》,[英]E. 霍布斯鲍姆等著,顾杭、庞冠群译 68.00 元
38.《关于马基雅维里的思考》,[美]L. 施特劳斯著,申彤译 78.00 元
39.《追寻美德》,[美]A. 麦金太尔著,宋继杰译 68.00 元

第五批书目

40.《现实感》,[英]I. 伯林著,潘荣荣、林茂、魏钊凌译 78.00 元
41.《启蒙的时代》,[英]I. 伯林著,孙尚扬、杨深译 35.00 元
42.《元史学》,[美]H. 怀特著,陈新译 89.00 元
43.《意识形态与现代文化》,[英]J. B. 汤普森著,高铦等译 68.00 元
44.《美国大城市的死与生》,[加]J. 雅各布斯著,金衡山译 78.00 元
45.《社会理论和社会结构》,[美]R. K. 默顿著,唐少杰等译 128.00 元
46.《黑皮肤,白面具》,[法]F. 法农著,万冰译 58.00 元
47.《德国的历史观》,[美]G. 伊格尔斯著,彭刚、顾杭译 58.00 元
48.《全世界受苦的人》,[法]F. 法农著,万冰译 17.80 元
49.《知识分子的鸦片》,[法]R. 阿隆著,吕一民、顾杭译 59.00 元

第六批书目

50.《驯化君主》,[美]H. C. 曼斯菲尔德著,冯克利译 68.00 元
51.《黑格尔导读》,[法]A. 科耶夫著,姜志辉译 98.00 元
52.《象征交换与死亡》,[法]J. 波德里亚著,车槿山译 68.00 元
53.《自由及其背叛》,[英]I. 伯林著,赵国新译 48.00 元

54.《启蒙的三个批评者》,[英]I. 伯林著,马寅卯、郑想译 48.00 元
55.《运动中的力量》,[美]S. 塔罗著,吴庆宏译 23.50 元
56.《斗争的动力》,[美]D. 麦克亚当、S. 塔罗、C. 蒂利著,李义中等译 31.50 元
57.《善的脆弱性》,[美]M. 纳斯鲍姆著,徐向东、陆萌译 55.00 元
58.《弱者的武器》,[美]J. C. 斯科特著,郑广怀等译 82.00 元
59.《图绘》,[美]S. 弗里德曼著,陈丽译 49.00 元

第七批书目

60.《现代悲剧》,[英]R. 威廉斯著,丁尔苏译 45.00 元
61.《论革命》,[美]H. 阿伦特著,陈周旺译 59.00 元
62.《美国精神的封闭》,[美]A. 布卢姆著,战旭英译,冯克利校 68.00 元
63.《浪漫主义的根源》,[英]I. 伯林著,吕梁等译 49.00 元
64.《扭曲的人性之材》,[英]I. 伯林著,岳秀坤译 22.00 元
65.《民族主义思想与殖民地世界》,[美]P. 查特吉著,范慕尤、杨曦译 18.00 元
66.《现代性社会学》,[法]D. 马尔图切利著,姜志辉译 32.00 元
67.《社会政治理论的重构》,[美]R. J. 伯恩斯坦著,黄瑞祺译 72.00 元
68.《以色列与启示》,[美]E. 沃格林著,霍伟岸、叶颖译 128.00 元
69.《城邦的世界》,[美]E. 沃格林著,陈周旺译 85.00 元
70.《历史主义的兴起》,[德]F. 梅尼克著,陆月宏译 48.00 元

第八批书目

71.《环境与历史》,[英]W. 贝纳特、P. 科茨著,包茂红译 25.00 元
72.《人类与自然世界》,[英]K. 托马斯著,宋丽丽译 35.00 元

73.《卢梭问题》,[德]E. 卡西勒著,王春华译 39.00 元
74.《男性气概》,[美]H. C. 曼斯菲尔德著,刘玮译 28.00 元
75.《战争与和平的权利》,[美]R. 塔克著,罗炯等译 25.00 元
76.《谁统治美国》,[美]W. 多姆霍夫著,吕鹏、闻翔译 35.00 元
77.《健康与社会》,[法]M. 德吕勒著,王鲲译 35.00 元
78.《读柏拉图》,[德]T. A. 斯勒扎克著,程炜译 68.00 元
79.《苏联的心灵》,[英]I. 伯林著,潘永强、刘北成译 59.00 元
80.《个人印象》,[英]I. 伯林著,覃学岚译 88.00 元

第九批书目

81.《技术与时间:2. 迷失方向》,[法]B. 斯蒂格勒著,赵和平、印螺译 59.00 元
82.《抗争政治》,[美]C. 蒂利、S. 塔罗著,李义中译 28.00 元
83.《亚当·斯密的政治学》,[英]D. 温奇著,褚平译 21.00 元
84.《怀旧的未来》,[美]S. 博伊姆著,杨德友译 85.00 元
85.《妇女在经济发展中的角色》,[丹]E. 博斯拉普著,陈慧平译 30.00 元
86.《风景与认同》,[美]W. J. 达比著,张箭飞、赵红英译 68.00 元
87.《过去与未来之间》,[美]H. 阿伦特著,王寅丽、张立立译 58.00 元
88.《大西洋的跨越》,[美]D. T. 罗杰斯著,吴万伟译 108.00 元
89.《资本主义的新精神》,[法]L. 博尔坦斯基、E. 希亚佩洛著,高铦译 58.00 元
90.《比较的幽灵》,[美]B. 安德森著,甘会斌译 79.00 元

第十批书目

91.《灾异手记》,[美]E. 科尔伯特著,何恬译 25.00 元

92.《技术与时间:3. 电影的时间与存在之痛的问题》,
[法]B. 斯蒂格勒著,方尔平译 65.00 元
93.《马克思主义与历史学》,[英]S. H. 里格比著,吴英译 78.00 元
94.《学做工》,[英]P. 威利斯著,秘舒、凌旻华译 68.00 元
95.《哲学与治术:1572—1651》,[美]R. 塔克著,韩潮译 45.00 元
96.《认同伦理学》,[美]K. A. 阿皮亚著,张容南译 45.00 元
97.《风景与记忆》,[英]S. 沙玛著,胡淑陈、冯樨译 78.00 元
98.《马基雅维里时刻》,[英]J. G. A. 波考克著,冯克利、傅乾译 108.00 元
99.《未完的对话》,[英]I. 伯林、[波]B. P. -塞古尔斯卡著,
杨德友译 65.00 元
100.《后殖民理性批判》,[印]G. C. 斯皮瓦克著,严蓓雯译 79.00 元

第十一批书目

101.《现代社会想象》,[加]C. 泰勒著,林曼红译 45.00 元
102.《柏拉图与亚里士多德》,[美]E. 沃格林著,刘曙辉译 78.00 元
103.《论个体主义》,[法]L. 迪蒙著,桂裕芳译 30.00 元
104.《根本恶》,[美]R. J. 伯恩斯坦著,王钦、朱康译 78.00 元
105.《这受难的国度》,[美]D. G. 福斯特著,孙宏哲、张聚国译 39.00 元
106.《公民的激情》,[美]S. 克劳斯著,谭安奎译 49.00 元
107.《美国生活中的同化》,[美]M. M. 戈登著,马戎译 58.00 元
108.《风景与权力》,[美]W. J. T. 米切尔著,杨丽、万信琼译 78.00 元
109.《第二人称观点》,[美]S. 达沃尔著,章晟译 69.00 元
110.《性的起源》,[英] F. 达伯霍瓦拉著,杨朗译 85.00 元

第十二批书目

111.《希腊民主的问题》,[法]J. 罗米伊著,高煜译 48.00 元
112.《论人权》,[英]J. 格里芬著,徐向东、刘明译 75.00 元
113.《柏拉图的伦理学》,[英]T. 埃尔文著,陈玮、刘玮译 118.00 元
114.《自由主义与荣誉》,[美]S. 克劳斯著,林垚译 62.00 元
115.《法国大革命的文化起源》,[法]R. 夏蒂埃著,洪庆明译 38.00 元
116.《对知识的恐惧》,[美]P. 博格西昂著,刘鹏博译 38.00 元
117.《修辞术的诞生》,[英]R. 沃迪著,何博超译 48.00 元
118.《历史表现中的真理、意义和指称》,[荷]F. 安克斯密特著,周建漳译 58.00 元
119.《天下时代》,[美]E. 沃格林著,叶颖译 78.00 元
120.《求索秩序》,[美]E. 沃格林著,徐志跃译 48.00 元

第十三批书目

121.《美德伦理学》,[新西兰]R. 赫斯特豪斯著,李义天译 68.00 元
122.《同情的启蒙》,[美]M. 弗雷泽著,胡靖译 48.00 元
123.《图绘暹罗》,[美]T. 威尼差恭著,袁剑译 58.00 元
124.《道德的演化》,[新西兰]R. 乔伊斯著,刘鹏博、黄素珍译 65.00 元
125.《大屠杀与集体记忆》,[美]P. 诺维克著,王志华译 78.00 元
126.《帝国之眼》,[美]M. L. 普拉特著,方杰、方宸译 68.00 元
127.《帝国之河》,[美]D. 沃斯特著,侯深译 76.00 元
128.《从道德到美德》,[美]M. 斯洛特著,周亮译 58.00 元
129.《源自动机的道德》,[美]M. 斯洛特著,韩辰锴译 58.00 元
130.《理解海德格尔:范式的转变》,[美]T. 希恩著,邓定译 89.00 元

第十四批书目

131.《城邦与灵魂：费拉里〈理想国〉论集》，[美]G. R. F. 费拉里著，刘玮编译 58.00 元
132.《人民主权与德国宪法危机》，[美]P. C. 考威尔著，曹晗蓉、虞维华译 58.00 元
133.《16 和 17 世纪英格兰大众信仰研究》，[英]K. 托马斯著，芮传明、梅剑华译 168.00 元
134.《民族认同》，[英]A. D. 史密斯著，王娟译 55.00 元
135.《世俗主义之乐：我们当下如何生活》，[英]G. 莱文编，赵元译 58.00 元
136.《国王或人民》，[美]R. 本迪克斯著，褚平译（即出）
137.《自由意志、能动性与生命的意义》，[美] D. 佩里布姆著，张可译 68.00 元
138.《自由与多元论：以赛亚·伯林思想研究》，[英]G. 克劳德著，应奇等译 58.00 元
139.《暴力：思无所限》，[美]R. J. 伯恩斯坦著，李元来译 59.00 元
140.《中心与边缘：宏观社会学论集》，[美]E. 希尔斯著，甘会斌、余昕译 88.00 元

第十五批书目

141.《自足的世俗社会》，[美]P. 朱克曼著，杨靖译 58.00 元
142.《历史与记忆》，[英]G. 丘比特著，王晨凤译 59.00 元
143.《媒体、国家与民族》，[英]P. 施莱辛格著，林玮译 68.00 元
144.《道德错误论：历史、批判、辩护》，

[瑞典]J. 奥尔松著，周奕李译　　58.00 元

145.《废墟上的未来：联合国教科文组织、世界遗产与和平之梦》，[澳]L. 梅斯克尔著，王丹阳、胡牧译　　88.00 元

146.《为历史而战》，[法]L. 费弗尔著，高煜译　　98.00 元

147.《语言动物：人类语言能力概览》，[加]C. 泰勒著，赵清丽译（即出）

148.《我们中的我：承认理论研究》，[德]A. 霍耐特著，张曦、孙逸凡译　　62.00 元

149.《人文学科与公共生活》，[美]P. 布鲁克斯、H. 杰维特编，余婉卉译　　52.00 元

150.《美国生活中的反智主义》，[美]R. 霍夫施塔特著，何博超译　　68.00 元

第十六批书目

151.《关怀伦理与移情》，[美]M. 斯洛特著，韩玉胜译　　48.00 元

152.《形象与象征》，[罗]M. 伊利亚德著，沈珂译　　48.00 元

153.《艾希曼审判》，[美]D. 利普斯塔特著，刘颖洁译　　49.00 元

154.《现代主义观念论：黑格尔式变奏》，[美]R. B. 皮平著，郭东辉译（即出）

155.《文化绝望的政治：日耳曼意识形态崛起研究》，[美]F. R. 斯特恩著，杨靖译　　98.00 元

156.《作为文化现实的未来：全球现状论集》，[印]A. 阿帕杜拉伊著，周云水、马建福译（即出）

157.《一种思想及其时代：以赛亚·伯林政治思想的发展》，[美]J. L. 彻尼斯著，寿天艺、宋文佳译（即出）

158.《人类的领土性：理论与历史》，[美]R. B. 萨克著，袁剑译（即出）

159.《理想的暴政：多元社会中的正义》，[美]G. 高斯著，范震亚译（即出）
160.《荒原：一部历史》，[美]V. D. 帕尔马著，梅雪芹译（即出）